U0174675

ABB 工业机器人进阶编程与应用

陈　瞭　肖　辉　编著

电子工业出版社
Publishing House of Electronics Industry
北京·BEIJING

内 容 简 介

本书第 1 章从工业机器人坐标系概念入手，介绍了机器人 TCP、工件坐标系的计算原理与 ABB 工业机器人坐标系指令/函数的使用；第 2 章介绍了工业机器人 D-H 模型及 ABB 工业机器人正向运动学的计算，帮助读者从理论层面了解工业机器人的运动机理；第 3 章详细介绍了 ABB 工业机器人编程（RAPID）的内核与应用技巧，以帮助读者深入了解 ABB 工业机器人的相关指令；第 4～13 章就 ABB 工业机器人的进阶应用功能做了介绍与实例讲解，其中包括 MultiMove（多机协同）、RobotStudio 在线编程、RobotStudio 数字孪生、RobotLoad 负载测试软件、ModBus/TCP、弧焊、力控、外轴/变位机配置与 Standalone 控制柜（Gantry 机器人）、RobotWare 6 控制系统中文交互、基于视觉的输送链跟踪等；第 14 章介绍了 ABB 工业机器人最新推出的 Omnicore 机器人控制系统与 RobotWare 6 控制系统的异同，并针对 Robot Web Service 2.0、Omnicore 自定义 App 等新功能做了讲解。

本书适合具有一定年限工作经验、一定 IT 经验/一定自动化现场经验的工程师、设备资深维护人员、集成项目开发人员及高校自动化专业的学生使用。

未经许可，不得以任何方式复制或抄袭本书之部分或全部内容。
版权所有，侵权必究。

图书在版编目（CIP）数据

ABB 工业机器人进阶编程与应用 / 陈瞭，肖辉编著. —北京：电子工业出版社，2022.6
ISBN 978-7-121-43597-3

Ⅰ. ①A… Ⅱ. ①陈… ②肖… Ⅲ. ①工业机器人－程序设计 Ⅳ. ①TP242.2

中国版本图书馆 CIP 数据核字（2022）第 090080 号

责任编辑：张　迪（zhangdi@phei.com.cn）
印　　刷：北京雁林吉兆印刷有限公司
装　　订：北京雁林吉兆印刷有限公司
出版发行：电子工业出版社
　　　　　北京市海淀区万寿路 173 信箱　邮编 100036
开　　本：787×1 092　1/16　印张：23.75　字数：608 千字
版　　次：2022 年 6 月第 1 版
印　　次：2022 年 6 月第 1 次印刷
定　　价：128.00 元

凡所购买电子工业出版社图书有缺损问题，请向购买书店调换。若书店售缺，请与本社发行部联系，联系及邮购电话：(010) 88254888，88258888。

质量投诉请发邮件至 zlts@phei.com.cn，盗版侵权举报请发邮件至 dbqq@phei.com.cn。

本书咨询联系方式：(010) 88254469，zhangdi@phei.com.cn。

前　言

随着工业机器人在日常生产中的大量使用，越来越多的人开始认识、了解和使用工业机器人。相关从业者也从过去的对设备简单操作，逐步转向能自主二次开发、自主完成进阶应用与进阶程序框架的设计。

ABB 工业机器人具有相当多的机器人通用/专用指令，能大大简化工业机器人在不同场合的应用编程，也能更好地发挥 ABB 工业机器人的自身优势。

要更好地使用这些进阶编程功能，就需要对工业机器人有更进一步的认识，而不是停留在简单操作上。

本书第 1 章从工业机器人坐标系概念入手，介绍了机器人 TCP、工件坐标系的计算原理与 ABB 工业机器人坐标系指令/函数的使用；第 2 章介绍了工业机器人 D-H 模型及 ABB 工业机器人正向运动学的计算，帮助读者从理论层面了解工业机器人的运动机理；第 3 章详细介绍了 ABB 工业机器人编程（RAPID）的内核与应用技巧，以帮助读者深入了解 ABB 工业机器人的相关指令；第 4～13 章就 ABB 工业机器人的进阶应用功能做了介绍与实例讲解，其中包括 MultiMove（多机协同）、RobotStudio 在线编程、RobotStudio 数字孪生、RobotLoad 负载测试软件、ModBus/TCP、弧焊、力控、外轴/变位机配置与 Standalone 控制柜（Gantry 机器人）、RobotWare 6 控制系统中文交互、基于视觉的输送链跟踪等；第 14 章介绍了 ABB 工业机器人最新推出的 Omnicore 机器人控制系统与 RobotWare 6 控制系统的异同，并针对 Robot Web Service 2.0、Omnicore 自定义 App 等新功能做了讲解。

全书由陈暸、肖辉编著。特别感谢上海 ABB 工程有限公司电子事业部的孙伟经理、全球电子事业部解决方案中心经理舒飏在本书编写过程中的大力支持。肖步崧、刘向彬、张衡、苏昆、叶麒龙等为本书的撰写提供了许多宝贵意见，在此表示感谢。尽管作者主观上想努力使读者满意，但书中肯定还会有不尽如人意之处，欢迎读者提出宝贵的意见和建议。

谨以此书献给作者的孩子们，祝他们健康快乐，茁壮成长。

作者

目　　录

第1章　位姿与坐标系 ……………………………………………………………………… 1

1.1　位姿 ……………………………………………………………………………………… 1

　　1.1.1　空间位姿的定义 …………………………………………………………………… 2

　　1.1.2　四元数与欧拉角的转换 …………………………………………………………… 4

　　1.1.3　齐次变换矩阵与位姿数据 pose 的转换 ………………………………………… 6

　　1.1.4　pose 数据相关函数 ………………………………………………………………… 8

1.2　TCP …………………………………………………………………………………… 16

　　1.2.1　定义 TCP …………………………………………………………………………… 17

　　1.2.2　MToolTCPCalib 指令 ……………………………………………………………… 20

　　1.2.3　TCP 计算原理及实现 ……………………………………………………………… 21

　　1.2.4　调整工具数据及应用 ……………………………………………………………… 29

1.3　工件坐标系 …………………………………………………………………………… 31

　　1.3.1　Wobj 数据解释 …………………………………………………………………… 33

　　1.3.2　定义工件坐标系 …………………………………………………………………… 34

　　1.3.3　DefFrame 指令 ……………………………………………………………………… 36

　　1.3.4　工件坐标系计算原理及实现 ……………………………………………………… 37

1.4　偏移与旋转 …………………………………………………………………………… 41

　　1.4.1　基于 Offs 的偏移及实现原理 ……………………………………………………… 41

　　1.4.2　基于工件坐标系的批量偏移 ……………………………………………………… 42

　　1.4.3　RelTool 及实现原理 ……………………………………………………………… 43

　　1.4.4　左乘与右乘 ………………………………………………………………………… 44

1.5　PDisp 相关指令 ……………………………………………………………………… 49

　　1.5.1　PDispSet 用法及原理实现 ………………………………………………………… 49

　　1.5.2　PDispOn 用法及原理实现 ………………………………………………………… 51

第2章　机器人本体 ……………………………………………………………………… 55

2.1　机器人连杆描述 ……………………………………………………………………… 55

2.2　典型 ABB 工业机器人 MDH 参数 …………………………………………………… 57

　　2.2.1　IRB120 ……………………………………………………………………………… 60

　　2.2.2　IRB1200 …………………………………………………………………………… 61

　　2.2.3　IRB1410 …………………………………………………………………………… 62

　　2.2.4　IRB2600 …………………………………………………………………………… 63

　　2.2.5　IRB4600 …………………………………………………………………………… 64

　　2.2.6　IRB6700 …………………………………………………………………………… 65

　　2.2.7　YUMI ……………………………………………………………………………… 66

2.3　机器人正向运动学 …………………………………………………………………… 67

　　2.3.1　IRB120 ··· 68

　　2.3.2　IRB1410（带连杆机器人）·· 69

　　2.3.3　YUMI 机器人（7 轴）··· 71

2.4　轴配置数据 ··· 72

　　2.4.1　含义解释 ·· 72

　　2.4.2　计算 cfx ··· 76

第 3 章　RAPID 指令与技巧 ·· 79

3.1　模块、例行程序与数据 ·· 79

　　3.1.1　模块的属性 ·· 80

　　3.1.2　基本数据类型 ·· 83

　　3.1.3　数据存储类型与作用域 ··· 83

　　3.1.4　自定义数据类型的创建 ··· 86

　　3.1.5　AGGDEF 用法 ·· 87

　　3.1.6　数组 ··· 87

　　3.1.7　例行程序的分类 ·· 88

　　3.1.8　跨模块调用 Local 例行程序 ·· 90

3.2　带参数例行程序 ·· 90

　　3.2.1　参数模式 ·· 92

　　3.2.2　数组参数 ·· 93

　　3.2.3　可选参数与互斥参数 ·· 94

　　3.2.4　问号的用法 ·· 96

　　3.2.5　获取参数名称 ·· 97

3.3　自定义函数 ··· 98

　　3.3.1　函数定义 ·· 98

　　3.3.2　HOME 位检查函数 ·· 99

　　3.3.3　返回数组 ·· 100

3.4　信号 ··· 101

　　3.4.1　通过 EXCEL 创建/修改信号 ·· 102

　　3.4.2　系统输入与输出信号 ·· 102

　　3.4.3　机器人停止运动信号自动复位 ·· 104

　　3.4.4　等待信号及超时处理 ·· 105

　　3.4.5　信号取反与脉冲 ·· 105

　　3.4.6　信号滤波时间 ··· 106

　　3.4.7　提高 DSQC1030 模块的响应速度和采样频率 ······················· 107

　　3.4.8　化名 I/O 信号 ··· 107

　　3.4.9　通过字符串控制 I/O 信号 ··· 108

　　3.4.10　Cyclic Bool ··· 108

　　3.4.11　运行模式切换到自动模式 ·· 109

3.5　中断 ··· 110

　　3.5.1　中断创建 ·· 110

3.5.2　中断的停用与启用 ··· 113

3.5.3　轨迹中断与恢复 ··· 114

3.5.4　多工位多次预约 ··· 116

3.6　错误处理 ·· 118

3.6.1　系统预定义错误 ··· 121

3.6.2　自定义错误 ·· 127

3.6.3　重试次数 ··· 128

3.6.4　长跳转的错误恢复 ··· 130

3.6.5　碰撞后的自动回退与继续运行 ··· 131

3.7　撤销处理 ·· 133

3.8　向后处理 ·· 135

3.9　流程控制与加载模块 ·· 137

3.9.1　常用流程控制指令 ··· 137

3.9.2　PLC 选择程序 ·· 138

3.9.3　模块的加载与卸载 ··· 139

3.9.4　通过 FTP 传输模块与文件 ··· 141

3.9.5　调用名称有规律的例行程序 ··· 141

3.9.6　循环及例行程序的跳出 ··· 142

3.9.7　Event Routine ··· 144

3.10　速度类 ·· 145

3.10.1　Speeddata 解释 ··· 145

3.10.2　用时间代替速度控制运动 ··· 147

3.10.3　控制单轴速度 ·· 147

3.10.4　全局速度设定 ·· 149

3.10.5　检查点限速与单轴限速 ··· 151

3.10.6　示教器查看实时速度 ··· 153

3.10.7　修改与获取机器人理论最大速度 ··· 154

3.10.8　切换到自动模式保持速度百分比 ··· 154

3.10.9　加速度 ··· 155

3.11　数学类 ·· 156

3.11.1　基本数学类 ··· 156

3.11.2　求解线性方程组 ··· 159

3.11.3　位与字节 ··· 159

3.12　运动类 ·· 162

3.12.1　判断点位是否可达 ··· 162

3.12.2　转弯半径及可视化 ··· 163

3.12.3　转角路径故障及处理 ··· 166

3.12.4　阻止预读 ··· 167

3.12.5　短距离报警 ··· 168

3.12.6　机器人停止距离可视化 ··· 169

3.12.7　路径回归设置 ……………………………………………… 171

3.12.8　MoveLDO 与 MoveLSync …………………………………… 172

3.12.9　Trigger 相关指令 …………………………………………… 173

3.12.10　获取机器人运动轨迹距离 ………………………………… 177

3.12.11　单轴运动总距离和时间 …………………………………… 177

3.12.12　准确记录机器人指令时间 ………………………………… 178

3.13　运动搜索指令 ………………………………………………………… 179

3.14　RAPID 配套指令 ……………………………………………………… 180

3.14.1　获取系统信息 ………………………………………………… 180

3.14.2　时间相关指令 ………………………………………………… 182

3.14.3　获取与设置系统数据 ………………………………………… 183

3.14.4　读取机器人各轴上下限 ……………………………………… 184

3.14.5　修改机器人各轴上下限与重启 ……………………………… 185

3.15　搜索数据与读写文件 ………………………………………………… 186

3.15.1　批量获取数据 ………………………………………………… 186

3.15.2　批量设置数据 ………………………………………………… 186

3.15.3　搜索数据 ……………………………………………………… 187

3.15.4　读写文件 ……………………………………………………… 191

3.16　多任务 ………………………………………………………………… 194

3.16.1　概念介绍 ……………………………………………………… 194

3.16.2　任务间共享数据 ……………………………………………… 195

第 4 章　MultiMove ………………………………………………………… 197

4.1　介绍与配置 ……………………………………………………………… 197

4.2　校准 ……………………………………………………………………… 200

4.3　双机器人+变位机半联动编程 ………………………………………… 204

4.4　YUMI 机器人左右手联动 ……………………………………………… 208

4.5　MultiMove 自动轨迹 …………………………………………………… 211

第 5 章　RobotStudio 在线编程 …………………………………………… 216

5.1　点位在不同坐标系转化 ………………………………………………… 216

5.2　在线图形化修改轨迹 …………………………………………………… 217

5.3　RAPID 数据编辑器 ……………………………………………………… 218

5.4　RobotStudio 中修改位置 ……………………………………………… 219

5.5　代码格式化 ……………………………………………………………… 219

5.6　程序段 Snippet ………………………………………………………… 220

5.7　自动补全 ………………………………………………………………… 221

5.8　监控变量 ………………………………………………………………… 221

5.9　传输文件 ………………………………………………………………… 221

5.10　比较 …………………………………………………………………… 222

5.11　信号分析器 …………………………………………………………… 222

第 6 章　RobotStudio 仿真与数字孪生 ·· 224

6.1　Equipment Builder ·· 224

6.2　RobotStudio 模型缩放功能 ·· 225

6.3　不使用 Smart 组件实现抓取动作 ·· 226

6.4　涂胶轨迹 ·· 227

6.5　WorldZones 查看器 ·· 229

6.6　物理特性仿真 ··· 230

6.6.1　重力仿真 ··· 230

6.6.2　物理关节仿真 ·· 232

6.6.3　管线包仿真 ·· 233

6.7　高级照明与导出工作站 CAD 文件 ·· 233

6.8　增强现实与虚拟现实 ·· 234

6.9　基于 OPCUA 的数字孪生 ··· 236

第 7 章　RobotLoad 软件 ·· 240

第 8 章　ModBus/TCP 通信 ·· 243

第 9 章　弧焊 ··· 249

9.1　通用焊机配置 ··· 249

9.1.1　Arc 信号解释 ··· 249

9.1.2　配置信号 ·· 251

9.2　林肯焊机配置 ··· 252

9.3　福尼斯焊机配置 ·· 254

9.4　焊接语句 ·· 258

9.5　摆动焊接参数 ··· 260

9.6　SmarTac 寻位 ·· 261

9.7　电弧跟踪与多层多道 ·· 263

9.7.1　WELDGUIDE ·· 264

9.7.2　Tracking Interface ·· 270

第 10 章　力控 ·· 273

10.1　力控介绍 ·· 273

10.1.1　硬件与配置 ··· 273

10.1.2　带外轴系统的力控配置 ·· 278

10.2　第一次传感器测试与拖动测试 ·· 279

10.3　恒压模式 ·· 282

10.4　滤波与阻尼 ··· 283

10.5　非接触表面不关闭力控 ·· 284

10.6　基于力控的装配 ·· 285

第 11 章　外轴与 Standalone ··· 287

11.1　ABB 标准外轴电机 ··· 288

11.2　外轴电机配置与调试 ·· 289

11.3　非 ABB 外轴电机 ··· 294

11.4 创建伺服焊枪仿真 ······· 297

11.5 配置二轴变位机 ······· 299

11.6 自定义机器人与配置 ······· 305

    11.6.1 Standalone ······· 305

    11.6.2 创建 Gantry 机器人模型 ······· 306

    11.6.3 创建系统与配置 ······· 309

第 12 章 中文交互 ······· 314

12.1 介绍 ······· 314

12.2 中文交互实现 ······· 315

12.3 中文自定义错误报警 ······· 318

第 13 章 输送链跟踪 ······· 322

13.1 系统参数和配置 ······· 324

13.2 校准 ······· 326

    13.2.1 CountsPerMeter ······· 326

    13.2.2 Base Frame ······· 327

13.3 定长触发 ······· 329

13.4 带视觉输送链跟踪 ······· 329

    13.4.1 视觉与输送链的校准 ······· 330

    13.4.2 触发机制 ······· 331

    13.4.3 高级队列功能 ······· 332

    13.4.4 判重处理 ······· 332

    13.4.5 捡漏与均分 ······· 333

13.5 圆形跟踪 ······· 333

13.6 带导轨的输送链跟踪 ······· 334

第 14 章 Omnicore 机器人控制系统 ······· 336

14.1 控制柜硬件 ······· 336

    14.1.1 C30/C90 控制柜 ······· 336

    14.1.2 E10 控制柜 ······· 339

14.2 RobotWare 7 与 RobotWare 6 选项对照 ······· 341

14.3 示教器与操作 ······· 342

14.4 无示教器操作 ······· 344

    14.4.1 PC 虚拟示教器 ······· 344

    14.4.2 Robot Control Mate ······· 345

14.5 制作机器人系统 ······· 348

14.6 中文图形化编程 ······· 349

    14.6.1 Wizard ······· 349

    14.6.2 自定义图形化指令 ······· 352

14.7 Robot Web Service 2.0 ······· 353

14.8 自定义示教器 App ······· 355

14.9 在示教器配置 SafeMove2 ······· 360

14.10 GOFA 机器人 ······· 364

第1章 位姿与坐标系

1.1 位姿

ABB 工业机器人采用 pose 类型的数据来表示其在笛卡儿空间坐标系中的位置。常用的机器人点位数据类型 robtarget 中的 trans 组件和 rot 组件构成了 pose 类型的数据（见图 1-1）。工件坐标系中的 uframe 数据和 oframe 数据也都是 pose 数据类型的数据。

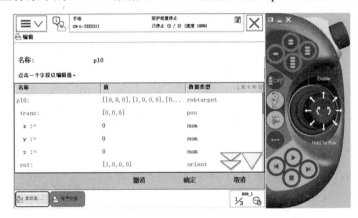

图 1-1　robtarget 类型的 p10 数据的部分组成

pose 类型的数据又由 pos 和 orient 两种数据类型构成。对于 pos 类型的数据，其由 x、y、z 三个元素构成，均为 num 类型的数据（见图 1-2），用于存储空间的 x、y、z 数据。

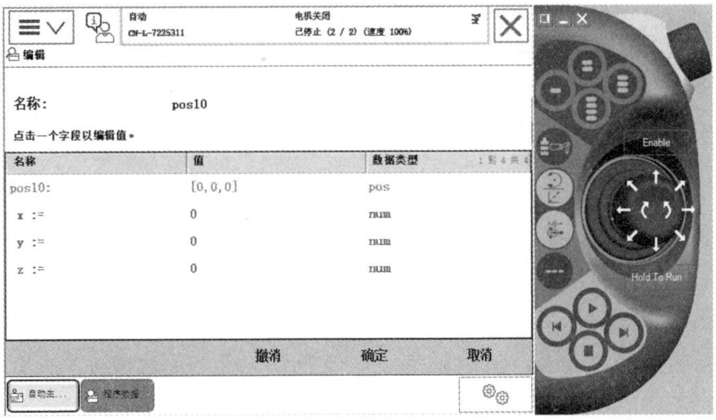

图 1-2　pos 类型的 pos10 数据的组成

对于 orient 类型的数据（四元数），其由 q1、q2、q3、q4 四个元素构成，用于表示空间位置的方向（姿态），如图 1-3 所示。

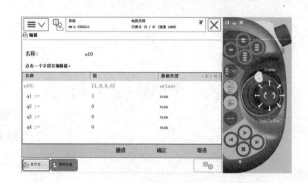

图 1-3　orient 类型的 o10 数据的组成

1.1.1　空间位姿的定义

对于坐标系 A 空间中的一个点的位置，可以表示为 $^{A}P(P_x,\ P_y,\ P_z)$，如图 1-4 所示。用矩阵形式可以如下表示：

$$^{A}\boldsymbol{P} = \begin{bmatrix} P_x \\ P_y \\ P_z \end{bmatrix} \tag{1-1}$$

对于空间同一个位置，其可以有不同的姿态（方向）。而对于姿态（方向）的表示，可以在该点处构建一个坐标系 B（见图 1-5）。新坐标系 B 的 X 轴方向使用该轴在原有坐标系 A 3 个方向的投影表示。为了方便表示，选用单位向量。

新坐标系 B 的 Y 轴和 Z 轴同理表示。旋转姿态可由下述矩阵表示，且式（1-2）称为旋转矩阵：

$$^{A}_{B}\boldsymbol{R} = \begin{bmatrix} ^{A}\hat{\boldsymbol{X}}_B & ^{A}\hat{\boldsymbol{Y}}_B & ^{A}\hat{\boldsymbol{Z}}_B \end{bmatrix} = \begin{bmatrix} r_{11} & r_{12} & r_{13} \\ r_{21} & r_{22} & r_{23} \\ r_{31} & r_{32} & r_{33} \end{bmatrix} \tag{1-2}$$

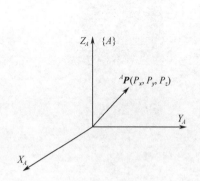

图 1-4　空间点 $\boldsymbol{P}$ 的位置

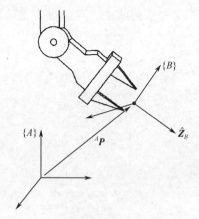

图 1-5　空间点 $\boldsymbol{P}$ 的姿态表示

将位置和姿态统称为位姿（位置和姿态）。空间中一个点的位姿可以用矩阵表示（为了矩阵齐次化，构建 4×4 的矩阵）。式（1-3）称为位姿矩阵或者齐次变换矩阵：

$$\begin{bmatrix} {}_B^A\boldsymbol{R} & {}^A\boldsymbol{P} \\ \boldsymbol{0} & \boldsymbol{1} \end{bmatrix} = \begin{bmatrix} r_{11} & r_{12} & r_{13} & P_x \\ r_{21} & r_{22} & r_{23} & P_y \\ r_{31} & r_{32} & r_{33} & P_z \\ 0 & 0 & 0 & 1 \end{bmatrix} \tag{1-3}$$

对于空间姿态，也可通过欧拉角表示（旋转顺序为 Z、Y、X），即坐标系先绕原有坐标系的 Z 轴旋转 α 度，再绕新的坐标系的 Y 轴旋转 β 度，最后绕新的坐标系的 X 轴旋转 γ 度，如图 1-6 所示。

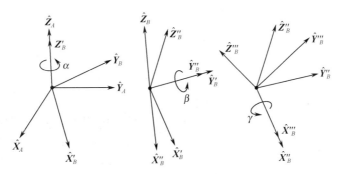

图 1-6　Z-Y-X 欧拉角

注：空间的旋转不满足交换律，不同的旋转顺序会导致不同的结果。

根据式（1-2）所示旋转矩阵的定义，结合图 1-6 的解释，可以整理得到基于 Z-Y-X 欧拉角的旋转矩阵如下：

$$\begin{aligned}
{}_B^A\boldsymbol{R}_{Z'Y'X'} &= \boldsymbol{R}_Z(\alpha)\boldsymbol{R}_Y(\beta)\boldsymbol{R}_X(\gamma) \\
&= \begin{bmatrix} c\alpha & -s\alpha & 0 \\ s\alpha & c\alpha & 0 \\ 0 & 0 & 1 \end{bmatrix} \begin{bmatrix} c\beta & 0 & s\beta \\ 0 & 1 & 0 \\ -s\beta & 0 & c\beta \end{bmatrix} \begin{bmatrix} 1 & 0 & 0 \\ 0 & c\gamma & -s\gamma \\ 0 & s\gamma & c\gamma \end{bmatrix}
\end{aligned} \tag{1-4}$$

式（1-4）中，$c\alpha = \cos\alpha$，$s\alpha = \sin\alpha$；$c\beta = \cos\beta$，$s\beta = \sin\beta$；$c\gamma = \cos\gamma$，$s\gamma = \sin\gamma$。整理式（1-4）后，可以得到旋转矩阵：

$$ {}_B^A\boldsymbol{R}_{Z'Y'X'} = \begin{bmatrix} c\alpha c\beta & c\alpha s\beta s\gamma - s\alpha c\gamma & c\alpha s\beta c\gamma + s\alpha s\gamma \\ s\alpha c\beta & s\alpha s\beta s\gamma + c\alpha c\gamma & s\alpha s\beta c\gamma - c\alpha s\gamma \\ -s\beta & c\beta s\gamma & c\beta c\gamma \end{bmatrix} \tag{1-5}$$

对于式（1-2）所示的旋转矩阵，还可以采用更简单的表达形式。四元数是一种描述此旋转矩阵更为简洁的方式。根据旋转矩阵的各元素，计算四元数。

令 $\begin{bmatrix} x_1 & y_1 & z_1 \\ x_2 & y_2 & z_2 \\ x_3 & y_3 & z_3 \end{bmatrix} = \begin{bmatrix} r_{11} & r_{12} & r_{13} \\ r_{21} & r_{22} & r_{23} \\ r_{31} & r_{32} & r_{33} \end{bmatrix}$，则：

$$q_1 = \frac{\sqrt{x_1 + y_2 + z_3 + 1}}{2}$$

$$q_2 = \frac{\sqrt{x_1 - y_2 - z_3 + 1}}{2}, \quad \text{sign}q_2 = \text{sign}(y_3 - z_2)$$

$$q_3 = \frac{\sqrt{y_2 - x_1 - z_3 + 1}}{2}, \quad \text{sign}q_3 = \text{sign}(z_1 - x_3)$$

$$q_4 = \frac{\sqrt{z_3 - x_1 - y_2 + 1}}{2}, \quad \text{sign} q_4 = \text{sign}(x_2 - y_1)$$

$$|\boldsymbol{q}|^2 = q_1^2 + q_2^2 + q_3^2 + q_4^2 = 1 \tag{1-6}$$

四元数不可直接做加减运算，且四元数的平方和须为 1。

ABB 工业机器人的 pose 数据采用空间位置 pos（x,y,z）和四元数 orient（q_1,q_2,q_3,q_4）来表示一个点的位姿（位置与姿态）。

1.1.2　四元数与欧拉角的转换

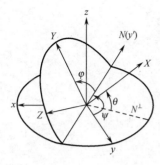

图 1-7　Z-Y-X 欧拉角

对于空间姿态的表述，显然欧拉角更直观（见图 1-7）。其中，ψ、θ 和 φ 分别为绕 Z 轴、Y 轴和 X 轴的旋转角度。

四元数无法直接做加减法运算，且四元数的平方和应为 1。故对空间点位的姿态运算时，通常先将四元数转化为欧拉角后进行几何的加减法运算，最后将运算结果再次转化为四元数。

ABB 工业机器人提供了欧拉角与四元数转化的相关函数，其中：

① 函数 EulerZYX(\X, object.rot)可以将四元数转化为对应的欧拉角，此处举例提取绕 X 轴旋转的角度，也可提取绕 Y 轴和绕 Z 轴旋转的角度。

② 函数 OrientZYX(anglez, angley, anglex)可以将欧拉角转化为四元数。注意，函数中的参数顺序为 R_z、R_y、R_x。

例如，平面 2D 相机得到某点位绕 Z 轴旋转 α 度，则可以先计算其姿态对应的欧拉角：

```
angleZ := EulerZYX(\Z, object.rot)
angleY := EulerZYX(\Y, object.rot)
angleX := EulerZYX(\X, object.rot)
```

再对欧拉角中绕 Z 轴旋转的角度做加法，最后重新转化为四元数：

```
p10.rot := OrientZYX(angleZ+α, angleY, angleX)
```

综合式（1-5）和式（1-6）及图 1-7，可以得到 Z-Y-X 欧拉角（ψ、θ 和 φ）到四元数的转化公式：

$$\boldsymbol{q} = \begin{bmatrix} q_1 \\ q_2 \\ q_3 \\ q_4 \end{bmatrix} = \begin{bmatrix} w \\ x \\ y \\ z \end{bmatrix}$$

$$= \begin{bmatrix} \cos\left(\frac{\varphi}{2}\right)\cos\left(\frac{\theta}{2}\right)\cos\left(\frac{\psi}{2}\right) + \sin\left(\frac{\varphi}{2}\right)\sin\left(\frac{\theta}{2}\right)\sin\left(\frac{\psi}{2}\right) \\ \sin\left(\frac{\varphi}{2}\right)\cos\left(\frac{\theta}{2}\right)\cos\left(\frac{\psi}{2}\right) - \cos\left(\frac{\varphi}{2}\right)\sin\left(\frac{\theta}{2}\right)\sin\left(\frac{\psi}{2}\right) \\ \cos\left(\frac{\varphi}{2}\right)\sin\left(\frac{\theta}{2}\right)\cos\left(\frac{\psi}{2}\right) + \sin\left(\frac{\varphi}{2}\right)\cos\left(\frac{\theta}{2}\right)\sin\left(\frac{\psi}{2}\right) \\ \cos\left(\frac{\varphi}{2}\right)\cos\left(\frac{\theta}{2}\right)\sin\left(\frac{\psi}{2}\right) - \sin\left(\frac{\varphi}{2}\right)\sin\left(\frac{\theta}{2}\right)\cos\left(\frac{\psi}{2}\right) \end{bmatrix} \tag{1-7}$$

综合式（1-5）和式（1-6）及图 1-7，可以得到四元数到 Z-Y-X 欧拉角（ψ、θ 和 φ）的转化公式：

$$\begin{bmatrix} \varphi \\ \theta \\ \psi \end{bmatrix} = \begin{bmatrix} \arctan \dfrac{2(wx+yz)}{1-2(x^2+y^2)} \\ \arcsin 2(wy-xz) \\ \arctan \dfrac{2(wz+xy)}{1-2(y^2+z^2)} \end{bmatrix} \qquad (1\text{-}8)$$

arctan 和 arcsin 的结果是 $\left[-\dfrac{\pi}{2}, \dfrac{\pi}{2}\right]$，并不能覆盖所有朝向，因此使用 atan2 函数来代替 arctan：

$$\begin{bmatrix} \varphi \\ \theta \\ \psi \end{bmatrix} = \begin{bmatrix} \text{atan2}(2(wx+yz),1-2(x^2+y^2)) \\ \arcsin 2(wy-xz) \\ \text{atan2}(2(wz+xy),1-2(y^2+z^2)) \end{bmatrix} \qquad (1\text{-}9)$$

综合式（1-7）和式（1-9），可以在 RAPID 中自己编写函数，实现欧拉角与四元数的转化。欧拉角与四元数转化的 RAPID 代码如下：

```
FUNC orient eulerAnglesToQuaternion(num hdg,num pitch,num roll)
    !欧拉角到四元数转化的函数
    VAR num cosRoll;
    VAR num sinRoll;
    VAR num cospitch;
    VAR num sinpitch;
    VAR num cosheading;
    VAR num sinheading;
    VAR num q0;
    VAR orient orient1;

    cosRoll:=Cos(roll*0.5);
    sinRoll:=Sin(roll*0.5);
    cosPitch:=Cos(pitch*0.5);
    sinPitch:=Sin(pitch*0.5);
    cosHeading:=Cos(hdg*0.5);
    sinHeading:=Sin(hdg*0.5);

    orient1.q1:=cosRoll*cosPitch*cosHeading+sinRoll*sinPitch*sinHeading;
    orient1.q2:=sinRoll*cosPitch*cosHeading-cosRoll*sinPitch*sinHeading;
    orient1.q3:=cosRoll*sinPitch*cosHeading+sinRoll*cosPitch*sinHeading;
    orient1.q4:=cosRoll*cosPitch*sinHeading-sinRoll*sinPitch*cosHeading;
    RETURN orient1;
ENDFUNC

FUNC num quaternionToEulerAngles(\switch X|switch Y|switch Z,orient orient1)
    !四元数到欧拉角转化的函数
    VAR num q0;
    VAR num q1;
    VAR num q2;
    VAR num q3;
    q0:=orient1.q1;
```

```
    q1:=orient1.q2;
    q2:=orient1.q3;
    q3:=orient1.q4;
    IF present(x) return atan2(2*(q2*q3+q0*q1),q0*q0-q1*q1-q2*q2+q3*q3);
    IF present(y) return asin(2*(q0*q2-q1*q3));
    IF present(z) RETURN atan2(2*(q1*q2+q0*q3),q0*q0+q1*q1-q2*q2-q3*q3);
ENDFUNC
```

1.1.3　齐次变换矩阵与位姿数据 pose 的转换

在有些场合（如线扫激光），设备给出的特征点的空间位姿数据是 4×4 的齐次变换矩阵形式，如式（1-3）所示。由于 ABB 工业机器人并没有提供齐次变换矩阵到 pose 类型的数据转化函数，因此我们可以自行编写函数，将齐次变换矩阵中的旋转矩阵先转化为欧拉角，然后再将欧拉角转化为四元数，或者直接将旋转矩阵转化为四元数。

假设 3 个轴 x、y、z 的欧拉角分别为 θ_x、θ_y、θ_z，其正弦值和余弦值分别为 s_x、c_x、s_y、c_y、s_z、c_z，那么对应的旋转矩阵为

$$\boldsymbol{R}_z(\theta_z)\boldsymbol{R}_y(\theta_y)\boldsymbol{R}_x(\theta_x) = \begin{bmatrix} c_y c_z & c_z s_x s_y - c_x s_z & c_x c_z s_y + s_x s_z \\ c_y s_z & s_x s_y s_z + c_x c_z & c_x s_y s_z - c_z s_z \\ -s_y & c_y s_x & c_x c_y \end{bmatrix} \tag{1-10}$$

整理可得：

$$\boldsymbol{R} = \begin{bmatrix} r_{11} & r_{12} & r_{13} \\ r_{21} & r_{22} & r_{23} \\ r_{31} & r_{32} & r_{33} \end{bmatrix} = \begin{bmatrix} c_y c_z & c_z s_x s_y - c_x s_z & c_x c_z s_y + s_x s_z \\ c_y s_z & s_x s_y s_z + c_x c_z & c_x s_y s_z - c_z s_z \\ -s_y & c_y s_x & c_x c_y \end{bmatrix} \tag{1-11}$$

可得：

$$\begin{cases} \theta_x = \operatorname{atan2}(r_{32}, r_{33}) \\ \theta_y = \operatorname{atan2}(-r_{31}, \sqrt{r_{32}^2 + r_{33}^2}) \\ \theta_z = \operatorname{atan2}(r_{21}, r_{11}) \end{cases} \tag{1-12}$$

将以上公式用 RAPID 代码编写，具体实现过程如下：

```
    VAR   num   LMI_MAT{9};
  !定义一个元素个数为 9 的数组，用于存储过程中的旋转矩阵数据
    FUNC    pose    Matrix2Pose(num M{*,*})
  !输入 4×4 形式的齐次变换矩阵
  !返回 pose 类型的数据
  !输入矩阵形式如下:
  ! R11 R12 R13 px
  ! R21 R22 R23 py
  ! R31 R32 R33 pz
  !  0    0    0    1
    VAR pose pose1;
    VAR num rx;
    VAR num ry;
    VAR num rz;
  !将旋转矩阵数据传入过程临时变量
    LMI_MAT{1}:=M{1,1};
    LMI_MAT{2}:=M{1,2};
```

```
        LMI_MAT{3}:=M{1,3};
        LMI_MAT{4}:=M{2,1};
        LMI_MAT{5}:=M{2,2};
        LMI_MAT{6}:=M{2,3};
        LMI_MAT{7}:=M{3,1};
        LMI_MAT{8}:=M{3,2};
        LMI_MAT{9}:=M{3,3};

        pose1.trans:=[M{1,4},M{2,4},M{3,4}];
        !齐次变换矩阵中最后一列即为 pose 数据的 x、y、z
        rotationMatrixToEulerAngles LMI_MAT,rx,ry,rz;
        !调用下文编写的旋转矩阵转化为欧拉角程序，转化后的欧拉角存储于 rx、ry、 rz
        pose1.rot:=OrientZYX(rz,ry,rx);
        !将计算得到的欧拉角转化为四元数
        RETURN pose1;
        !返回 pose 类型的数据
            ENDFUNC

PROC rotationMatrixToEulerAngles(num M{*},INOUT num x,INOUT num y,INOUT num z)
    !x、y 和 z 为返回的欧拉角，此处用 INOUT 输入输出类型的数据
        VAR num R00;
        VAR num R01;
        VAR num R02;
        VAR num R10;
        VAR num R11;
        VAR num R12;
        VAR num R20;
        VAR num R21;
        VAR num R22;
        VAR num sy;
        VAR bool singular;

        R00:=M{1};
        R01:=M{2};
        R02:=M{3};
        R10:=M{4};
        R11:=M{5};
        R12:=M{6};
        R20:=M{7};
        R21:=M{8};
        R22:=M{9};

        sy:=Sqrt(R00*R00+R10*R10);
        IF sy<1e-6   THEN
            singular:=TRUE;
        ELSE
            singular:=FALSE;
        ENDIF

        IF singular=FALSE THEN
            x:=ATan2(R21,R22);
            y:=ATan2(-R20,sy);
```

```
            z:=ATan2(R10,R00);
        ELSE
            x:=ATan2(-R12,R11);
            y:=ATan2(-R20,sy);
            z:=0;
        ENDIF
                ENDPROC
```

1.1.4　pose 数据相关函数

假设位姿 pose 数据 p1 在坐标系 wobj0 下的值为 pose1(x,y,z,rz,ry,rx)，其中，rz，ry 和 rx 为欧拉角，则 p1 在 wobj0 下的位姿如图 1-8 所示，即先将 pose 数据沿着 wobj0 的 x_0、y_0 和 z_0 三个方向平移 x、y 和 z 距离，得到新的 pose 数据 wobj0′。再将 wobj0′绕着 wobj0′ 的本地坐标系旋转欧拉角 $\boldsymbol{R}$(rz,ry,rx)。

注：欧拉角旋转过程为绕当前的动坐标系，即先绕 z 轴，其次绕旋转后新的 y 轴，最后绕旋转后新的 x 轴，具体参见 1.1 节中的图 1-6。

1. PoseMult

如图 1-9 所示，坐标系 p2 在坐标系 p1 下的位姿表示为 pose2，p1 在坐标系 p0 下的位姿表示为 pose1，那么坐标系 p2 在坐标系 p0 下的位姿可以表示为 pose3，pose3=pose1 * pose2。对于以上公式，ABB 工业机器人 RAPID 编程提供了 PoseMult 函数来实现，即

pose3 :=PoseMult(pose1,pose2)

简单来说，PoseMult(pose1,pose2)可以理解为一个与 pose1 相同的坐标系，在 pose1 坐标系下平移 pose2.trans，再绕着新的坐标原点旋转 pose2.rot，此时的新 pose 在 p0 坐标系下表示为 pose3。

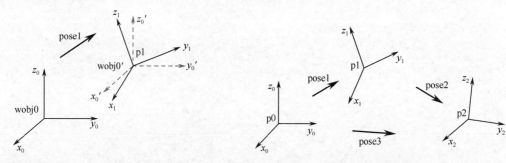

图 1-8　p1 在坐标系 wobj0 下的变换　　　　　图 1-9　p2 在 2 个坐标系下的表示

由前文所知，对于位姿数据，可以用 pose 表示，也可用齐次变换矩阵表示。若把图 1-9 中的 pose1 和 pose2 用齐次变换矩阵表示，则可以得到如下公式：

$$pose3 = \begin{bmatrix} r_{111} & r_{121} & r_{131} & P_{x1} \\ r_{211} & r_{221} & r_{231} & P_{y1} \\ r_{311} & r_{321} & r_{331} & P_{z1} \\ 0 & 0 & 0 & 1 \end{bmatrix} \times \begin{bmatrix} r_{112} & r_{122} & r_{132} & P_{x2} \\ r_{212} & r_{222} & r_{232} & P_{y2} \\ r_{312} & r_{322} & r_{332} & P_{z2} \\ 0 & 0 & 0 & 1 \end{bmatrix} \tag{1-13}$$

其中：

$$\text{pose1} = \begin{bmatrix} r_{111} & r_{121} & r_{131} & P_{x1} \\ r_{211} & r_{221} & r_{231} & P_{y1} \\ r_{311} & r_{321} & r_{331} & P_{z1} \\ 0 & 0 & 0 & 1 \end{bmatrix}$$

$$\text{pose2} = \begin{bmatrix} r_{112} & r_{122} & r_{132} & P_{x2} \\ r_{212} & r_{222} & r_{232} & P_{y2} \\ r_{312} & r_{322} & r_{332} & P_{z2} \\ 0 & 0 & 0 & 1 \end{bmatrix}$$

对于 PoseMult 函数，也可自行编写函数来实现，即将 pose 转化为 4×4 的齐次变换矩阵并完成 2 个矩阵的乘法，最后将 4×4 的矩阵转为 pose 类型的数据即可，具体代码如下：

```
    VAR num LMI_MAT{9};
    VAR pose pose1:=[[401.06,12.60053,349.6994],[0.4260806,-0.5643183,0.4260806,-0.5643186]];
    VAR pose pose2:=[[298.4817,-82.25446,246.4769],[0.4402499,-0.5880449,0.6290806,-0.2542454]];
PERS pose pose3:=[[647.537,-251.95,510.541],[0.555777,0.252323,-0.64399,0.461217]];
!存放使用 RAPID 的自带函数 PoseMult 计算得到的结果
PERS pose pose4:=[[647.537,-251.95,510.541],[0.555777,0.252323,-0.64399,0.461217]];
!存放使用自行编写的 PoseMult2 函数计算得到的结果
    PERS num   mat1{4,4}:=[[-3.86E-7,2.04021E-7,1,401.06],
                          [-0.961781,-0.273821,-3.15382E-7,12.6005],
                          [0.273821,-0.961781,3.01919E-7,349.699],
                          [0,0,0,1]];
    !存放第一个 pose 转为 Matrix4 形式的数据
    PERS num   mat2{4,4}:=[[0.0792336,-0.515992,0.852921,298.482],
                          [-0.963718,0.179125,0.197892,-82.2545],
                          [-0.25489,-0.837655,-0.483079,246.477],
                          [0,0,0,1]];
    !存放第二个 pose 转为 Matrix4 形式的数据
    PERS num   mat3{4,4}:=[[-0.25489,-0.837655,-0.483079,647.537],
                          [0.187681,0.447223,-0.87451,-251.95],
                          [0.948581,-0.313569,0.0432193,510.541],
                          [0,0,0,1]];
    ! 存放 PoseMult2 计算结果 Matrix4 形式的数据

PROC test22( )
    pose3:=PoseMult(pose1,pose2);
    pose4:=PoseMult2(pose1,pose2);
    stop;
ENDPROC

FUNC pose PoseMult2(pose p1,pose p2)
    !编写 PoseMult 计算过程，输入为 pose 类型的数据
    VAR pose poseR;
    pose2mat p1,mat1;
    !将 pose 类型的数据转为 Matrix4 形式的数据
    pose2mat p2,mat2;

    MatMult4 mat1,mat2,mat3;
    !计算矩阵 mat1 * mat2，结果存放于 mat3
```

```
        poseR:=matrix2pose(mat3);
        !将 Matrix4 形式的数据转为 pose 类型的数据
        RETURN poseR;

ENDFUNC

PROC pose2mat(pose p1,INOUT num mat{*,*})
        !将 pose 类型的数据转为 Matrix4 形式的数据
        !Matrix4 数据的形式如下:
        !R11 R12 R13 x
        !R21 R22 R23 y
        !R31 R32 R33 z
        !0    0    0    1
        VAR num mat3{3,3};
        !构建 3×3 矩阵, 用于存放旋转矩阵数据
        VAR num rz;
        VAR num ry;
        VAR num rx;
        mat{1,4}:=p1.trans.x;
        mat{2,4}:=p1.trans.y;
        mat{3,4}:=p1.trans.z;
        !将 pose 数据中的 x、y、z 数据存入 Matrix4 数据中的最后一列
        mat{4,4}:=1;
        mat{4,1}:=0;
        mat{4,2}:=0;
        mat{4,3}:=0;
        !对 Matrix4 形式数据的最后一行赋初值
        !该行为将 3×4 矩阵齐次化

        rz:=EulerZYX(\z,p1.rot);
        ry:=EulerZYX(\y,p1.rot);
        rx:=EulerZYX(\x,p1.rot);
        !获得 pose 数据中的欧拉角

        RpyToMatrix rz,ry,rx,mat3;
        !将欧拉角转为旋转矩阵
        FOR i FROM 1 TO 3 DO
            FOR j FROM 1 TO 3 DO
                mat{i,j}:=mat3{i,j};
            ENDFOR
        ENDFOR
        !将旋转矩阵数据存入 Matrix4 数据中的前 3×3 位置
ENDPROC

        PROC MatMult4(num a{*,*},num b{*,*},inout num c{*,*})
        !计算两个 4×4 矩阵的乘法
          FOR i FROM 1 TO 4 DO
              FOR j FROM 1 TO 4 DO
                  c{i,j}:=0;
              ENDFOR
          ENDFOR
```

```
    FOR i FROM 1 TO 4 DO
      FOR j FROM 1 TO 4 DO
        FOR k FROM 1 TO 4 DO
            c{i,j}:=c{i,j}+a{i,k}*b{k,j};
        ENDFOR
      ENDFOR
    ENDFOR
ENDPROC

PROC RpyToMatrix(num A,num B,num C,INOUT num T{*,*}）
    !将欧拉角转为旋转矩阵，结果存入 T 数组
    VAR num COS_A;
    VAR num SIN_A;
    VAR num COS_B;
    VAR num SIN_B;
    VAR num COS_C;
    VAR num SIN_C;
    COS_A:=Cos(A);
    SIN_A:=Sin(A);
    COS_B:=Cos(B);
    SIN_B:=Sin(B);
    COS_C:=Cos(C);
    SIN_C:=Sin(C);
    T{1,1}:=COS_A*COS_B;
    T{1,2}:=-SIN_A*COS_C+COS_A*SIN_B*SIN_C;
    T{1,3}:=SIN_A*SIN_C+COS_A*SIN_B*COS_C;
    T{2,1}:=SIN_A*COS_B;
    T{2,2}:=COS_A*COS_C+SIN_A*SIN_B*SIN_C;
    T{2,3}:=-COS_A*SIN_C+SIN_A*SIN_B*COS_C;
    T{3,1}:=-SIN_B;
    T{3,2}:=COS_B*SIN_C;
    T{3,3}:=COS_B*COS_C;
ENDPROC

FUNC pose Matrix2Pose(num M{*,*})
    !将 Matrix4 转为 pose
    !Matrix4 矩阵形式如下：
    ! R11 R12 R13 px
    ! R21 R22 R23 py
    ! R31 R32 R33 pz
    ! 0    0    0    1
    VAR pose pose1;
    VAR num rx;
    VAR num ry;
    VAR num rz;

    LMI_MAT{1}:=M{1,1};
    LMI_MAT{2}:=M{1,2};
    LMI_MAT{3}:=M{1,3};

    LMI_MAT{4}:=M{2,1};
    LMI_MAT{5}:=M{2,2};
```

```
    LMI_MAT{6}:=M{2,3};

    LMI_MAT{7}:=M{3,1};
    LMI_MAT{8}:=M{3,2};
    LMI_MAT{9}:=M{3,3};

    pose1.trans:=[M{1,4},M{2,4},M{3,4}];
    rotationMatrixToEulerAngles LMI_MAT,rx,ry,rz;
    pose1.rot:=OrientZYX(rz,ry,rx);
    RETURN pose1;
ENDFUNC

PROC rotationMatrixToEulerAngles(num M{*},INOUT num x,INOUT num y,INOUT num z)
    !旋转矩阵转为欧拉角
    VAR num R00;
    VAR num R01;
    VAR num R02;
    VAR num R10;
    VAR num R11;
    VAR num R12;
    VAR num R20;
    VAR num R21;
    VAR num R22;
    VAR num sy;
    VAR bool singular;

    R00:=M{1};
    R01:=M{2};
    R02:=M{3};
    R10:=M{4};
    R11:=M{5};
    R12:=M{6};
    R20:=M{7};
    R21:=M{8};
    R22:=M{9};

    sy:=Sqrt(R00*R00+R10*R10);
    IF sy<1e-6 THEN
        singular:=TRUE;
    ELSE
        singular:=FALSE;
    ENDIF

    IF singular=FALSE THEN
        x:=ATan2(R21,R22);
        y:=ATan2(-R20,sy);
        z:=ATan2(R10,R00);
    ELSE
        x:=ATan2(-R12,R11);
        y:=ATan2(-R20,sy);
        z:=0;
    ENDIF
ENDPROC
```

2. 姿态数据旋转及求逆

对于某位姿数据 p1，若只需要绕自身原有姿态旋转一定角度（见图 1-10），则可采用 PoseMult(p1,[[0,0,0],EulerZYX (Rz,Ry,Rx)])实现，即不平移只旋转。实际上，位姿绕自身旋转，就是姿态数据的右乘。RAPID 可以采用如下语句实现：

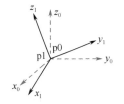

图 1-10　位姿绕自身旋转

```
ori_new:=ori_old*ori_delta;
```

考虑到直接对四元数赋值不方便，上面指令语句也可写为

```
ori_new:=ori_old* EulerZYX(Rz,Ry,Rx)
```

例如，绕姿态数据 o0 的 Z 轴旋转 90°，可以使用如下代码：

```
VAR orient o0:=[1,0,0,0];
  VAR orient o2:=[0.707107,0,0,0.707107];
    o2:=o0*OrientZYX(90,0,0);
```

根据四元数的定义，其乘法实现如式（1-14），可以自行编写 RAPID 代码实现 2 个四元数的乘法。

$$
\begin{aligned}
\boldsymbol{p} \times \boldsymbol{q} &= (p_0, p_1, p_2, p_3)*(q_0, q_1, q_2, q_3) \\
&= \begin{bmatrix} p_0 q_0 - p_1 q_1 - p_2 q_2 - p_3 q_3 \\ p_1 q_0 + p_0 q_1 + p_2 q_3 - p_3 q_2 \\ p_2 q_0 + p_0 q_2 + p_3 q_1 - p_1 q_3 \\ p_3 q_0 + p_0 q_3 + p_1 q_2 - p_2 q_1 \end{bmatrix} \\
&= (p_0 q_0 - \boldsymbol{p} \times \boldsymbol{q}, p_0 \boldsymbol{q} + q_0 \boldsymbol{p} + \boldsymbol{p} \times \boldsymbol{q})
\end{aligned}
\tag{1-14}
$$

图 1-10 显示了 p0.rot 绕自身旋转了姿态数据 o2 后得到新的姿态数据 p1.rot。假设 o0:=p0.rot, o1:=p1.rot，则 o1:=o0*o2。其中，o2 为姿态绕 o0 旋转的姿态数据。那么绕姿态 o1 旋转一定角度后得到 o0，这个旋转姿态就称为 o2 的逆，可以用 o2^{-1} 表示。姿态数据乘姿态数据的逆，得到零姿态数据[1,0,0,0]，对应的欧拉角为 RzRyRx:=[0,0,0]。

RAPID 函数未提供四元数求逆函数。根据四元数的逆就是四元数的共轭四元数，即 $Q(w,x,y,z)^{-1}=Q(w,-x,-y,-z)$，可以自行编写姿态数据求逆函数，具体代码如下：

```
FUNC orient InvOrient(orient o)
    !返回四元数数据的逆
      VAR orient o1;
      o1.q1:=o.q1;
      o1.q2:=-o.q2;
      o1.q3:=-o.q3;
      o1.q4:=-o.q4;
      RETURN o1;
ENDFUNC
```

3. PoseInv

位姿 p0 到位姿 p1 的变换为 pose1，那么位姿 p1 到位姿 p0 的变化 pose2 就可以称为 pose1 的逆。图 1-11 显示了 pose1 与其逆（pose2）的关系。

pose1*pose1^{-1}=[[0,0,0],[1,0,0,0]]，也就是位姿乘其逆等于单位 pose（单位矩阵）。单位 pose 如果用矩阵形式表示，则如下：

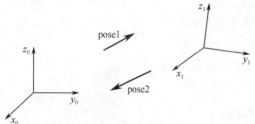

$$\begin{bmatrix} 1 & 0 & 0 & 0 \\ 0 & 1 & 0 & 0 \\ 0 & 0 & 1 & 0 \\ 0 & 0 & 0 & 1 \end{bmatrix}$$

RAPID 编程中提供了位姿数据 pose 求逆函数 PoseInv，其使用方法如下：

pose2:=PoseInv（pose1）

图 1-11　pose1 与其逆（pose2）的关系

其中，pose2 称为 pose1 的逆。

对于 1.1.4 节第 2 部分中计算姿态数据的逆，也可使用 PoseInv 函数实现。其中，将 pose 数据中的 trans 部分设为[0,0,0]：

```
FUNC orient InvOrient2(orient o)
        VAR pose pose1;
        VAR pose pose2;
        pose1.rot:=o;
        pose2:=PoseInv(pose1);
        RETURN pose2.rot;
ENDFUNC
```

4. PoseVect

空间某点 p_1 的位置用(x,y,z)表示。对于形式如(x,y,z)的数据，也可以称为矢量 v。已知 p_1 在坐标系 1 下的位置是 pos1(x_1,y_1,z_1),坐标系 1 在坐标系 0 下的位姿表示是 pose1，则 p_1 在坐标系 0 下的位置可以用 pos2(x_2,y_2,z_2)表示，如图 1-12 所示。RAPID 编程提供了以上数据关系转化的函数 PoseVect，即 pos2:=PoseVect(pose1,pos1)，该函数的典型应用如图 1-13 所示，已知 TCP 坐标系 mytool（mytool 数据基于 tool0），又已知新的 TCP 是在 mytool 坐标系的 z 方向延伸 150mm，则新的 TCP 坐标系 mytool2 就可以用如下代码实现：

```
mytool2:=mytool;
mytool2.tframe.trans:=PoseVect(mytool.tframe,[0,0,150]);
```

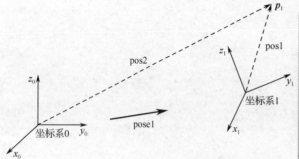

图 1-12　p_1 在不同坐标系下的表示

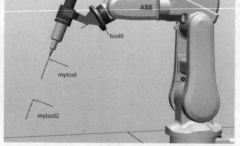

图 1-13　沿工具方向调整 TCP

PoseVect(pose1,pos1)的实现就是将 pose1 转变为 Matrix4 形式的矩阵，以及将 pos1 转变为 4×1 的矩阵（为了齐次化，添加一个元素，即$[x,y,z,1]^{T}$）。具体 RAPID 实现如下：

```
    PERS  tooldata  MyTool:=[TRUE,[[31.792631019,0,229.638935148],[0.945518576,0,0.325568154,0]],[1,
[0,0,1],[1,0,0,0],0,0,0]];
    !标准 TCP 数据
    PERS toodata mytool2:=[TRUE,[[124.142,0,347.841],[0.945519,0,0.325568,0]],[1,[0,0,1],[1,0,0,0],0,0,0]];
    !沿 mytool 的 z 方向偏移 100 后计算的 TCP 数据
PERS pos pos3:=[124.142,0,347.841];
!PoseVect 代码实现计算结果
VAR num mat1{4,4};

    PROC test1()
        mytool2:=mytool;
        mytool2.tframe.trans:=PoseVect(mytool.tframe,[0,0,150]);
        pos3:=PoseVect2(mytool.tframe,[0,0,150]);
ENDPROC

    FUNC pos PoseVect2(pose pose1,pos pos1)
        VAR num arr{4};
        !定义 4 个元素数组，用于齐次化表示 pos 数据
        VAR num arr_result{3};
        !存储计算结果
        VAR pos pos_result;
        pose2mat pose1,mat1;
        !将 pose1 转化为 Matrix4 形式
        arr{1}:=pos1.x;
        arr{2}:=pos1.y;
        arr{3}:=pos1.z;
        arr{4}:=1;
        !齐次化表示 pos1

        FOR i FROM 1 TO 3 DO
            FOR j FROM 1 TO 4 DO
                arr_result{i}:=arr_result{i}+mat1{i,j}*arr{j};
            ENDFOR
        ENDFOR
        !计算 Matrix4* [x,y,z,1]^T
        pos_result.x:=arr_result{1};
        pos_result.y:=arr_result{2};
        pos_result.z:=arr_result{3};
        RETURN pos_result;
ENDFUNC

PROC pose2mat(pose p1,INOUT num mat{*,*})
        VAR num mat3{3,3};
        VAR num rz;
        VAR num ry;
        VAR num rx;
        mat{1,4}:=p1.trans.x;
        mat{2,4}:=p1.trans.y;
        mat{3,4}:=p1.trans.z;
        mat{4,4}:=1;
        mat{4,1}:=0;
        mat{4,2}:=0;
```

```
        mat{4,3}:=0;

        rz:=EulerZYX(\Z,p1.rot);
        ry:=EulerZYX(\y,p1.rot);
        rx:=EulerZYX(\x,p1.rot);

        RpyToMatrix rz,ry,rx,mat3;
        FOR i FROM 1 TO 3 DO
            FOR j FROM 1 TO 3 DO
                mat{i,j}:=mat3{i,j};
            ENDFOR
        ENDFOR
ENDPROC

    PROC RpyToMatrix(num A,num B,num C,INOUT num T{*,*})
        VAR num COS_A;
        VAR num SIN_A;
        VAR num COS_B;
        VAR num SIN_B;
        VAR num COS_C;
        VAR num SIN_C;
        COS_A:=Cos(A);
        SIN_A:=Sin(A);
        COS_B:=Cos(B);
        SIN_B:=Sin(B);
        COS_C:=Cos(C);
        SIN_C:=Sin(C);
        T{1,1}:=COS_A*COS_B;
        T{1,2}:=-SIN_A*COS_C+COS_A*SIN_B*SIN_C;
        T{1,3}:=SIN_A*SIN_C+COS_A*SIN_B*COS_C;
        T{2,1}:=SIN_A*COS_B;
        T{2,2}:=COS_A*COS_C+SIN_A*SIN_B*SIN_C;
        T{2,3}:=-COS_A*SIN_C+SIN_A*SIN_B*COS_C;
        T{3,1}:=-SIN_B;
        T{3,2}:=COS_B*SIN_C;
        T{3,3}:=COS_B*COS_C;
    ENDPROC
```

1.2　TCP

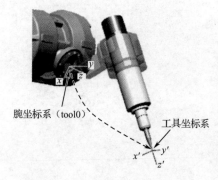

腕坐标系（tool0）　　　工具坐标系

图 1-14　TCP 工具坐标系含义解释

TCP（Tool Center Point）通常表示机器人当前使用的工具末端在腕坐标系（Wrist Coordinate System）下的位姿，如图 1-14 所示。腕坐标系（tool0）相对于机器人 base 的关系可以通过机器人正向运动学计算得到（根据当前各轴的角度，以及各关节之间的连杆长度计算，具体内容将在第 2 章介绍）。但实际机器人使用时的工具千差万别，就需要告知机器人当前的 TCP 数据，以便机器人控制器可以计算得出当前工具末端在不同坐标系（如 base）下的位姿，执行诸如绕当前

TCP 旋转等的动作。TCP 是一个位姿（pose）数据，即 TCP 除了反映工具末端在 tool0 坐标系下的 x、y、z 偏差，同时还反映工具末端相对于 tool0 坐标系下的一个姿态变化，如图 1-14 中的 TCP 坐标系 x'、y'、z' 与 tool0 坐标系 x、y、z 不平行。

1.2.1 定义 TCP

1. 通用机器人

如果现场加工的工具与设计的数模一致，则可以通过 3D 数模软件直接获取工具末端相对于机器人法兰盘的位姿（TCP 数据），输入机器人系统即可。但现场由于加工和安装等问题，通常 TCP 数据需要使用四点法（或者更多点）人工示教并计算得到。

使用四点法（或者更多点）时，将需要定义的工具末端以不同姿态接近空间一个固定点（见图 1-15），并分别记录 4 个不同姿态时的机器人在 tool0 坐标系中的位姿信息，利用 RAPID 函数自动计算获得。

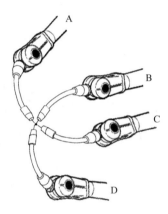

图 1-15 四点法定义 TCP

ABB 工业机器人在示教器中提供定义 TCP 的辅助方法，具体步骤如下。

（1）如图 1-16 所示，在示教器中的"手动操纵"界面中，单击"工具坐标"，并单击"新建"。

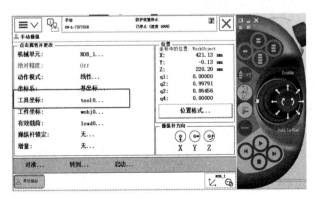

图 1-16 单击"工具坐标"

（2）ABB 工业机器人采用 tooldata 类型的数据表示工具数据，工具数据中除 TCP 坐标系数据外，还有工具质量、重心位置及惯性矩和惯性轴等数据。默认质量（Mass）数据为 -1，需要根据实际情况修改（工具质量和重心也可通过系统的 LoadIdentify 服务例行程序自动获得，如图 1-17 所示），如图 1-18 所示，单击"更改值"即可进行修改。

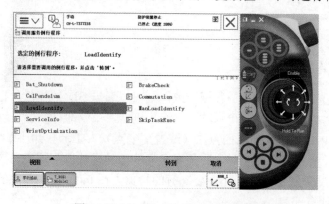

图 1-17　LoadIdentify 服务例行程序

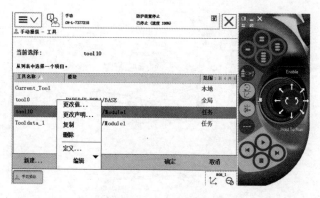

图 1-18　单击"更改值"，修改工具数据中的质量及重心数据

（3）单击图 1-18 中的"定义"，按照图 1-15 所示，令工具末端以不同的 4 种姿态接近空间中的同一固定点，并分别记录位置。最后单击"确定"，计算得到当前 TCP。

（4）使用图 1-19 所示的"TCP（默认方向）"方法获得 TCP，姿态数据与 tool0 坐标系平行。若要自定义 TCP 的方向，可以选择图 1-20 所示的方法。其中，"延伸器点 Z"如图 1-21 所示，"延伸器点 Z"到定点的连线为 TCP 的 Z 方向。

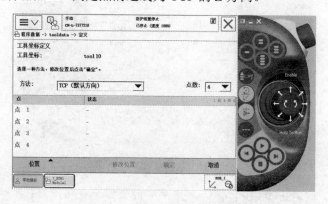

图 1-19　记录 4 个不同姿态位置

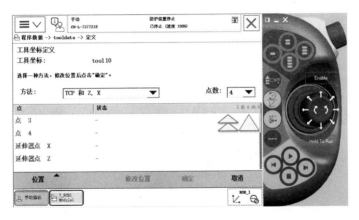

图 1-20　带方向的 TCP 定义

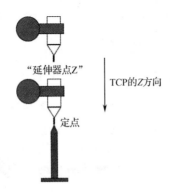

图 1-21　"延伸器点 Z"及其 TCP 的 Z 方向定义

2. SCARA 与四轴码垛机器人

在使用示教器提供的 TCP 定义功能时，通常需要人工让机器人以不同的 4 种姿态接近同一个点，如图 1-15 所示。对于 Scara 机器人（平面关节机器人，如图 1-22 中左边的机器人）和四轴码垛机器人（如图 1-22 中右边的机器人），由于其机械结构特性，机器人是无法绕工具末端任意旋转（通常只能绕 z 轴旋转）的。对于该类型的机器人，其 TCP 只能定义 x、y 和 rz。

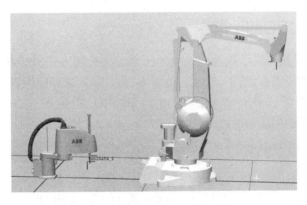

图 1-22　Scara 机器人和四轴码垛机器人

Robotware 6.09 之前的版本，机器人示教器不支持该类型机器人 TCP 的定义，但可以人工编写代码实现，其原理如图 1-23 所示：机器人令工具末端以不同姿态接近同一个点，此时不同位置的 tool0 在一个圆上。通过多点计算圆心，再利用坐标转化获得 TCP 数据。

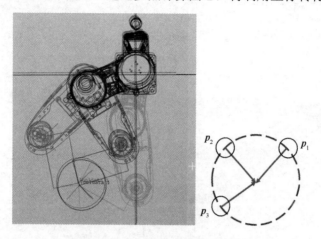

图 1-23　Scara 机器人计算 TCP 原理

在 Robotware 6.09 以后的版本中，示教器支持四轴机器人 TCP 的定义，可以使用图 1-24 所示的界面进行定义。默认得到的 TCP 数据中的 z 为 0。

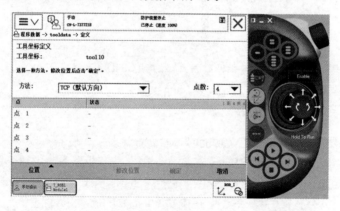

图 1-24　Robotware 6.09 开始支持 4 轴机器人 TCP 的定义

1.2.2　MToolTCPCalib 指令

1.2.1 节中介绍了如何在示教器中使用 4 点法定义机器人工具的 TCP 数据。机器人工具的末端以 4 种不同姿态接近同一个点（见图 1-25），并记录对应位置，然后计算得到 TCP 的 pos 数据和误差值。该计算过程调用了 RAPID 提供的 MToolTCPCalib 指令。MToolTCPCalib 指令的用法如下：

```
MToolTCPCalib Pos1, Pos2, Pos3, Pos4, Tool, MaxErr, MeanErr；
```

其中，Pos1、Pos2、Pos3、Pos4 为 4 个不同姿态时的机器人 6 轴数据（数据类型为 jointtarget），计算得到的 TCP 的 pos 存储于 Tool 中的 tframe 的 pos 数据中，最大误差存储于 MaxErr，平均误差存储于 MeanErr。在有外部传感器引导的情况下，机器人也可自动将工具末端引导到一个固定点，然后记录位置，最后调用 MToolTCPCalib 指令完成 TCP 的计算。

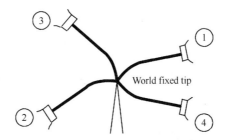

图 1-25　4 点法定义机器人的 TCP（1）

1.2.3　TCP 计算原理及实现

1.2.2 节中介绍了 RAPID 计算 TCP 的 MToolTCPCalib 指令，那么 TCP 数据到底是如何计算得到的？

同一个 TCP 相对于 **tool**$_0$ 的位姿是不变的。假设工具末端移动到固定尖点时法兰盘（**tool**$_0$）的位姿是 p_{10}(数据类型为 pose)、TCP 数据是 **tool**$_1$(数据类型为 pose)，如图 1-26 所示。此时工具末端对应的空间绝对位姿 p_{100} 可以用式（1-15）表示：

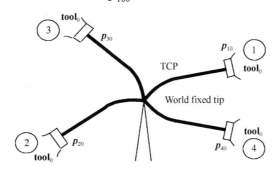

图 1-26　4 点法定义机器人的 TCP（2）

$$
\begin{aligned}
p_{100} &= p_{10} \times \mathbf{tool}_1 \\
&= \begin{bmatrix} a_{11} & a_{12} & a_{13} & x_{10} \\ a_{21} & a_{22} & a_{23} & y_{10} \\ a_{31} & a_{32} & a_{33} & z_{10} \\ 0 & 0 & 0 & 1 \end{bmatrix} \times \begin{bmatrix} t_{11} & t_{12} & t_{13} & x_t \\ t_{21} & t_{22} & t_{23} & y_t \\ t_{31} & t_{32} & t_{33} & z_t \\ 0 & 0 & 0 & 1 \end{bmatrix} \\
&= \begin{bmatrix} g_{11} & g_{12} & g_{13} & a_{11} \times x_t + a_{12} \times y_t + a_{13} \times z_t + x_{10} \\ g_{21} & g_{22} & g_{23} & a_{21} \times x_t + a_{22} \times y_t + a_{23} \times z_t + y_{10} \\ g_{31} & g_{32} & g_{33} & a_{31} \times x_t + a_{32} \times y_t + a_{33} \times z_t + z_{10} \\ 0 & 0 & 0 & 1 \end{bmatrix}
\end{aligned}
\tag{1-15}
$$

同理，假设工具末端以第二、第三、第四种姿势接近固定尖点时 **tool**$_0$ 的位姿分别是 p_{20}、p_{30}、p_{40}，工具末端对应的空间绝对位姿分别是 p_{200}、p_{300} 和 p_{400}，则可以用式（1-16）～式（1-18）表示：

$$\boldsymbol{p}_{200} = \boldsymbol{p}_{20} \times \mathbf{tool}_1$$

$$
= \begin{bmatrix} b_{11} & b_{12} & b_{13} & x_{20} \\ b_{21} & b_{22} & b_{23} & y_{20} \\ b_{31} & b_{32} & b_{33} & z_{20} \\ 0 & 0 & 0 & 1 \end{bmatrix} \times \begin{bmatrix} t_{11} & t_{12} & t_{13} & x_t \\ t_{21} & t_{22} & t_{23} & y_t \\ t_{31} & t_{32} & t_{33} & z_t \\ 0 & 0 & 0 & 1 \end{bmatrix}
$$

$$
= \begin{bmatrix} h_{11} & h_{12} & h_{13} & \boxed{b_{11} \times x_t + b_{12} \times y_t + b_{13} \times z_t + x_{20}} \\ h_{21} & h_{22} & h_{23} & b_{21} \times x_t + b_{22} \times y_t + b_{23} \times z_t + y_{20} \\ h_{31} & h_{32} & h_{33} & b_{31} \times x_t + b_{32} \times y_t + b_{33} \times z_t + z_{20} \\ 0 & 0 & 0 & 1 \end{bmatrix} \tag{1-16}
$$

$$\boldsymbol{p}_{300} = \boldsymbol{p}_{30} \times \mathbf{tool}_1$$

$$
= \begin{bmatrix} c_{11} & c_{12} & c_{13} & x_{30} \\ c_{21} & c_{22} & c_{23} & y_{30} \\ c_{31} & c_{32} & c_{33} & z_{30} \\ 0 & 0 & 0 & 1 \end{bmatrix} \times \begin{bmatrix} t_{11} & t_{12} & t_{13} & x_t \\ t_{21} & t_{22} & t_{23} & y_t \\ t_{31} & t_{32} & t_{33} & z_t \\ 0 & 0 & 0 & 1 \end{bmatrix}
$$

$$
= \begin{bmatrix} i_{11} & i_{12} & i_{13} & \boxed{c_{11} \times x_t + c_{12} \times y_t + c_{13} \times z_t + x_{30}} \\ i_{21} & i_{22} & i_{23} & c_{21} \times x_t + c_{22} \times y_t + c_{23} \times z_t + y_{30} \\ i_{31} & i_{32} & i_{33} & c_{31} \times x_t + c_{32} \times y_t + c_{33} \times z_t + z_{30} \\ 0 & 0 & 0 & 1 \end{bmatrix} \tag{1-17}
$$

$$\boldsymbol{p}_{400} = \boldsymbol{p}_{40} \times \mathbf{tool}_1$$

$$
= \begin{bmatrix} d_{11} & d_{12} & d_{13} & x_{40} \\ d_{21} & d_{22} & d_{23} & y_{40} \\ d_{31} & d_{32} & d_{33} & z_{40} \\ 0 & 0 & 0 & 1 \end{bmatrix} \times \begin{bmatrix} t_{11} & t_{12} & t_{13} & x_t \\ t_{21} & t_{22} & t_{23} & y_t \\ t_{31} & t_{32} & t_{33} & z_t \\ 0 & 0 & 0 & 1 \end{bmatrix}
$$

$$
= \begin{bmatrix} j_{11} & j_{12} & j_{13} & \boxed{d_{11} \times x_t + d_{12} \times y_t + d_{13} \times z_t + x_{40}} \\ j_{21} & j_{22} & j_{23} & d_{21} \times x_t + d_{22} \times y_t + d_{23} \times z_t + y_{40} \\ j_{31} & j_{32} & j_{33} & d_{31} \times x_t + d_{32} \times y_t + d_{33} \times z_t + z_{40} \\ 0 & 0 & 0 & 1 \end{bmatrix} \tag{1-18}
$$

整理式（1-15）中的虚线框部分：

$$
\begin{bmatrix} a_{11} \times x_t + a_{12} \times y_t + a_{13} \times z_t + x_{10} \\ a_{21} \times x_t + a_{22} \times y_t + a_{23} \times z_t + y_{10} \\ a_{31} \times x_t + a_{32} \times y_t + a_{33} \times z_t + z_{10} \end{bmatrix} = \begin{bmatrix} a_{11} & a_{12} & a_{13} \\ a_{21} & a_{22} & a_{23} \\ a_{31} & a_{32} & a_{33} \end{bmatrix} \times \begin{bmatrix} x_t \\ y_t \\ z_t \end{bmatrix} + \begin{bmatrix} x_{10} \\ y_{10} \\ z_{10} \end{bmatrix}
$$

令 $\begin{bmatrix} a_{11} & a_{12} & a_{13} \\ a_{21} & a_{22} & a_{23} \\ a_{31} & a_{32} & a_{33} \end{bmatrix}$ 为 $\boldsymbol{R}_1$，令 $\begin{bmatrix} x_t \\ y_t \\ z_t \end{bmatrix}$ 为 $\mathbf{tool}$，令 $\boldsymbol{P}_1 = \begin{bmatrix} x_{10} \\ y_{10} \\ z_{10} \end{bmatrix}$，式（1-15）虚线框部分可以用

如下形式表示：

$$\boldsymbol{R}_1 \times \mathbf{tool} + \boldsymbol{P}_1 \tag{1-19}$$

式（1-16）～式（1-18）中的虚线框部分也可用如下形式表示：

$$\boldsymbol{R}_2 \times \mathbf{tool} + \boldsymbol{P}_2 \tag{1-20}$$

$$\boldsymbol{R}_3 \times \mathbf{tool} + \boldsymbol{P}_3 \tag{1-21}$$

$$R_4 \times \textbf{tool} + P_4 \tag{1-22}$$

由于 p_{100}、p_{200}、p_{300} 和 p_{400} 四个位姿的空间位置（x、y、z）是一样的，即式（1-15）～式（1-18）中的位置部分（虚线框部分）一致，即式（1-19）～式（1-22）全部相等。整理可得：

$$R_1 \times \textbf{tool} + P_1 = R_2 \times \textbf{tool} + P_2 \tag{1-23}$$

$$R_2 \times \textbf{tool} + P_2 = R_3 \times \textbf{tool} + P_3 \tag{1-24}$$

$$R_3 \times \textbf{tool} + P_3 = R_4 \times \textbf{tool} + P_4 \tag{1-25}$$

对上式再次整理可得：

$$(R_1 - R_2) \times \textbf{tool} = P_2 - P_1 \tag{1-26}$$

$$(R_2 - R_3) \times \textbf{tool} = P_3 - P_2 \tag{1-27}$$

$$(R_3 - R_4) \times \textbf{tool} = P_4 - P_3 \tag{1-28}$$

记 $R_1 - R_2$ 为 R_{12}，$P_2 - P_1$ 为 P_{21}，$R_2 - R_3 = R_{23}$，$P_3 - P_2 = P_{32}$，……可以得到：

$$\begin{bmatrix} R_{12} \\ R_{23} \\ R_{34} \end{bmatrix}_{9\times 3} \times \textbf{tool}_{3\times 1} = \begin{bmatrix} P_{21} \\ P_{32} \\ P_{43} \end{bmatrix}_{9\times 1} \tag{1-29}$$

上式为标准 $AX = B$ 形式的超定方程组（约束大于变量数），可以使用最小二乘法进行求解。求解过程如式（1-30）：

$$\begin{aligned} AX &= B \\ A^{\text{T}} \cdot A \cdot X &= A^{\text{T}} \cdot B \\ X &= (A^{\text{T}} \cdot A)^{-1} \cdot A^{\text{T}} \cdot B \end{aligned} \tag{1-30}$$

根据以上推导，编写 RAPID 代码实现 TCP 的位置计算，计算结果与 MToolTCPCalib 的计算结果比对。式（1-29）为四点法计算表达式，实质对于标准机器人 TCP，大于或者等于三点即可计算，点位越多，计算结果越精确（ABB 工业机器人示教器定义 TCP 支持 3～10 点法）：

```
RECORD MatSize
!自定义数据类型，存储矩阵行与列的大小
    num rows;
    num cols;
ENDRECORD

PROC rTCP_Cal_test()
        tcp_cal 4,p_array,tool40,max_err,mean_err;
            !调用自定义计算 TCP 指令
 ENDPROC

PROC tcp_cal(num length,robtarget tool0_target{*},INOUT tooldata pos_tcp,INOUT num max_err,INOUT num mean_err)
        !自定义计算 TCP 指令
        !length：定义点的个数，如为 4
        !tool_target{*}：存储工具末端以不同姿态移动到同一个点时的 tool0 对应的位姿数组
        !pos_tcp：计算得到的 TCP 的 pos 数据
        !max_err：计算出的示教点的最大误差
        !mean_err：计算出的示教点的平均误差
        CONST num col:=3;
```

```
VAR num row;
VAR pos b_pos{100};

VAR dnum A{300,3};
VAR dnum b{300};

VAR MatSize szA;
VAR dnum A1{3,3};
VAR dnum A2{3,3};
VAR dnum AT{3,300};
VAR MatSize szAT;
VAR dnum A_square{3,3};
VAR MatSize szAsquare;
VAR dnum AS_inv{3,3};
VAR dnum A_pinv{3,300};
VAR MatSize szApinv;

VAR dnum TCP_vect{3};

VAR pos errPos{100};
VAR pos errPosTotal;
VAR pose R1;
VAR pose R2;
VAR num err{100};
VAR num err_sum;
VAR pos TCP;

! Since        R1_tool*TCP + P1 =    R2_tool*TCP + P2
!              R2_tool*TCP + P2 =    R3_tool*TCP + P3
!              R3_tool*TCP + P3 =    R4_tool*TCP + P4

! where    R1_tool      - tool0 orientation with P1
!          P1           - tool0 translation with P1
!          TCP          - TCP coordinates
!          R2_tool      - tool0 orientation with P2
!          P2           - tool0 translation with P2
!          R3_tool      - tool0 orientation with P3
!          P3           - tool0 translation with P3
!          R4_tool      - tool0 orientation with P4
!          P4           - tool0 translation with P4

! We have
!      | R1_tool-R2_tool |                      |P2-P1|
!      | R2_tool-R3_tool |            *TCP  =   |P3-P2|
!      | R3_tool-R4_tool |9*3                   |P4-P3|

!    A*x=b equation
! least-square solution is x = (AT*A)^(-1) * AT * b
! where AT is the transpose of A
! We take the matrix pseudo-inverse to get the least-square solution.
! Let's first compose the matrix equation

FOR i FROM 1 TO length-1 DO
```

```
    !           A*x = b
    ! where     A = R_tool,i - R_tool,i+1
    !           b = T_tool,i+1 - T_tool,i

    ! the b part
    b_pos{i}:=tool0_target{i+1}.trans-tool0_target{i}.trans;

    ! convert the pos into matrix

    b{3*i-2}:=NumToDnum(b_pos{i}.x);
    b{3*i-1}:=NumToDnum(b_pos{i}.y);
    b{3*i}:=NumToDnum(b_pos{i}.z);

    ! the A part
    QuadToPostran tool0_target{i}.rot,A1;
    QuadToPostran tool0_target{i+1}.rot,A2;

    FOR j FROM 1 TO 3 DO
        A{3*i-2,j}:=A1{1,j}-A2{1,j};
        A{3*i-1,j}:=A1{2,j}-A2{2,j};
        A{3*i,j}:=A1{3,j}-A2{3,j};
    ENDFOR
ENDFOR

row:=3*(length-1);
szA:=[row,col];

! now we complete the A*x=b equation
! least-square solution is x = (AT*A)^(-1) * AT * b
! where AT is the transpose of A

MatrixTrans A,szA,AT,szAT;
MatrixMultiply AT,szAT,A,szA,A_square,szAsquare;
MatrixInverseGauss A_square,AS_inv;
MatrixMultiply AS_inv,[3,3],AT,szAT,A_pinv,szApinv;
MatrixMultiColumnVect A_pinv,b,TCP_vect,\sizeA:=szApinv;

! convert the matrix form back to TCP position

TCP.x:=DnumToNum(TCP_vect{1});
TCP.y:=DnumToNum(TCP_vect{2});
TCP.z:=DnumToNum(TCP_vect{3});

pos_tcp.tframe.trans:=TCP;
max_err:=0;
mean_err:=0;
err_sum:=0;
err{1}:=max_err;
FOR i FROM 1 TO length DO
    TPWrite ValToStr(i);
    errPos{i}:=PoseVect([tool0_target{i}.trans,tool0_target{i}.rot],TCP);
    errPosTotal:=errPosTotal+errPos{i};
```

```
        ENDFOR

        errPosTotal.x:=errPosTotal.x/length;
        errPosTotal.y:=errPosTotal.y/length;
        errPosTotal.z:=errPosTotal.z/length;
      !获得平均误差

        FOR i FROM 1 TO length DO
            err{i}:=Distance(errPosTotal,errpos{i});
            IF err{i}>max_err THEN
                max_err:=err{i};
            ENDIF
            mean_err:=mean_err+err{i};
        ENDFOR
        mean_err:=mean_err/length;
      !获得最大误差
ENDPROC

!**************************************************************
  ! 获取矩阵 A 的转置，存储于 B
  !**************************************************************
PROC MatrixTrans(dnum A{*,*},MatSize szA,INOUT dnum B{*,*},INOUT MatSize szB)
  IF Dim(A,1)<szA.rows OR Dim(A,2)<szA.cols THEN
    ErrWrite "MatrixTrans","Matrix A size is wrong.";
    RETURN ;
  ENDIF

  szB.rows:=szA.cols;
  szB.cols:=szA.rows;

  IF Dim(B,1)<szB.rows OR Dim(B,2)<szB.cols THEN
    ErrWrite "MatrixTrans","Matrix B size is wrong.";
    RETURN ;
  ENDIF

  FOR i FROM 1 TO szA.rows DO
    FOR j FROM 1 TO szA.cols DO
      B{j,i}:=A{i,j};
    ENDFOR
  ENDFOR
ENDPROC

!**************************************************************
  ! 矩阵乘法 A×B，结果存储于 C
  !**************************************************************
PROC MatrixMultiply(dnum A{*,*},MatSize szA,dnum B{*,*},MatSize szB,INOUT dnum C{*,*},INOUT
MatSize szC)
  VAR dnum sum:=0;

  IF Dim(A,1)<szA.rows OR Dim(A,2)<szA.cols THEN
    ErrWrite "MatrixMultiply","Matrix A size is wrong. ";
    RETURN ;
```

```
      ENDIF
      IF Dim(B,1)<szB.rows OR Dim(B,2)<szB.cols THEN
        ErrWrite "MatrixMultiply","Matrix B size is wrong.";
        RETURN ;
      ENDIF
      IF szA.cols<>szB.rows THEN
        ErrWrite "MatrixMultiply","Matrix A, B does not match to multiply.";
        RETURN ;
      ENDIF

      szC.rows:=szA.rows;
      szC.cols:=szB.cols;

      IF Dim(C,1)<szC.rows OR Dim(C,2)<szC.cols THEN
        ErrWrite "MatrixMultiply","Matrix C size is wrong.";
        RETURN ;
      ENDIF

      FOR i FROM 1 TO szC.rows DO
        FOR j FROM 1 TO szC.cols DO
          sum:=0;
          FOR k FROM 1 TO szA.cols DO
            sum:=sum+A{i,k}*B{k,j};
          ENDFOR
          C{i,j}:=sum;
        ENDFOR
      ENDFOR
    ENDPROC

!*********************************************************
    !矩阵求逆，使用高斯法
    !*********************************************************
    PROC MatrixInverseGauss(dnum A{*,*},INOUT dnum X{*,*},\MatSize sizeA)
      VAR num max;
      VAR num pivot;
      VAR dnum temp;
      VAR dnum factor;
      VAR MatSize szA;

      IF Present(sizeA) THEN
        szA:=sizeA;
      ELSE
        szA:=[Dim(A,1),Dim(A,2)];
      ENDIF

      IF szA.rows<>szA.cols THEN
        ErrWrite "MatrixInverseGauss","Matrix A is not a square matrix.";
        RETURN ;
      ENDIF

      IF Dim(X,1)<szA.rows OR Dim(X,2)<szA.cols THEN
        ErrWrite "MatrixInverseGauss","Matrix X is too small.";
```

```
      RETURN ;
  ENDIF

FOR i FROM 1 TO szA.rows DO
    FOR j FROM 1 TO szA.cols DO
      IF i=j THEN
        X{i,j}:=1;
      ELSE
        X{i,j}:=0;
      ENDIF
    ENDFOR
ENDFOR

FOR i FROM 1 TO szA.rows DO
    !choose the main element, the max
    max:=i;
    IF i+1<=szA.rows THEN
      FOR r FROM i+1 TO szA.rows DO
        IF (Abs(DnumToNum(A{r,i}))>Abs(DnumToNum(A{max,i})))max:=r;
      ENDFOR
    ENDIF

    IF max<>i THEN
      !row swap, max vs i
      MatrixSwapRow A,szA,i,max;
      MatrixSwapRow X,szA,i,max;
    ELSEIF A{max,max}=0 THEN
      ErrWrite "MatrixInverseGauss","Det=0. no unique solution for this equations.";
      RETURN ;
    ENDIF

    !eliminate element
    pivot:=i;
    IF i+1<=szA.rows THEN
      FOR r FROM i+1 TO szA.rows DO
        factor:=-A{r,i}/A{pivot,i};
        MatrixAddRow A,szA,r,pivot,factor;
        MatrixAddRow X,szA,r,pivot,factor;
      ENDFOR
    ENDIF
ENDFOR

!inverse elimination
FOR i FROM szA.rows-1 TO 1 DO
    pivot:=i+1;
    FOR r FROM i TO 1 DO
      factor:=-A{r,pivot}/A{pivot,pivot};
      MatrixAddRow A,szA,r,pivot,factor;
      MatrixAddRow X,szA,r,pivot,factor;
    ENDFOR
ENDFOR
```

```
    FOR i FROM 1 TO szA.rows DO
        factor:=1.0/A{i,i};
        MatrixRowScale A,szA,i,factor;
        MatrixRowScale X,szA,i,factor;
    ENDFOR
ENDPROC


!*********************************************************
! 矩阵乘向量
!*********************************************************
PROC MatrixMultiColumnVect(dnum A{*,*},dnum B{*},INOUT dnum C{*},\MatSize sizeA)
    VAR MatSize szA;
    VAR dnum sum:=0;

    IF Present(sizeA) THEN
        szA:=sizeA;
    ELSE
        szA:=[Dim(A,1),Dim(A,2)];
    ENDIF

    IF Dim(B,1)<szA.cols THEN
        ErrWrite "MatrixMultiColumnVect","Matrix A and Vector B does not match to multiply.";
        RETURN ;
    ENDIF

    IF Dim(C,1)<szA.rows THEN
        ErrWrite "MatrixMultiColumnVect","Matrix C size is wrong.";
        RETURN ;
    ENDIF

    FOR i FROM 1 TO szA.rows DO
        sum:=0;
        FOR j FROM 1 TO szA.cols DO
            sum:=sum+A{i,j}*B{j};
        ENDFOR

        C{i}:=sum;
    ENDFOR
ENDPROC
```

1.2.4　调整工具数据及应用

假设机器人原有的 TCP 数据为 mytool（见图 1-27），现在新的 TCP 为沿着原有 mytool 坐标系的 z 方向前进 150mm，姿态与 mytool 相同，则调整后的新 TCP mytool2 可以使用如下方式计算得到：

```
mytool2:=mytool;
mytool2.tframe.trans:=PoseVect(mytool.tframe,[0,0,150]);
!mytool2 沿着 mytool 坐标系的 z 方向前进 150mm
```

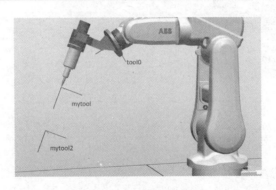

图 1-27　沿工具方向调整 TCP

　　机器人使用工具数据 MyTool 走到空间固定位置，并记录此时的位置为 p2000，如图 1-28（a）所示。此时若改用工具数据 MyTool2 继续走到 p2000 位置，则机器人的实际位置如图 1-28（b）所示，即对于"MoveL p2000,v100,fine,tooldata"指令，机器人用 tooldata 走到位置 p2000。p2000 位置不变，但使用的工具不同，会导致机器人各关节实际移动的位置不同：

```
CONST robtarget p2000:= *;
MoveL p2000,v100,fine,MyTool\WObj:=wobj0;
!使用 MyTool 移动到 p2000，如图 1-28（a）所示
MoveL p2000,v100,fine,MyTool2\WObj:=wobj0;
!使用 MyTool2 移动到 p2000，如图 1-28（b）所示
```

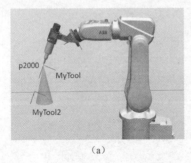
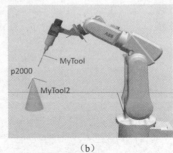

（a）　　　　　　　　　　　　　　（b）

图 1-28　使用 MyTool 和 MyTool2 走到 p2000

　　在机器人打磨过程中，随着砂纸等耗材的损耗，机器人需要在执行轨迹运动时增加下压量来保持一定压力（见图 1-29）。假设 TCP 的方向如图 1-29 所示，则此时让 TCP 沿着原有 TCP 的 z 方向后退就可以达到机器人增加下压的效果：

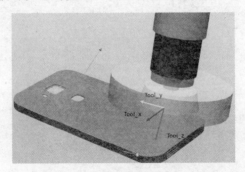

图 1-29　调整 TCP 在打磨中的应用

```
PROC test_polish()
    set_tool 0;
    !保持原有压力
    Path_10;
    set_tool -1;
     !增加机器人下压 1mm
    Path_10;
ENDPROC

PROC set_tool(num adjust)
  !设定下压量，-1 表示增加下压 1mm，1 表示减少下压 1mm
    t1:=MyTool;
    t1.tframe.trans:=PoseVect(mytool.tframe,[0,0,adjust]);
ENDPROC

PROC Path_10()
    MoveL Target_10,v200,z1,t1\WObj:=wobj0;
    MoveL Target_20,v200,z1,t1\WObj:=wobj0;
    MoveL Target_30,v200,z1,t1\WObj:=wobj0;
    MoveL Target_40,v200,z1,t1\WObj:=wobj0;
ENDPROC
```

　　假设机器人原有的 TCP 数据为 Mytool，新的 TCP MyTool2 沿着 MyTool 的 z 方向前进 150mm，并且绕 MyTool 的 z 方向旋转 90°（见图 1-30），则新工具数据 MyTool2 可以使用如下代码计算获得：

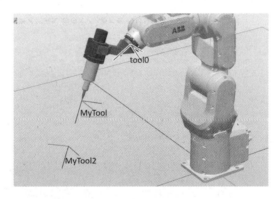

图 1-30　沿工具方向平移及旋转 TCP

```
MyTool2:=MyTool;
MyTool2.tframe:=PoseMult(MyTool.tframe,[[0,0,150],orientzyx(90,0,0)]);
```

1.3　工件坐标系

　　ABB 工业机器人有不同的坐标系（见图 1-31）。其中，世界坐标系（World coordinates）不可修改。对于非 Multimove 机器人控制系统，通常 ABB 工业机器人的基坐标系（Base coordinates）与世界坐标系（wobj0 坐标系）重合。对于 Multimove 机器人控制系统，需要设置机器人的基坐标系相对 wobj0 坐标系的关系，如图 1-32 所示。设置基坐标系与 wobj0 坐标系时，可以通过进入示教器的"校准"界面，选择图 1-33 中的"基座"完成设置。设置结果可以在示教器的"控制面板"—"配置"—"主题"—"Motion"—"Robot"中查看，如图 1-34 所示。

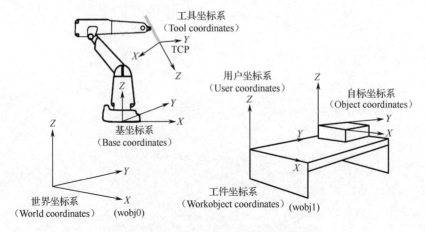

图 1-31 ABB 工业机器人的不同坐标系

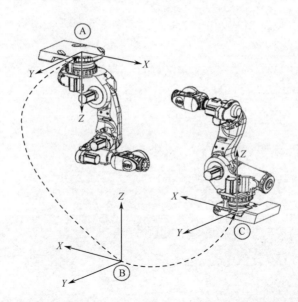

图 1-32 机器人基坐标系相对 wobj0 坐标系的关系

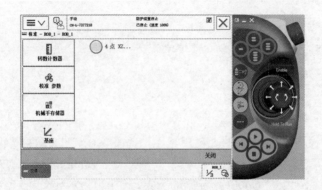

图 1-33 设置机器人基坐标系时的界面

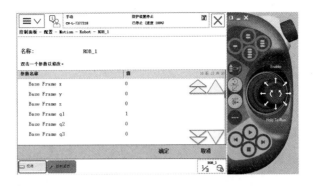

图 1-34　机器人基坐标系的数据记录界面

图 1-31 中的工具坐标系即 1.2 节所述的 TCP，图 1-31 中的 wobj1 坐标系即工件坐标系（Workobject coordinates）。图 1-35 中的坐标值表示当前工具 mytool2 所代表的 TCP 在 wobj1 坐标系下的值。

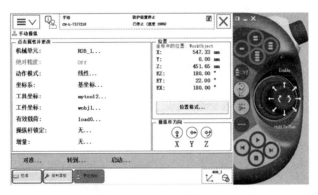

图 1-35　机器人手动操纵界面

1.3.1　数据解释

ABB 工业机器人工件坐标系中的 wobjdata 数据由以下成员构成：

```
RECORD wobjdata
bool robhold;
bool ufprog;
string ufmec;
pose uframe;
pose oframe;
ENDRECORD
```

wobjdata 数据中的各成员解释如下。

● robhold

数据类型：bool。

TRUE：表示机械臂正夹持着工件，即使用一个固定工具。

FALSE：表示机械臂未夹持工件，即机械臂正夹持着工具。通常为 FALSE。

● ufprog

数据类型：bool。

TRUE：表示 uframe 可以编程修改，通常为 TRUE。

FALSE：表示 uframe 不可编程修改，常用于 uframe 被外轴驱动或者被输送链驱动。

● ufmec

数据类型：string。

默认为空。若 ufprog 为 FASLE，此处输入驱动 uframe 移动的外轴，如输送链或者变位机。

● uframe

数据类型：pose。

表示当前工件坐标系中的用户坐标系（见图 1-31 中的用户坐标系）在坐标系 wobj0（世界坐标系）中的位置关系。

● oframe

数据类型：pose。

表示当前工件坐标系中的目标坐标系（见图 1-31 中的 Object coordinates）在坐标系 uframe 中的关系，即在用户坐标系中定义目标坐标系。

ABB 工业机器人的工件坐标系由两个坐标系（用户坐标系和工具坐标系）构成。如图 1-35 所示的机器人位置是当前 TCP 在工件坐标系中 oframe 下的值。

1.3.2　定义工件坐标系

可以使用三点法定义工件坐标系。例如，要定义工件坐标系 wobj1 里的 uframe，可以使用已经校准好的 TCP。分别移动 TCP 到如图 1-36 所示的 User 下的 X_1、X_2 和 Y_1 点，记录各自位置，然后单击示教器中的"计算"按钮，得到在工件坐标系 wobj1 下的数值。

注：工件坐标系 wobj1 的 X 方向为 X_1 到 X_2 点，Y_1 点与 X_1X_2 连线的垂线的垂足为坐标系原点（uframe 的原点），垂足指向 Y_1 点为坐标系的 Y 方向。坐标系的 Z 方向根据右手法则获得（见图 1-37）。

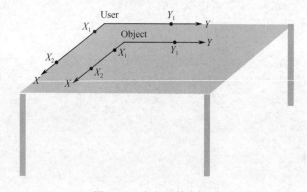

图 1-36　定义工件坐标系

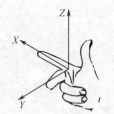

图 1-37　右手坐标系法则

定义工件坐标系中的 uframe 的具体步骤如下。

（1）如图 1-38 所示，在"手动操纵"中选择已经校准的"工具坐标"。

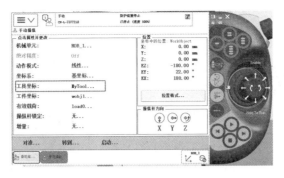

图 1-38 选择已经校准的"工具坐标"

（2）如图 1-39 所示，选择要定义的工件坐标系并单击"定义"。

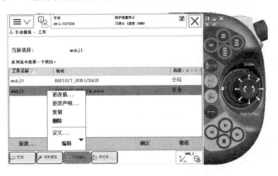

图 1-39 选择要定义的工件坐标系并单击"定义"

（3）选择"用户方法"（见图 1-40），参照图 1-36 所示的记录点位并获得计算结果。此时，由于只选择了"用户方法"，所以计算得到的结果会赋值到工件坐标系 wobj1 的 uframe 数据中，oframe 数据均为 0。

图 1-40 选择"用户方法"

（4）此时移动 TCP 到图 1-36 所示的 uframe 原点位置，在图 1-38 所示的界面中可以看到当前位置的"X""Y""Z"为 0、0、0。若不为 0、0、0，则可以检查坐标系中的 oframe 是否有数值，这是因为图 1-38 显示的是在 oframe 下的位置，而 oframe 又是相对于 uframe 的。

（5）记录完位置后，单击图 1-40 中的"位置"，保存示教器中记录的点位。

（6）若要同时定义 uframe 和 oframe，可以按图 1-41 所示，同时选择两种方法，按照图 1-36 所示的示教器记录即可。

注：无论选择哪种方法，机器人在记录这些点时，均记录当前 TCP 在 wobj0 下的位置，

若同时选择"用户方法"和"目标方法"，则机器人会在分别计算出 2 个 frame 值后将 oframe 的值从 wobj0 下换算到 uframe 下。

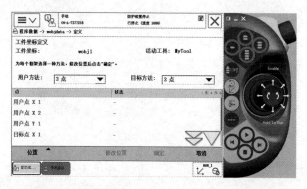

图 1-41　同时定义"用户方法"和"目标方法"

1.3.3　DefFrame 指令

1.3.2 节介绍了使用示教器定义工件坐标系的方法。RAPID 提供了定义坐标系（frame）的函数 DefFrame，示教器就是通过调用该函数来定义工件坐标的。

（1）frame:= DefFrame $(p_1, p_2, p_3 \backslash \text{Origin}:=1)$

表示点 p_1 到点 p_2 为坐标系的 x 方向；p_1、p_2 和 p_3 点构成 xy 平面；Origin:=1 表示原点在点 p_1 处，如图 1-42 所示。

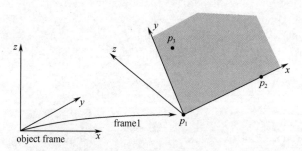

图 1-42　DefFrame 函数定义坐标系，Origin 参数为 1

（2）frame:= DefFrame $(p_1, p_2, p_3 \backslash \text{Origin}:=2)$

表示点 p_1 到点 p_2 为坐标系的 x 方向；p_1、p_2 和 p_3 点构成 xy 平面；Origin:=2 表示原点在点 p_2 处，如图 1-43 所示。

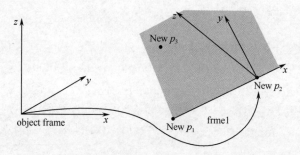

图 1-43　DefFrame 函数定义坐标系，Origin 参数为 2

（3）frame:= DefFrame $(p_1, p_2, p_3 \backslash \text{Origin}:=3)$

表示点 p_1 到点 p_2 为坐标系的 x 方向；p_1、p_2 和 p_3 点构成 xy 平面；Origin:=3 表示原点在点 p_3 到 $p_2 p_1$ 连线的垂足处，如图 1-44 所示。

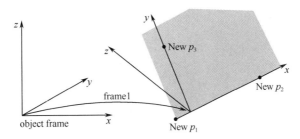

图 1-44 DefFrame 函数定义坐标系，Origin 参数为 3

DefFrame 函数的使用示例如下：

```
CONST robtarget p1 := [...];
CONST robtarget p2 := [...];
CONST robtarget p3 := [...];
VAR pose frame1;
frame1 := DefFrame (p1, p2, p3);
```

1.3.4 工件坐标系计算原理及实现

1.3.3 节介绍了如何使用 DefFrame 函数计算获得坐标系。在 ABB 工业机器人的示教器中定义坐标系时，默认使用的是"DefFrame$(p_1, p_2, p_3 \backslash \text{Origin}:=3)$"的函数，即坐标系原点在点 p_3 到 $p_1 p_2$ 连线的垂足处。

DefFrame 函数返回的是 pose 类型的数据（位姿数据），即在计算时，要计算坐标系的原点位置（x、y、z）和坐标系姿态。

假设空间 3 点为 $p_1(x_1,y_1,z_1)$、$p_2(x_2,y_2,z_2)$ 和 $p_3(x_3,y_3,z_3)$。由点 p_3 向 $p_1 p_2$ 连线做垂线，垂足为点 $p_4(x,y,z)$，p_4 即为需要求解的坐标系原点（见图 1-45）。

把经过点 p_1 和点 p_2 的空间直线称为 L_1，可以用式（1-31）表示：

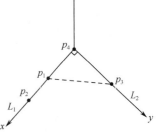

图 1-45 三点计算坐标系

$$\frac{x-x_1}{x_1-x_2} = \frac{y-y_1}{y_1-y_2} = \frac{z-z_1}{z_1-z_2} \qquad (1-31)$$

由于向量 $\overrightarrow{p_1 p_2}$ 垂直于 $\overrightarrow{p_3 p_4}$，根据向量点积规则，$\overrightarrow{p_1 p_2} \cdot \overrightarrow{p_3 p_4} = 0$。

$$\overrightarrow{p_1 p_2} = [(x_2 - x_1),(y_2 - y_1),(z_2 - z_1)]$$
$$\overrightarrow{p_3 p_4} = [(x - x_3),(y - y_3),(z - z_3)] \qquad (1-32)$$
$$\overrightarrow{p_1 p_2} \cdot \overrightarrow{p_3 p_4} = (x_2 - x_1)(x - x_3) + (y_2 - y_1)(y - y_3) + (z_2 - z_1)(z - z_3) = 0$$

为方便书写，记：

$$\begin{cases} a = x_1 - x_2 \\ b = y_1 - y_2 \\ c = z_1 - z_2 \end{cases}$$

将式（1-31）和式（1-32）整理为式（1-33）：

$$\begin{bmatrix} a & b & c \\ b & -a & 0 \\ c & 0 & -a \end{bmatrix} \times \begin{bmatrix} x \\ y \\ z \end{bmatrix} = \begin{bmatrix} a \cdot x_3 + b \cdot y_3 + c \cdot z_3 \\ b \cdot x_1 - a \cdot y_1 \\ c \cdot x_1 - a \cdot z_1 \end{bmatrix} \qquad (1-33)$$

计算式（1-33）即可得到由点 p_1、p_2 和 p_3 构成的坐标系原点。RAPID 提供求解 $AX = B$ 的指令"MatrixSolve A,B,X"，计算结果存储于 X 数组中。MatrixSolve 中使用的数据类型为 dnum，在调用时可以使用 NumToDnum 和 DnumToNum 函数进行转化。

对于坐标系原点姿态，则可以通过向量的叉乘得到，如图 1-46 及图 1-47 所示。

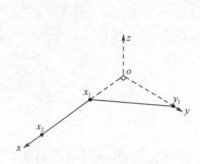

图 1-46　三点计算坐标系姿态

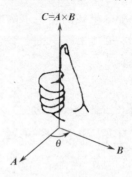

图 1-47　叉乘运算表示

计算过程如下：

（1）向量 $\overrightarrow{x_1 x_2}$ 单位化，得到单位向量 $\overrightarrow{ox}$；

（2）向量 $\overrightarrow{x_1 y_1}$ 单位化，得到单位向量 $\overrightarrow{xy}$；

（3）向量 $\overrightarrow{ox}$ 叉乘向量 $\overrightarrow{xy}$，得到单位向量 $\overrightarrow{oz}$；

（4）单位向量 $\overrightarrow{oy}$ 等于单位向量 $\overrightarrow{oz}$ 叉乘单位向量 $\overrightarrow{ox}$；

（5）得到单位向量 $\overrightarrow{ox}$、单位向量 $\overrightarrow{oy}$、单位向量 $\overrightarrow{oz}$；

（6）将旋转矩阵 $[\overrightarrow{ox}, \overrightarrow{oy}, \overrightarrow{oz}]^T$ 转化为欧拉角；

（7）利用 OrientZYX 函数将欧拉角转化为四元数。

综合以上计算坐标系原点与姿态的介绍，可以编写 RAPID 代码如下，运算结果与 DefFrame(p1,p2,p3\Origin:=3) 相同：

```
    LOCAL CONST robtarget p10:=*;
    LOCAL CONST robtarget p20:=*;
    LOCAL CONST robtarget p30:= *;
    !定义 TCP 的 3 个点位
PERS pose p4:=[[503.38,194.039,300],[0.92388,-2.99048E-7,-1.2387E-7,0.382683]];
!存储自定义计算坐标系函数的运算结果
PERS pose pDefframeCal:=[[503.38,194.039,300],[0.92388,-2.92039E-7,-1.20966E-7,0.382683]];
 !存储使用 DefFrame 函数计算得到的结果

    PROC test1()
```

```
            p4:=DefFrame2(p10,p20,p30);
            pDefframeCal:=DefFrame(p10,p20,p30\Origin:=3);
        ENDPROC

FUNC pose DefFrame2(robtarget p1,robtarget p2,robtarget p3)
    !自定义计算 Frame 函数，计算方法同 DefFrame(p1,p2,p3\Origin:=3)
            VAR pose pose_result:=[[0,0,0],[1,0,0,0]];
            pose_result.trans:=cal_frame_org(p1,p2,p3);
            pose_result.rot:=cal_frame_orient(p1.trans,p2.trans,p3.trans);
            RETURN pose_result;
        ENDFUNC

FUNC pos cal_frame_org(robtarget p1,robtarget p2,robtarget p3)
    !3 点计算坐标系原点
            VAR dnum a;
            VAR dnum b;
            VAR dnum c;
            VAR dnum A1{3,3};
            V1AR dnum b1{3};
            VAR dnum x1{3};
            VAR pos pos_return;
            VAR pose pose_return;
            VAR num rz;
            VAR num ry;
            VAR num rx;
            a:=NumToDnum((p1.trans.x-p2.trans.x));
            b:=NumToDnum((p1.trans.y-p2.trans.y));
            c:=NumToDnum((p1.trans.z-p2.trans.z));
            A1:=[[a,b,c],[b,-a,0],[c,0,-a]];
            b1{1}:=(a*NumToDnum(p3.trans.x)+b*NumToDnum(p3.trans.y)+c*NumToDnum(p3.trans.z));
            b1{2}:=(NumToDnum(p1.trans.x)*b-NumToDnum(p1.trans.y)*a);
            b1{3}:=(NumToDnum(p1.trans.x)*c-NumToDnum(p1.trans.z)*a);
            MatrixSolve A1,b1,x1;
            pos_return.x:=DnumToNum(x1{1});
            pos_return.y:=DnumToNum(x1{2});
            pos_return.z:=DnumToNum(x1{3});
            RETURN pos_return;
        ENDFUNC

FUNC orient cal_frame_orient(pos px1,pos px2,pos py)
    !3 点计算坐标系原点姿态
            VAR num rz;
            VAR num ry;
            VAR num rx;
            VAR pos vpx;
            VAR pos vpxy;
            VAR pos vpy;
            VAR pos vpz;
            VAR num nRT{3,3};


            vpx:=px2-px1;
            !获取向量 x1x2
```

```
        vpx:=vec_nor(vpx);
        !单位化向量 vpx
        vpxy:=py-px1;
        !获取向量 x1y1
        vpxy:=vec_nor(vpxy);
        !单位化向量 vpxy
        vpz:=vpx*vpxy;
        !向量 vpx 叉乘向量 vpxy
        vpy:=vpz*vpx;
        !向量 vpz 叉乘向量 vpx

        !将单位向量存入数组 nrT
        nrT{1,1}:=vpx.x;
        nrT{1,2}:=vpy.x;
        nrT{1,3}:=vpz.x;
        nrT{2,1}:=vpx.y;
        nrT{2,2}:=vpy.y;
        nrT{2,3}:=vpz.y;
        nrT{3,1}:=vpx.z;
        nrT{3,2}:=vpy.z;
        nrT{3,3}:=vpz.z;

        MatrixToRpy nrT,rz,ry,rx;
        !调用旋转矩阵转欧拉角函数
        RETURN OrientZYX(rz,ry,rx);
ENDFUNC

PROC MatrixToRpy(num nrT{*,*},INOUT num nrA,INOUT num nrB,INOUT num nrC)
        !Transform    Trafo-Matrix to RPY-Angle A, B, C
        !T = Rot_z(A) * Rot_y(B) * Rot_x(C)
        VAR num nrSinA;
        VAR num nrCosA;
        VAR num nrSinB;
        VAR num nrAbsCosB;
        VAR num nrSinC;
        VAR num nrCosC;
        nrA:=ATan2(nrT{2,1},nrT{1,1});
        nrSinA:=Sin(nrA);
        nrCosA:=Cos(nrA);
        nrSinB:=-nrT{3,1};
        nrAbsCosB:=nrCosA*nrT{1,1}+nrSinA*nrT{2,1};
        !Value: -90 <= B <= +90 !!
        nrB:=ATan2(nrSinB,nrAbsCosB);
        nrSinC:=nrSinA*nrT{1,3}-nrCosA*nrT{2,3};
        nrCosC:=-nrSinA*nrT{1,2}+nrCosA*nrT{2,2};
        nrC:=ATan2(nrSinC,nrCosC);
ENDPROC

FUNC pos vec_nor(pos pos1)
        VAR pos pos2;
        pos2.x:=pos1.x/VectMagn(pos1);
        pos2.y:=pos1.y/VectMagn(pos1);
```

```
    pos2.z:=pos1.z/VectMagn(pos1);
    RETURN pos2;
ENDFUNC
```

1.4 偏移与旋转

1.4.1 基于 Offs 的偏移及实现原理

对于点位（Robtarget）的偏移，ABB 工业机器人编程提供了 $Offs(p_1,x_1,y_1,z_1)$ 函数，返回值为基于 p_1 点位，在 pos 数据中的 x、y、z 三个方向上叠加 x_1、y_1 和 z_1。该函数不改变原有 p_1 的点位。例如，可以有以下用法，即机器人走到"p3000"沿着 wobj2 坐标系的 z 方向偏移 100 的位置：

```
MoveL offs(p3000,0,0,100),v100,fine,MyTool\WObj:=wobj2;
```

对于存储类型不是 CONST 的点位数据，也可采用 Offs 函数赋值。例如：

```
VAR robtarget p3003：=*
p3003:=offs(p100,0,0,100);
MoveL p3003,v1000,fine,tool0\WObj:=wobj2;
```

在示教器中插入 Offs 函数赋值时，确认被赋值数据的存储类型不能是 CONST。可以通过"程序数据"编辑器，选择对应点位数据，单击"编辑"—"更改声明"（见图 1-48），修改对应点位的存储类型（见图 1-49）。

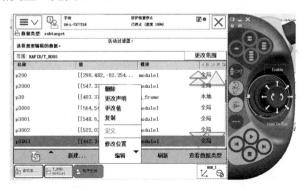

图 1-48 在"程序数据"中更改声明

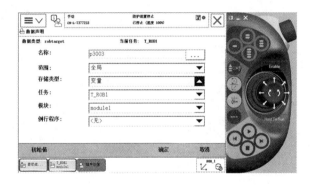

图 1-49 修改对应点位的存储类型

Offs 函数本质上就是在 Robtarget 数值的 *x*、*y*、*z* 基础上增加对应差量并返回，可以自行编写函数如下，同样实现 Offs 函数功能：

```
FUNC robtarget Offs2(robtarget p1,num x,num y,num z)
    VAR robtarget point;
    point:=p1;
    point.trans:=p1.trans+[x,y,z];
    !相同数据类型可以这样赋值
    RETURN point;
ENDFUNC
```

ABB 工业机器人只提供了基于 Robtarget 类型的偏移函数，没有提供基于 Jointtarget 类型的偏移函数。以下代码示例可以实现让机器人基于某个点位的 1～6 轴数据偏移一定的角度：

```
FUNC jointtarget OffsJoint(jointtarget j,num a1,num a2,num a3,num a4,num a5,num a6)
    !基于输入 j，1～6 轴各偏移 a1、a2、a3、a4、a5、a6 角度并返回
    VAR jointtarget jtmp;
    jtmp:=j;
    jtmp.robax.rax_1:=j.robax.rax_1+a1;
    jtmp.robax.rax_2:=j.robax.rax_2+a2;
    jtmp.robax.rax_3:=j.robax.rax_3+a3;
    jtmp.robax.rax_4:=j.robax.rax_4+a4;
    jtmp.robax.rax_5:=j.robax.rax_5+a5;
    jtmp.robax.rax_6:=j.robax.rax_6+a6;
    RETURN jtmp;
ENDFUNC
```

1.4.2　基于工件坐标系的批量偏移

假设已经有如图 1-50（a）所示的工件坐标系 workobject_1（定义了其中的 uframe，oframe 数值为 0）。在 workobject_1 坐标系下示教了点 p3000 并利用 Offs 函数完成了基于 p3000 的一个方形轨迹。现在希望沿着 workobject_1 工件坐标系的 *y* 方向，整体偏移该方形轨迹，可以借助工件坐标系赋值。

创建一个临时工件坐标系 wobj2，令其初值等于 workobject_1。由于轨迹需要在 workobject_1 下偏移且原始 oframe 为 0，则可以直接对新的 wobj2 的 oframe 的 *y* 赋值，如 100。此时运行完第二个方形图形时，wobj2 的位置如图 1-50（b）所示。具体实现如下：

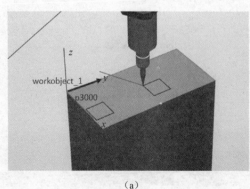
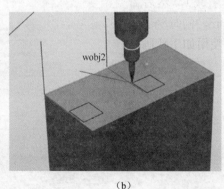

（a）　　　　　　　　　　　　　　　　　（b）

图 1-50　基于工件坐标系的批量偏移

```
PROC main()
    wobj2:=Workobject_1;
    !令 wobj2 等于 workobject_1
    path2;
    wobj2.oframe.trans.y:=100;
    !修改 wobj2
    path2;
ENDPROC

PROC path2()
    reg1:=30;
    MoveL p3000,v100,fine,mytool2\WObj:=wobj2;
    set DO10_1;
    MoveL offs(p3000,reg1,0,0),v100,fine,mytool2\WObj:=wobj2;
    MoveL offs(p3000,reg1,reg1,0),v100,fine,mytool2\WObj:=wobj2;
    MoveL offs(p3000,0,reg1,0),v100,fine,mytool2\WObj:=wobj2;
    MoveL offs(p3000,0,0,0),v100,fine,mytool2\WObj:=wobj2;
    reset DO10_1;

ENDPROC
```

对于没有创建工件坐标系的轨迹（实质使用 wobj0），如果偏移的方向与 wobj0 平行，也可创建一个临时坐标系等于 wobj0，并对坐标系进行赋值。例如：

```
wobj2:=wobj0;
path2;
wobj2.uframe.trans.y:= wobj2.uframe.trans.y+100;
path2;
```

1.4.3 RelTool 及实现原理

对于点位（Robtarget）数据沿着工具（Tooldata）方向偏移和旋转，ABB 工业机器人编程提供了 RelTool(p_1,x_1,y_1,z_1\Rx:=rx1\Ry:=ry1\Rz:=rz1)函数，即返回值基于 p_1 点位，沿着 p_1 姿态的 x、y、z 三方向偏移 x_1、y_1 和 z_1，同时可以绕 p_1 的姿态方向旋转。若同时使用可选参数 Rx、Ry 和 Rz，旋转顺序为绕着 x 轴旋转，绕着新的 y 轴旋转、绕着新的 z 轴旋转（与标准欧拉角 z-y-x 的旋转顺序相反）。

例如，机器人走到原始点位 p3002（使用 MyTool2 工具示教），然后需要沿着 MyTool2 的 z 方向前进 300mm，同时绕着 p3002 原始姿态的 z 方向旋转 45°，可以使用如下代码：

```
MoveL p3002,v1000,fine,MyTool2\WObj:=wobj2;
MoveL reltool(p3002,0,0,300\Rz:=45),v1000,fine,MyTool2\WObj:=
wobj2;
```

效果如图 1-51 所示。

同样，对于存储类型不是 CONST 的 Robtarget 类型的数据，也可使用 RelTool 函数赋值。例如：

```
VAR robtarget p3003;
p3003:=RelTool(p100,0,0,100\Rz:=45);
```

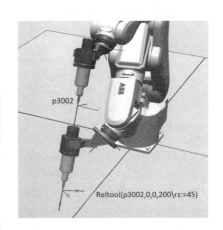

图 1-51 RelTool 使用示例

对于 RelTool(p_1,x_1,y_1,z_1\Rx:=rx1\Ry:=ry1\Rz:=rz1)函数，实质就是已知在 p_1 位姿坐标系下的偏移数据 x_1、y_1 和 z_1，以及绕着 p_1 位姿坐标系下旋转的角度 rx1、ry1 和 rz1（注：RelTool 函数中的旋转顺序为 x-y-z），将这个新的位置转化到 p_0 坐标系下，如图 1-52 所示。所以，RelTool 的实现本质就是使用 1.1.4 节提到的 PoseMult 函数。但要注意，PoseMult 函数中的欧拉角顺序为 z-y-x，所以如果要自行编写 RelTool 的实现，需要将 PoseMult 略做修改：

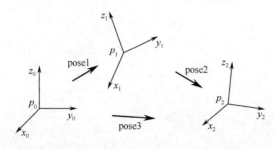

图 1-52　RelTool 坐标系转化示例

```
FUNC robtarget RelTool2(robtarget p,num x,num y,num z\num rx\num ry\num rz)
        !基于输入 p 的姿态的 x、y、z 方向进行偏移和旋转
        !旋转顺序为 x-y-z
        VAR robtarget p1;
        VAR pose pose1;
        VAR pose pose_result;
        VAR orient o1;
        VAR num rx1;
        VAR num ry1;
        VAR num rz1;
        p1:=p;
        pose1:=[p.trans,p.rot];

        IF Present(rx) THEN
            rx1:=rx;
        ENDIF
        IF Present(ry) THEN
            ry1:=ry;
        ENDIF
        IF Present(rz) THEN
            rz1:=rz;
        ENDIF
        o1:=orientzyx(0,0,rx1)*orientzyx(0,ry1,0)*orientzyx(rz1,0,0);
        !按照旋转顺序 x-y-z 进行角度旋转合并
        pose_result:=posemult(pose1,[[x,y,z],o1]);
        p1.trans:=pose_result.trans;
        p1.rot:=pose_result.rot;
        RETURN p1;
ENDFUNC
```

1.4.4　左乘与右乘

由 1.1.1 节所知，机器人的姿态数据可以由 3×3 的旋转矩阵表示，位姿可由 4×4 的齐次矩阵表示。矩阵的乘法不满足交换律，即矩阵 $A \times B$ 通常不等于 $B \times A$。

由 1.1.4 小节所知，姿态数据 *A* 右乘一个姿态数据 *B* 得到新的姿态 *C*(*C*=*A*×*B*)，相当于姿态 *A* 绕着自身旋转了姿态 *B* 得到新姿态数据 *C*，参考坐标系为姿态 *A*，如图 1-53 所示。

而姿态数据 *A* 左乘一个姿态数据 *B* 得到新的姿态 *C*(*C*=*B*×*A*)，相当于姿态 *A* 绕着姿态 *A* 参考的坐标系方向（w_0）旋转了姿态 *B* 得到新姿态数据 *C*，参考坐标系为姿态 w_0，如图 1-54 所示。

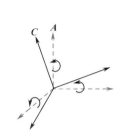
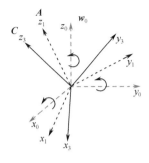

图 1-53　姿态数据的右乘　　　　　　　图 1-54　姿态数据的左乘

使用工具 MyTool，在工件坐标系 workobject_1 下记录原始点位 p3000［见图 1-55（a）］。使用姿态数据右乘相当于使用了 RelTool(p3000,0,0,0\Rx:=rx\Ry:=ry\Rz:=rz) 的效果（注：RelTool 的旋转顺序为 *x-y-z*），即绕原有点位 p3000 的姿态旋转。执行以下代码，机器人最终的姿态如图 1-55（b）所示。

```
VAR robtarget ptmp;
MoveL p3000,v100,fine,mytool\WObj:=Workobject_1;
ptmp:=p3000;
ptmp.rot:=ptmp.rot*OrientZYX(45,0,0);
!姿态右乘
MoveL ptmp,v100,fine,mytool\WObj:=Workobject_1;
```

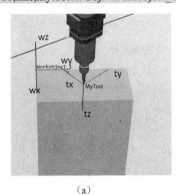
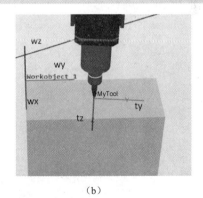

（a）　　　　　　　　　　　　（b）

图 1-55　姿态数据的右乘

使用姿态左乘，相当于把 workobject_1 的原点平移到 p3000 位置（*x-y-z*），p3000 的姿态绕着平移到 p3000 后的 workobject_1 的姿态旋转。执行以下代码，机器人最终的姿态如图 1-56（b）所示。

```
VAR robtarget ptmp;
    MoveL p3000,v100,fine,mytool\WObj:=Workobject_1;
    ptmp:=p3000;
```

```
ptmp.rot:=OrientZYX(45,0,0)*ptmp.rot;
!姿态左乘
MoveL ptmp,v100,fine,mytool\WObj:=Workobject_1;
```

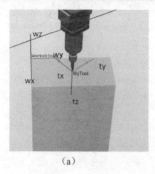 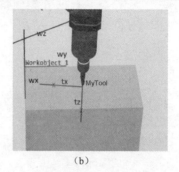

(a)　　　　　　　　　　　　　　(b)

图 1-56　姿态数据的左乘

机器人当前的 TCP 如图 1-57（a）所示，此时 TCP 的 z 方向沿着抓手方向（与工件产品平行），TCP 的 x 方向垂直于工件产品表面。

通过外设（激光测距等设备），可得知当前工件设备绕自身旋转了一定角度（如 10°），如图 1-57（b）所示。

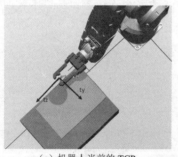 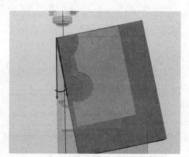

（a）机器人当前的 TCP　　　　　　　（b）工件设备绕自身旋转一定角度

图 1-57　机器人当前的 TCP 和工件设备绕自身旋转一定角度

希望机器人能调整自身姿态，使得抓手与旋转 10° 后的产品平行，并沿着产品方向前进 100mm。此时即可使用姿态的左乘调整姿态（令图 1-58 中原始位姿的 tx、ty、tz 绕着与 Base 坐标系平行的一个坐标系的 z 轴旋转 10°），再使用 RelTool 沿着工具方向前进，具体实现如以下代码所示。

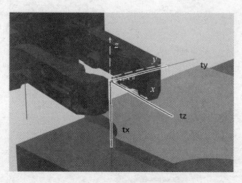

图 1-58　机器人的原始位姿

```
CONST robtarget pInit1:=*
! 机器人原始示教位置
    VAR robtarget ptmp1:=*
    VAR num angle1:=10;

    PROC test_tool()
        MoveJ pInit1,v1000,fine,gripper_1;
        ptmp1:=pInit1;
        ptmp1.rot:=OrientZYX(angle1,0,0)*ptmp1.rot;
        !绕着原点在 pInit1 的 x-y-z 姿态与 Base 坐标系平行的坐标系的 z 轴旋转 angle1 角度
        MoveL ptmp1,v1000,fine,gripper_1;
        !此时 ptmp1 的姿态调整为与工件平行
        MoveL reltool(ptmp1,0,0,30),v1000,fine,gripper_1;
        !沿着当前工具的 z 前进 30mm
    ENDPROC
```

综上，可以编写如下基于工具/工件坐标系的偏移和旋转函数：

```
FUNC robtarget relnew(\switch tool|switch wobj,robtarget p1,num x,num y,num z\num rx\num ry\num rz)
        VAR robtarget pnew;
        VAR num rrx;
        VAR num rry;
        VAR num rrz;
        IF Present(rx) rrx:=rx;
        IF Present(ry) rry:=ry;
        IF Present(rz) rrz:=rz;
        pnew:=p1;
        IF present(tool) THEN
            RETURN RelTool(p1,x,y,z\rx:=rrx\ry:=rry\rz:=rrz);
        ENDIF
        IF present(wobj) THEN
            pnew.trans:=p1.trans+[x,y,z];
            pnew.rot:=orientzyx(rrz,rry,rrx)*p1.rot;
            RETURN pnew;
        ENDIF
    ENDFUNC
```

若选择参考 tool，则实现方式采用 RAPID 标准的 RelTool 指令；若选择参考 wobj，则先沿着 wobj 平移，再绕着 wobj 的姿态方向旋转，使用参考 wobj，效果同在示教器中使用重定位，参考坐标系为"工件坐标系"，如图 1-59 所示。

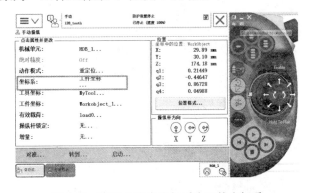

图 1-59　重定位参考坐标系为工件坐标系

同理，在使用 PoseMult 函数时也存在左乘与右乘的区别。右乘为绕着当前坐标系先平移后旋转（如图 1-60 所示，位姿 A 先沿着坐标系 A 平移到 A'，再绕着 A' 旋转得到位姿 C，即 $C=A×B$）。PoseMult 左乘则为位姿 A 绕着参考的固定坐标系（位姿 w_0）的原点先旋转位姿 B 中的姿态数据，再沿着原有参考坐标系（w_0）平移位姿数据 B 中的位置部分，得到新位姿 C（$C=B×A$），如图 1-61 所示。

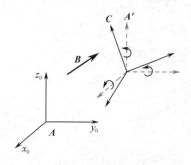

图 1-60　位姿数据的右乘

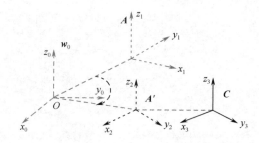

图 1-61　位姿数据的左乘

使用工具 MyTool，在工件坐标系 workobject_1 下记录原始点位 p3000[见图 1-62（a）]。使用 p3000 中的位姿数据右乘位姿数据 pose1([[30,0,0],OrientZYX(45,0,0)])，即先沿着 p3000 原始姿态的 x 方向平移 30，得到图 1-63 中的 x_1、y_1、z_1，再绕 x_1、y_1、z_1 的 z 轴旋转 45° 得到 x_2、y_2、z_2。执行以下代码，机器人最终的姿态如图 1-62（b）所示。

```
VAR robtarget ptmp;
VAR pose posetmp;
MoveL p3000,v100,fine,mytool\WObj:=Workobject_1;
ptmp:=p3000;
posetmp:=[ptmp.trans,ptmp.rot];
posetmp:=PoseMult(posetmp,[[30,0,0],orientzyx(45,0,0)]);
!p3000 点位中的位姿数据右乘另一个 pose
ptmp.trans:=posetmp.trans;
ptmp.rot:=posetmp.rot;
MoveL ptmp,v100,fine,mytool\WObj:=Workobject_1;
```

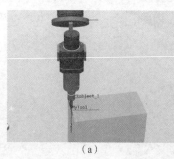

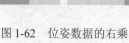

（a）　　　　　　　（b）

图 1-62　位姿数据的右乘

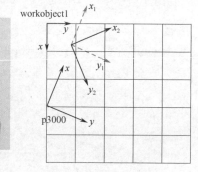

图 1-63　位姿数据的右乘

使用工具 MyTool，在工件坐标系 workobject_1 下记录原始点位 p3000[见图 1-64（a）]。使用 p3000 中的位姿数据左乘位姿数据 pose1([[30,0,0],OrientZYX(90,0,0)])，即 p3000 绕着参考坐标系 workobject1 的原点的 z 轴旋转 90°，得到图 1-65 中的位姿 1，再将位姿 1 沿着 workobject1 的 x 方向平移 30 得到图 1-65 中的位姿 2，即最终位姿。执行以下代码，机器人最终的姿态如图 1-64（b）所示。

```
VAR robtarget ptmp;
VAR pose posetmp;
MoveL p3000,v100,fine,mytool\WObj:=Workobject_1;
ptmp:=p3000;
posetmp:=[ptmp.trans,ptmp.rot];
posetmp:=PoseMult([[30,0,0],orientzyx(90,0,0)],posetmp);
!p3000 中的位姿数据左乘另一个 pose
ptmp.trans:=posetmp.trans;
ptmp.rot:=posetmp.rot;
MoveL ptmp,v100,fine,mytool\WObj:=Workobject_1;
```

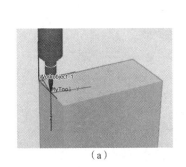
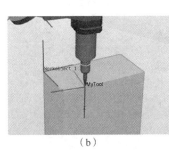

图 1-64　位姿数据的左乘

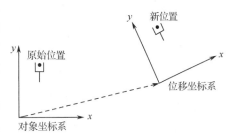

图 1-65　位姿数据的左乘

1.5　PDisp 相关指令

1.5.1　PDispSet 用法及原理实现

图 1-31 介绍了 ABB 工业机器人常用的坐标系，包括世界坐标系、基坐标系、目标坐标系及工件坐标系。示教器中的"手动操纵"界面表示的位姿通常为当前工具 TCP 在当前工件坐标系下的位姿。工件坐标系又由用户坐标系（uframe）和对象坐标系（oframe）构成，uframe 基于 wobj0，oframe 基于 uframe。实际使用时，表示的位姿是基于 oframe 的。

为便于轨迹/点位的整体偏移，ABB 工业机器人在执行代码时，还有一个位移坐标系（Displacement Coordinate System），该坐标系基于工件坐标系中的对象坐标系（oframe）。实际上，位移坐标系就是对 oframe（对象坐标系）的一个右乘，如图 1-66 所示。

要开启位移坐标系，可以使用"PDsipSet Pose1"语句。使用该语句后，在执行后面的所有运动指令时，都会在当前 oframe 下再做一个基于 oframe 的偏移和旋转（pose1），即在 oframe 的基础上做一个右乘 pose1。

图 1-66　位移坐标系与对象坐标系

例如，要在当前工件坐标系 workobject_1 下，令轨迹 path2 沿着工件坐标系的 y 方向偏移 200mm（见图 1-67），可以使用如下代码：

```
PROC main()
        VAR pose pose1:=[[0,0,0],[1,0,0,0]];
        path2;
        !原始轨迹
        pose1.trans:=[0,200,0];
        PDispSet pose1;
        !设定基于当前工件坐标系的 y 方向偏移 200 并开启
        path2;
        PDispOff;
        !关闭偏移
    ENDPROC

    PROC path2()
        reg1:=30;
        MoveL p3000,v100,fine,mytool\WObj:=Workobject_1;
        set DO10_1;
        MoveL offs(p3000,reg1,0,0),v100,fine,mytool\WObj:=Workobject_1;
        MoveL offs(p3000,reg1,reg1,0),v100,fine,mytool\WObj:=Workobject_1;
        MoveL offs(p3000,0,reg1,0),v100,fine,mytool\WObj:=Workobject_1;
        MoveL offs(p3000,0,0,0),v100,fine,mytool\WObj:=Workobject_1;
        reset DO10_1;
    ENDPROC
```

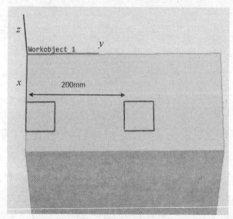

图 1-67　使用 PDsipSet 实现偏移

例如，要在当前工件坐标系 workobject_1 下，令轨迹 path2 绕着工件坐标系的 z 方向旋转 45°（见图 1-68），可以使用如下代码，即在第二遍执行轨迹 path2 时，位移坐标系基于 workobject_1 的 oframe 的 z 轴旋转了 45°，轨迹起点 p3000 随着位移坐标系移动了空间 p3000′ 的位置。

```
PROC main()
        VAR pose pose1:=[[0,0,0],[1,0,0,0]];
        path2;
        pose1.trans:=[0,0,0];
        pose1.rot:=OrientZYX(45,0,0);
```

```
        !设置位移坐标系为绕工件坐标系的 z 轴旋转 45°
        PDispSet pose1;
         !开启位移坐标系
        path2;
        PDispOff;
        !关闭位移坐标系
    ENDPROC


    PROC path2()
        reg1:=30;
        MoveJ p3000,v100,fine,mytool\WObj:=Workobject_1;
        set DO10_1;
        MoveL offs(p3000,reg1,0,0),v100,fine,mytool\WObj:=Workobject_1;
        MoveL offs(p3000,reg1,reg1,0),v100,fine,mytool\WObj:=Workobject_1;
        MoveL offs(p3000,0,reg1,0),v100,fine,mytool\WObj:=Workobject_1;
        MoveL offs(p3000,0,0,0),v100,fine,mytool\WObj:=Workobject_1;
        reset DO10_1;
    ENDPROC
```

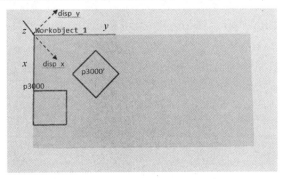

图 1-68　使用 PDsipSet 实现旋转

注：如果运动语句没有添加工件坐标系，即相当于使用了 wobj0，那么位移坐标系基于 wobj0。此时使用 PDsipSet Pose1 做旋转，轨迹也是基于 wobj0 的整体旋转。

1.5.2　PDispOn 用法及原理实现

如图 1-69 所示，已经在左侧产品完成了轨迹示教（轨迹移动指令使用 wobj0）。为方便演示，轨迹起点处（Target_10），工具 TCP 的 y 方向与产品短边平行，工具 TCP 的 x 方向与产品的长边平行，工具 TCP 的 z 方向垂直于产品表面。此时，另一个同样的产品被摆放到右边。由于产品相同，理论只需要示教右边产品的起点即可完成整个右边轨迹。

针对图 1-69 的情况，可以使用 PDispOn 指令。由于轨迹涉及旋转，需保证右侧示教的起点（Target_10_New）姿态和右侧产品关系与左侧起点（Target_10）姿态和左侧产品关系一致。例如，左侧 TCP 的 y 方向与左侧产品短边平行，工具 TCP 的 x 方向与左侧产品的长边平行，工具 TCP 的 z 方向垂直于左侧产品表面；右侧的起点的 TCP 的 y 方向与右侧产品短边平行，工具 TCP 的 x 方向与右侧产品的长边平行，工具 TCP 的 z 方向垂直于右侧产品表面：

PDispOn [\Rot] [\ExeP:=ExePoint] ProgPoint Tool;

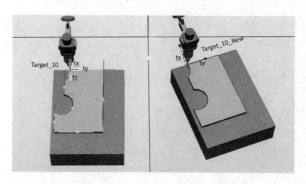

图 1-69　PDispOn 实现旋转

（1）ProgPoint 为旧轨迹的起点，如图 1-69 中的左侧起点 Target_10。

（2）Tool 为使用的工具坐标系。

（3）可选参数 ExeP 表示新轨迹的起点，即指令 PDispOn 会计算 ProgPoint 到 ExePoint 的转化关系并存入后续使用的位移坐标系。

（4）若不选 ExeP 参数，新轨迹的点默认使用机器人当前停留的点。

（5）若选可选参数 Rot，则计算 ProgPoint 到 ExePoint 的平移和旋转关系，否则只计算 ProgPoint 到 ExePoint 的平移关系。

针对图 1-69，示教完左侧轨迹，并且示教完右侧起点 Target_10_New，可以使用如下代码完成左右轨迹：

```
PROC main()
        path_10;
        !原始左侧轨迹
        MoveL Target_10_New,v1000,fine,MyTool;
        !移动到右侧新位置，新位置相对于产品的姿态与左侧起点相对于左侧产品姿态一致
        PDispOn\Rot\ExeP:=Target_10_New,Target_10,MyTool;
        !计算 Target_10 到 Target_10_New 的转换关系并使用该关系，同时开启位移坐标系
        path_10;
        !执行右侧轨迹
        PDispOff;
        !关闭位移坐标系
    ENDPROC

    PROC Path_10()
        MoveL Target_10,v1000,fine,MyTool;
        set do1;
        MoveC Target_20,Target_30,v1000,fine,MyTool;
        MoveL Target_40,v1000,fine,MyTool;
        MoveC Target_50,Target_60,v1000,fine,MyTool;
        MoveL Target_70,v1000,fine,MyTool;
        MoveL Target_80,v1000,fine,MyTool;
        MoveL Target_90,v1000,fine,MyTool;
        MoveL Target_100,v1000,fine,MyTool;
        reset do1;
    ENDPROC
```

对于"MoveL Target_100,v1000,fine,MyTool"，机器人在执行时会先将坐标系 wobj1 下

的点 Target_100 转化到 wobj0 下，然后做轨迹插补和运动学逆解（具体解释见第 2 章），即转到 wobj0 下的 p100 的位姿表达式：

[p100.trans, p100.rot]:=

wobj1.uframe * wobj1.oframe * [Target_100.trans, Target_100.rot]　　　　　（1-34）

若使用了 PDispSet 或者 PDispOn 指令后，机器人在工件坐标系的 oframe 上右乘了一个 DispCoordinate，则 Target_100 转化到 wobj0 下的位姿表达式：

[p100.trans, p100.rot]:=wobj1.uframe * wobj1.oframe

　　　　　　* dispFrame * [Target_100.trans, Target_100.rot]　　　　　（1-35）

也可用上式去验证 1.5.1 节中的 PDispSet 功能：

```
MoveL Target_10,v1000,fine,MyTool;
PDispOn\Rot\ExeP:=Target_10_New,Target_10,MyTool;
MoveL Target_10,v1000,fine,MyTool;
PDispOff;
```

执行完以上代码第一行后，机器人走到图 1-69 中的左侧起点位置。当执行完第二和第三行后，发现机器人走到图 1-69 中的右侧起点位置。而第一行和第三行的代码是一样的。第三行代码的 Target_10 转化到 wobj0 下的表达式，如式（1-35）。实质上第三行代码机器人走到的位置就是 Target_10_New，所以可以得到式（1-36）。其中 dispFrame 就是要求的位移坐标系：

[Target_100_New.trans, Target_100_New.rot]

=dispFrame * [Target_100.trans, Target_100.rot]　　　　　（1-36）

根据式（1-36），编写如下代码，计算得到位移坐标系 pose 数据。

```
FUNC pose cal_disp(robtarget ProgPoint,robtarget ExePoint)
        !计算 ProgPoint 到 ExePoint 的坐标系转化
        !待计算关系如下:
        !Exe_pose:=p_result * prog_pose
        !p result:=Exe_pose*PoseInv(Prog_pose);

        VAR pose prog_pose:=[[0,0,0],[1,0,0,0]];
        VAR pose exe_pose:=[[0,0,0],[1,0,0,0]];
        VAR pose p_result:=[[0,0,0],[1,0,0,0]];
        prog_pose:=[ProgPoint.trans,ProgPoint.rot];
        exe_pose:=[ExePoint.trans,ExePoint.rot];

        !Exe_pose:=p_result * prog_pose
        !p_result:=Exe_pose*PoseInv(Prog_pose);

        p_result:=PoseMult(exe_pose,PoseInv(prog_pose));
        RETURN p_result;
    ENDFUNC
```

RAPID 编程提供了 progdisp 数据类型用来存储位移坐标系，提供系统数据 C_PROGDISP 获取当前使用的位移坐标系。运行自行编写的 cal_disp 函数，计算结果与系统数据 C_PROGDISP 返回的结果一致，可知式（1-36）正确：

```
PERS progdisp pdisp1:=[[[-98.5534,223.572,-0.00187133],[0.984808,-5.04692E-9,9.20713E-8,0.173648]],
[0,0,0,0,0,0]];
PERS pose pose_Cal:=[[[-98.5534,223.572,-0.00187133],[0.984808,-5.04692E-9,9.20713E-8,0.173648]];
```

```
PROC main()
    pose_Cal:=cal_disp(Target_10,Target_10_New);
    PDispOn1\Rot\ExeP:=Target_10_New,Target_10,MyTool;
    pdisp1:=C_PROGDISP;
    stop;
    PDispOff;
ENDPROC
```

　　根据以上代码，整理后可以编写自定义指令 PDispOn1（PDispOn 指令的原理实现），后续参数和实现功能与系统提供的 PDispOn 指令完全相同：

```
PROC PDispOn1(\switch Rot,\robtarget Exep,robtarget ProgPoint,INOUT tooldata t\INOUT wobjdata wobj)
    VAR robtarget ptmp;
    VAR pose pose1:=[[0,0,0],[1,0,0,0]];

    IF Present(Exep) THEN
        ptmp:=Exep;
    ELSE
        ptmp:=CRobT(\Tool:=t\wobj?wobj);
        !如果没有指定 Exep 点，则用当前点作为 Exep 点
    ENDIF
    IF not Present(Rot) THEN
        ptmp.rot:=ProgPoint.rot;
        !若不选择 Rot，则计算 ProgPoint 到 Exep 的完整位姿转化关系
        !若选择 Rot，则只计算 ProgPoint 到 Exep 的平移位姿关系
    ENDIF

    pose1:=cal_disp(ProgPoint,ptmp);
    PDispSet pose1;
ENDPROC
```

　　"PDispOn\Rot\ExeP:=Target_10_New,Target_10,MyTool" 指令实质就是希望构建一个 dispFrame 坐标系，使得在 dispFrame 坐标系下的 Target_10 转化到 wobj0 下就是 Target_10_New 位姿。由于原始轨迹 path_10 中的其他点与 Target_10 参考的坐标系相同，那这些点在位移 dispFrame 坐标系下的点若转化到 wobj0 下则与新产品的特征点刚好对齐，如图 1-70 所示。

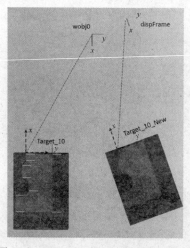

图 1-70　PDispOn 位移坐标系修正原理

第2章　机器人本体

2.1　机器人连杆描述

我们可以将通用工业机器人看作一系列刚体通过关节连接而成的一个运动链。其中，刚体称为连杆（Link），通过关节将这些相邻的连杆连接起来。图 2-1 所示是一个典型的三关节操作臂连杆示意图。

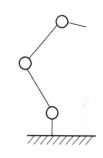

图 2-1　三关节操作臂连杆示意图

从操作臂的固定基座开始为连杆编号，固定基座为连杆 0，第一个可动连杆为连杆 1，操作臂最末端的连杆称为连杆 n。为了确定末端执行器在三维空间中的位置和姿态，操作臂需要 6 个关节。对于 Scara 或者码垛机器人等末端执行器姿态有一定限制的机器人，操作臂的关节可能为 4 个或者其他数量。

在机器人设计时，需要考虑连杆的许多特性，如其材料特性、刚度和强度等。在进行机器人运动学设计时，为了确定相邻关节轴的位置关系，可以将连杆看作一个刚体。例如，连杆 i 绕轴 i 相对于连杆 $i-1$ 旋转，如图 2-2 所示。

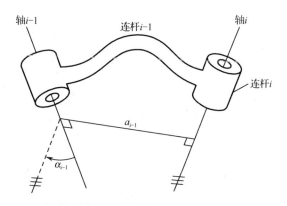

图 2-2　描述两个关节轴相对关系的两个参数 a 和 α

三维空间中任意两轴之间的距离为一个确定值，两轴之间的距离即为两轴之间公垂线的长度。在图 2-2 中，轴 $i-1$ 和轴 i 之间的公垂线长度为 a_{i-1}，即为连杆长度。也可以用另一种方法来描述连杆参数 a_{i-1}，即以轴 $i-1$ 为轴线做一个圆柱，并且将该圆柱的半径向外扩展，直到该圆柱与轴 i 相交时，这时圆柱的半径就等于 a_{i-1}。

用来定义两轴相对位置的第二个参数是连杆转角，即图 2-2 中的轴 $i-1$ 绕着与轴 i 的公垂线 a_{i-1} 方向旋转后与轴 i 平行，图中的 α_{i-1} 就是连杆转角。图 2-2 中的三条短划线表示两条线平行。

图 2-3 表示相互联结的连杆 $i-1$ 和连杆 i。a_{i-1} 表示连杆 $i-1$ 两端的轴 $i-1$ 和轴 i 的公垂线。同理，a_i 表示连杆 i 两端轴的公垂线。a_{i-1} 与轴 i 的交点到 a_i 与轴 i 的交点的有向线段称为连杆偏距 d_i。公垂线 a_{i-1} 绕轴 i 旋转到与公垂线 a_i 平行，旋转角度称为关节角 θ。图 2-3 中的两条短划线表示两条线平行。

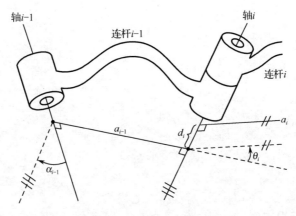

图 2-3　描述两个连杆相对关系的两个参数 d 与 θ

因此，机器人的每个连杆都可以用 4 个参数来表示，即 a、α（表示两个关节轴的相对关系）与 d、θ（表示两个连杆的相对关系）。通常，对于转动关节，θ 是关节变量，其他 3 个参数保持不变；对于移动关节，d 是移动变量，其他 3 个参数保持不变。这种用连杆参数描述机构运动关系的规则称为 Denavit-Hartenberg 参数，即俗称的 DH 参数。

为了描述每个连杆与相邻连杆之间的相对位置关系，需要在每个连杆上定义一个固连坐标系（即该坐标系与连杆绑定）。根据固连坐标系所在的连杆编号对固连坐标系命名。因此，固连在连杆 i 上的坐标系称为坐标系 $\{i\}$。

连杆（Link）i 两端有轴（Joint/Axis）i 和轴 $i+1$。通常，把固连坐标系绑定到连杆 i 后端的轴 $i+1$ 上称为标准 DH（见图 2-4），把固连坐标系绑定到连杆 i 前端的轴 i 上称为改进（Modified）DH（MDH，见图 2-5）。

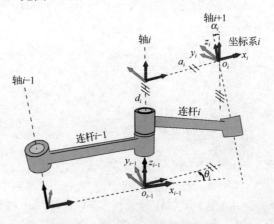

图 2-4　标准 DH 及固连坐标系

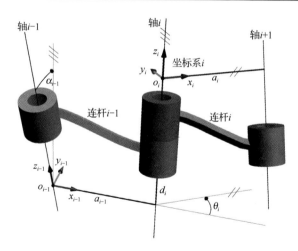

图 2-5　MDH 及固连坐标系

建立 MDH 连杆坐标系的原则如下：

（1）将连杆坐标系的原点建立在连杆的关节连杆首端；

（2）z_i 轴沿轴 i 的轴向；

（3）原点 o_i 为轴 $i+1$ 与轴 i 的交点或其公垂线与轴 Z_i 的交点；

（4）x_i 轴沿公垂线 a_i 的方向由轴 i 指向轴 $i+1$；

（5）y_i 轴按照右手定则确定；

（6）当第一个关节变量为 0 时，规定坐标系{0}与{1}重合。

MDH 参数含义如下：

（1）连杆长度 a_i：定义为从 z_i 移动到 z_{i+1} 的距离，沿 x_i 轴指向为正，其实质为公垂线的长度。

（2）连杆转角 α_i：定义为从 z_i 旋转到 z_{i+1} 的角度，绕 x_i 轴正向旋转为正。

（3）连杆偏距 d_i：定义为从 x_{i-1} 移动到 x_i 的距离，沿 z_i 轴指向为正，其实质为两条公垂线的距离。

（4）关节角 θ_i：定义为从 x_{i-1} 旋转到 x_i 的角度，绕 z_i 轴正向旋转为正。

根据坐标系变换的链式法则，从坐标系{$i-1$}到坐标系{i}的变换矩阵如式（2-1）所示，即先绕 x 轴旋转之后沿着 x 轴平移，然后再绕新的 z 轴旋转再平移。

$$
\begin{aligned}
{}_{i}^{i-1}\boldsymbol{A} &= \mathrm{Rot}_{x_{i-1}}(\alpha_{i-1})\mathrm{Trans}_{x_{i-1}}(a_{i-1})\mathrm{Rot}_{z_i}(\theta_i)\mathrm{Trans}_{z_i}(d_i) \\
&= \begin{bmatrix}
\cos\theta_i & -\sin\theta_i & 0 & a_{i-1} \\
\sin\theta_i\cos\alpha_{i-1} & \cos\theta_i\cos\alpha_{i-1} & -\sin\alpha_{i-1} & -d_i\sin\alpha_{i-1} \\
\sin\theta_i\sin\alpha_{i-1} & \cos\theta_i\sin\alpha_{i-1} & \cos\alpha_{i-1} & d_i\cos\alpha_{i-1} \\
0 & 0 & 0 & 1
\end{bmatrix}
\end{aligned}
\tag{2-1}
$$

注：以上为 MDH 的坐标变换公式，DH 的坐标变换公式由于涉及的变换顺序为 $\mathrm{Trans}_{z_{i-1}}(d_i)\mathrm{Rot}_{z_{i-1}}(\theta_i)\mathrm{Trans}_{x_i}(a_i)\mathrm{Rot}_{x_i}(\alpha_i)$，故变换矩阵不同。

2.2　典型 ABB 工业机器人 MDH 参数

ABB 工业机器人采用 MDH 参数。

图 2-6　选择"浏览库文件"

在安装有 RobotStudio 软件的计算机上，可以通过如下方法获取 ABB 工业机器人的 MDH 参数。

（1）打开 RobotStudio 软件，单击"基本"—"导入模型库"—"浏览库文件…"，如图 2-6 所示。

（2）在图 2-7 中，选择"RobotStudio 6.08.01"下的"ABB Library"，单击右侧的 Robots 文件夹，该文件夹内的内容为 ABB 工业机器人的模型库。

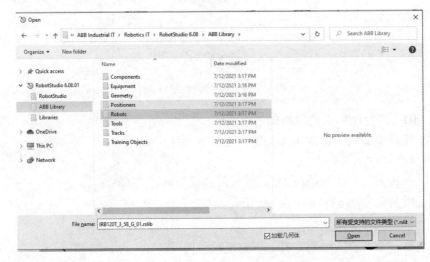

图 2-7　打开 Robots 文件夹

（3）将需要的机器人模型文件复制到个人文件夹下（见图 2-8）。

（4）将步骤（3）复制的文件后缀名修改为.zip，并解压，如图 2-9 所示。双击 PIM.xml 文件，打开 PIM.xml 文件。

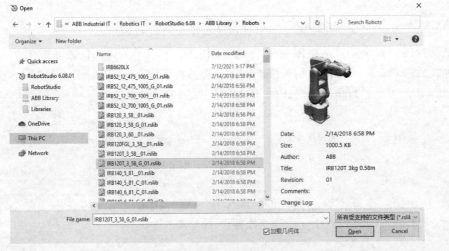

图 2-8　将需要的机器人模型文件复制到个人文件夹下

图 2-9　解压得到 PIM.xml 文件

（5）"ForwardKinematicsDH"节点下的参数即为 MDH 参数。也可搜索"DHParameters"关键字，即可看到各关节的 MDH 参数，如图 2-10 所示。图 2-10 中的 Twist 为 MDH 中的 α，Length 为 MDH 中的 a，Rotation 为 MDH 中的 θ，Offset 为 MDH 中的 d。

```xml
        </Element>
    </KinematicBaseFrames>
  - <JointInfos>
    - <Element type="TJointInfo">
        <IsRevoluteJoint Value="true"/>
      - <DHParameters>
        - <Element type="TDHParameters">
            <NextJoint Value="1"/>
            <Link Value="1"/>
            <Twist Value="0"/>
            <Length Value="0"/>
            <Rotation Value="0"/>
            <Offset Value="0"/>
          </Element>
        </DHParameters>
      </Element>
    - <Element type="TJointInfo">
        <IsRevoluteJoint Value="true"/>
      - <DHParameters>
        - <Element type="TDHParameters">
            <NextJoint Value="2"/>
            <Link Value="2"/>
            <Twist Value="1.5707963267949"/>
            <Length Value="0"/>
            <Rotation Value="1.5707963267949"/>
            <Offset Value="0"/>
          </Element>
        </DHParameters>
      </Element>
    - <Element type="TJointInfo">
        <IsRevoluteJoint Value="true"/>
      - <DHParameters>
        - <Element type="TDHParameters">
            <NextJoint Value="3"/>
            <Link Value="3"/>
            <Twist Value="0"/>
```

图 2-10　IRB120 机器人的部分 MDH 参数

（6）根据 2.1 节的介绍，坐标系{0}通常与坐标系{1}重合。坐标系{0}与机器人基坐标系（Base）还有一个转化关系（见图 2-11），该转化关系可以从 PIM.xml 文件的 KinematicBaseFrame 中获得，如图 2-12 所示。

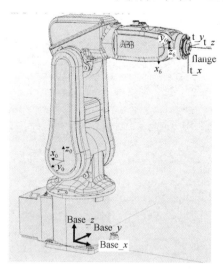

图 2-11　机器人各轴的固连坐标系示意图

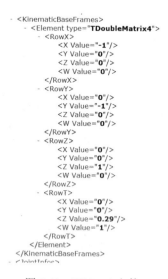

图 2-12　PIM.xml 文件

（7）由于 MDH 建模方法将固连坐标系建立在连杆首端。对于 6 轴关节机器人，坐标系{6}会在手腕处，如图 2-11 所示。手腕到法兰盘通常为沿着坐标系{6}的 z 轴的一个偏置，该值可以通过将图 2-13 中的机器人 tool0 位姿 RowT 中的"X value"加上图 2-14 中的 Link6

的 CorrectionTransform 的 RowT 的 "Z value" 得到。

为便于书写和整理,后文整理的 MDH 参数将机器人基坐标系到坐标系{0}(由于 MDH 的坐标系 0 通常与坐标系 1 重合)的转化放入坐标系{1}的参数内;将坐标系{6}到法兰盘的偏置放入坐标系{6}的参数 d 内(坐标系{6}直接平移到法兰盘)。

```
<ForwardKinematics ID="12" DocID="-1"/>
<Flanges>
 - <Element type="TFlange">
     <Name Value="Wrist"/>
     <LinkIndex Value="6"/>
   - <OffsetTransform>
     - <RowX>
         <X Value="0"/>
         <Y Value="0"/>
         <Z Value="-1"/>
         <W Value="0"/>
       </RowX>
     - <RowY>
         <X Value="0"/>
         <Y Value="1"/>
         <Z Value="0"/>
         <W Value="0"/>
       </RowY>
     - <RowZ>
         <X Value="1"/>
         <Y Value="0"/>
         <Z Value="0"/>
         <W Value="0"/>
       </RowZ>
     - <RowT>
         <X Value="0.374"/>
         <Y Value="0"/>
         <Z Value="0.63"/>
         <W Value="1"/>
       </RowT>
     </OffsetTransform>
   </Element>
</Flanges>
```

图 2-13　机器人 tool0 位姿

```
- <MechanismLinkInstance ID="10">
    <Name Value="Link6"/>
    <Attributes/>
    <Parent ID="3" DocID="-1"/>
    <UniqueId Value=""/>
    <UIVisible Value="true"/>
    <Definition ID="19" DocID="-1"/>
    <ChildInstances/>
  + <Transform>
    <PickingEnabled Value="true"/>
    <AttachmentPoints/>
    <Source Value=""/>
  + <SourceFileTime>
    <ComponentType Value="PartMechanismLink"/>
    <Detectable Value="true"/>
    <ClipPlane ID="-1" DocID="-1"/>
    <PhysicsMotionControl Value="2"/>
    <Skeleton/>
  + <PhysicsMaterial>
  - <CorrectionTransform>
    + <RowX>
    + <RowY>
    + <RowZ>
    - <RowT>
        <X Value="0.63"/>
        <Y Value="-7.32679433616823E-17"/>
        <Z Value="-0.302"/>
        <W Value="1"/>
      </RowT>
    </CorrectionTransform>
  </MechanismLinkInstance>
```

图 2-14　Link6 的 CorrectionTransform

2.2.1　IRB120

根据以上内容,整理得到 IRB120 机器人(见图 2-15)的 MDH 参数如表 2-1 所示,其各固连坐标系示意图如图 2-16 所示。

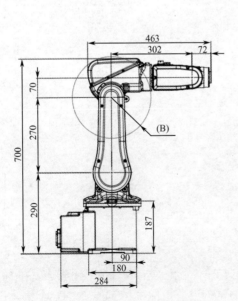

图 2-15　IRB120 机器人的外形尺寸图

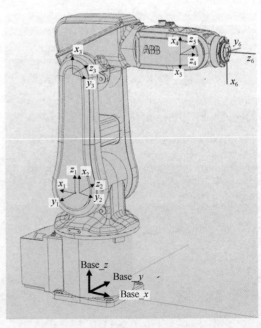

图 2-16　IRB120 机器人的各固连坐标系示意图

表 2-1　IRB120 机器人的 MDH 参数

i	α_{i-1}	a_{i-1}	θ_i	d_i
1	0	0	π	290
2	$\pi/2$	0	$\pi/2$	0
3	0	270	0	0
4	$-\pi/2$	70	0	302
5	$\pi/2$	0	$-\pi$	0
6	$\pi/2$	0	0	72

2.2.2　IRB1200

IRB1200（见图 2-17）的 MDH 参数如表 2-2 所示，其各固连坐标系示意图如图 2-18 所示。

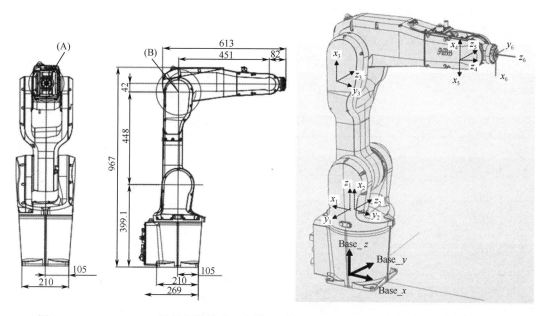

图 2-17　IRB1200-7/0.7 机器人的外形尺寸图　　图 2-18　IRB1200-7/0.7 机器人的各固连坐标系示意图

表 2-2　IRB1200-7/0.7 机器人的 MDH 参数

i	α_{i-1}	a_{i-1}	θ_i	d_i
1	0	0	π	399.1
2	$\pi/2$	0	$\pi/2$	0
3	0	448	0	0
4	$-\pi/2$	42	0	451
5	$\pi/2$	0	$-\pi$	0
6	$\pi/2$	0	0	82

2.2.3 IRB1410

IRB1410 机器人（见图 2-19）的 MDH 参数如表 2-3 所示，其各固连坐标系示意图如图 2-20 所示。

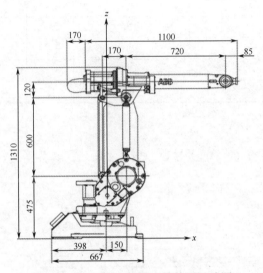

图 2-19 IRB1410 机器人的外形尺寸图

表 2-3 IRB1410 机器人的 MDH 参数

i	α_{i-1}	a_{i-1}	θ_i	d_i
1	0	0	0	475
2	$-\pi/2$	150	$-\pi/2$	0
3	0	600	0	0
4	$-\pi/2$	120	0	720
5	$\pi/2$	0	$-\pi$	0
6	$\pi/2$	0	0	85

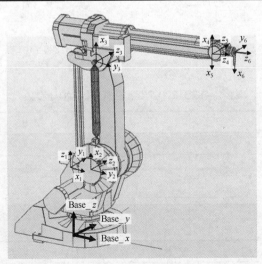

图 2-20 IRB1410 机器人的各固连坐标系示意图

2.2.4　IRB2600

IRB2600-20/1.65 机器人（见图 2-21）的 MDH 参数如表 2-4 所示，其各固连坐标系示意图如图 2-22 所示。

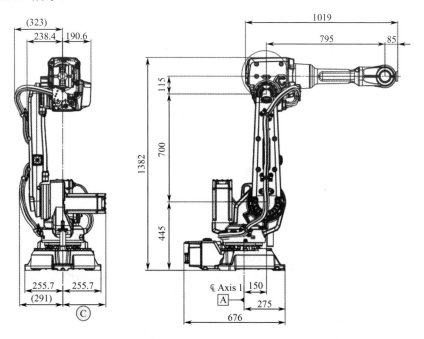

图 2-21　IRB2600-20/1.65 机器人的外形尺寸图

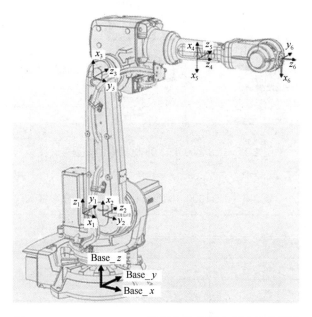

图 2-22　IRB2600-20/1.65 机器人的各固连坐标系示意图

表 2-4　IRB2600-20/1.65 机器人的 MDH 参数

i	α_{i-1}	a_{i-1}	θ_i	d_i
1	0	0	0	445
2	$-\pi/2$	150	$-\pi/2$	0
3	0	700	0	0
4	$-\pi/2$	115	0	795
5	$\pi/2$	0	$-\pi$	0
6	$\pi/2$	0	0	85

2.2.5　IRB4600

IRB4600-45/2.05 机器人（见图 2-23）的 MDH 参数如表 2-5 所示，其各固连坐标系示意图如图 2-24 所示。

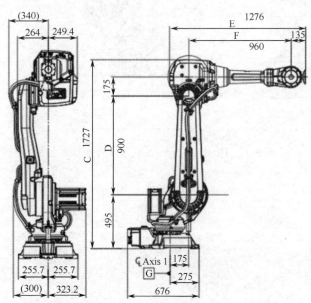

图 2-23　IRB4600-45/2.05 机器人的外形尺寸图

表 2-5　IRB4600-45/2.05 机器人的 MDH 参数

i	α_{i-1}	a_{i-1}	θ_i	d_i
1	0	0	0	495
2	$-\pi/2$	175	$-\pi/2$	0
3	0	900	0	0
4	$-\pi/2$	175	0	960
5	$\pi/2$	0	$-\pi$	0
6	$\pi/2$	0	0	135

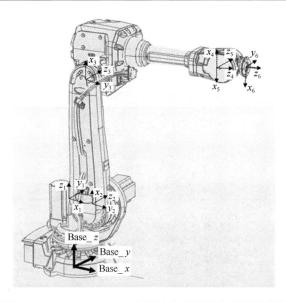

图 2-24　IRB4600-45/2.05 机器人的各固连坐标系示意图

2.2.6　IRB6700

IRB6700-200/2.6 机器人（见图 2-25 和表 2-6）的 MDH 参数如表 2-7 所示，其各固连坐标系示意图如图 2-26 所示。

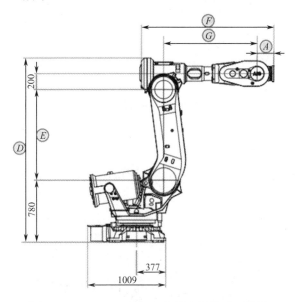

图 2-25　IRB6700-200/2.6 机器人的外形尺寸图

表 2-6　IRB6700-200/2.6 机器人的尺寸图数据

A	D	E	F	G
200	2276	1125	1623	1142.5

表 2-7   IRB6700-200/2.6 机器人的 MDH 参数

i	α_{i-1}	a_{i-1}	θ_i	d_i
1	0	0	0	780
2	$-\pi/2$	320	$-\pi/2$	0
3	0	1125	0	0
4	$-\pi/2$	200	0	1142.5
5	$\pi/2$	0	$-\pi$	0
6	$\pi/2$	0	0	200

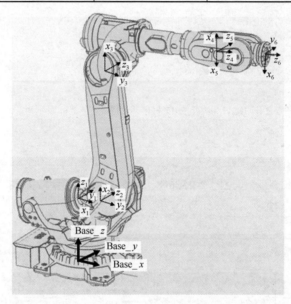

图 2-26   IRB6700-200/2.6 机器人的各固连坐标系示意图

2.2.7   YUMI

YUMI 机器人为 ABB 工业机器人推出的双臂协作机器人（见图 2-27），其每个机械臂都有 7 轴。

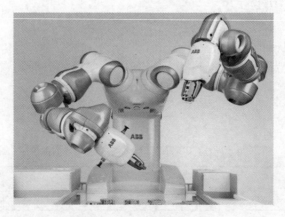

图 2-27   ABB YUMI 机器人

YUMI 右手的 KinematicBaseFrame 位置关系如图 2-28 所示，其 KinematicBaseFrame 采用 pose 数据类型表示：

[[135.09,-106.775,461.995],[0.828884,0.314016,0.408008,0.218802]]

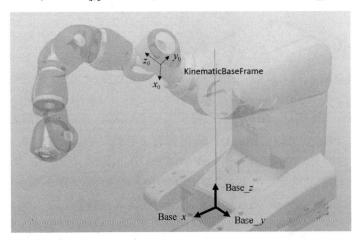

图 2-28　YYUMI 右手的 KinematicBaseFrame 位置关系

YUMI 右手的 MDH 参数如表 2-8 所示。

表 2-8　YUMI 右手的 MDH 参数

i	α_{i-1}	a_{i-1}	θ_i	d_i
1	0	0	$-\pi$	0
2	$\pi/2$	30	$-\pi$	0
3	$\pi/2$	30	0	251.5
4	$-\pi/2$	40.5	$-\pi/2$	0
5	$-\pi/2$	40.5	π	265
6	$-\pi/2$	27	$-\pi$	0
7	$-\pi/2$	27	π	36

2.3　机器人正向运动学

机器人运动学包括正向运动学和逆向运动学：正向运动学，即给定机器人各关节变量，计算机器人末端的位置姿态；逆向运动学，即已知机器人末端的位置姿态，计算机器人对应位置的全部关节变量。

2.1 节中的式（2-1）为从连杆坐标系 $\{i-1\}$ 到连杆坐标系 $\{i\}$ 的变换，那么机器人末端的位姿相对于机器人基坐标系的变换关系如式（2-2）（如前文所述，虽然 ABB 工业机器人采用 MDH 建模方法，但为方便表述，本书将坐标系 $\{6\}$ 到法兰盘的偏置数据存入坐标系 $\{6\}$ 的 d 中）所示：

$$ {}_6^0\boldsymbol{T} = {}_1^0\boldsymbol{T}\,{}_2^1\boldsymbol{T}\,{}_3^2\boldsymbol{T}\,{}_4^3\boldsymbol{T}\,{}_5^4\boldsymbol{T}\,{}_6^5\boldsymbol{T} \tag{2-2} $$

其中，${}_i^{i-1}\boldsymbol{T} = \mathrm{Rot}_{x_{i-1}}(\alpha_{i-1})\mathrm{Trans}_{x_{i-1}}(a_{i-1})\mathrm{Rot}_{z_i}(\theta_i)\mathrm{Trans}_{z_i}(d_i)$

$$
=\begin{bmatrix}
\cos\theta_i & -\sin\theta_i & 0 & a_{i-1} \\
\sin\theta_i\cos\alpha_{i-1} & \cos\theta_i\cos\alpha_{i-1} & -\sin\alpha_{i-1} & -d_i\sin\alpha_{i-1} \\
\sin\theta_i\sin\alpha_{i-1} & \cos\theta_i\sin\alpha_{i-1} & \cos\alpha_{i-1} & d_i\cos\alpha_{i-1} \\
0 & 0 & 0 & 1
\end{bmatrix}
$$

2.3.1　IRB120

基于 MDH 参数的机器人正运动学，可以将机器人对应的 MDH 参数代入式（2-2）进行计算。式（2-2）采用位姿矩阵表示各连杆坐标系。由 1.1.1 节所知，位姿矩阵也可使用 pose 数据类型表示，式（2-2）中的 $_i^{i-1}T$ 也可由多个 PoseMult 函数右乘得到。

根据 2.2.1 节 IRB120 机器人的 MDH 模型参数，可编写如下代码进行机器人正运动学计算，计算结果与通过 RAPID 机器人正运动学函数 CalcRobT() 计算的机器人法兰盘末端的位姿结果一致。可以通过函数"jtmp:=CalcJointT(ptmp,tool0\WObj:=wobj0)"进行机器人逆运动学计算，即通过笛卡儿空间的位姿反向算出对应的各轴数据：

```
    CONST num alpha{6}:=[0,90,0,-90,90,90];
    CONST num a_length{6}:=[0,0,270,70,0,0];
    CONST num theta_ini{6}:=[180,90,0,0,-180,0];
CONST num d{6}:=[290,0,0,302,0,72];
 !输入 IRB120 机器人的 MDH 参数

PERS num theta{6}:=[180,90,0,0,-180,0];
!用于存储过程中的 theta 值，即将 theta_ini 值加上当前关节角

PERS jointtarget jtmp:=[[0,0,0,0,0,0],[9E+9,9E+9,9E+9,9E+9,9E+9,9E+9]];
!获取当前关节角
PERS robtarget ptmp:=[[374,0,630],[0.707107,0,0.707107,0],[0,0,0,0],[9E+9,9E+9,9E+9,9E+9,9E+9,9E+9]];
PERS pose p2001:=[[374,2.44379E-5,630],[0.707107,-4.21468E-8,0.707107,2.10734E-8]];
!存储机器人正运动学计算结果

    PROC forward_kinematic_calculation()
        jtmp:=CJointT();
        ! 获取当前关节角，用于机器人正运动学计算
        ptmp:=CalcRobT(jtmp,tool0);
        ! 使用 RAPID 自带正运动学函数计算，与自行编写计算结果比对

        theta:=theta_ini;
        !初始化 theta
        theta{1}:=theta{1}+jtmp.robax.rax_1;
        theta{2}:=theta{2}+jtmp.robax.rax_2;
        theta{3}:=theta{3}+jtmp.robax.rax_3;
        theta{4}:=theta{4}+jtmp.robax.rax_4;
        theta{5}:=theta{5}+jtmp.robax.rax_5;
        theta{6}:=theta{6}+jtmp.robax.rax_6;
         !将当前关节角叠加到 theta 上

        p2001.trans:=[0,0,0];
        p2001.rot:=[1,0,0,0];
        !初始化计算结果为 0
```

```
FOR i    FROM 1 TO 6 DO
    p2001:=PoseMult(p2001,dh2pose(i));
    !将 6 个连杆坐标系右乘
ENDFOR
!p2001 是计算结果
!p2001 的结果应该与 ptmp 获取到的当前位姿结果一致
Stop;
ENDPROC

FUNC pose dh2pose(num i)
    !将 MDH 参数转化为 pose
    !Rx(alpha)Tx(a)Rz(theta)Tz(d)
    VAR pose p1;
    p1.rot:=OrientZYX(0,0,alpha{i});
    p1:=PoseMult(p1,[[a_length{i},0,0],OrientZYX(0,0,0)]);
    p1.rot:=p1.rot*OrientZYX(theta{i},0,0);
    p1:=PoseMult(p1,[[0,0,d{i}],OrientZYX(0,0,0)]);
    RETURN p1;
ENDFUNC
```

2.3.2　IRB1410（带连杆机器人）

IRB1410 机器人（见图 2-29）为 ABB 工业机器非常经典的一款机器人，其三轴电机下置，通过平行四边形连杆结构带动三轴运动，以减小电机上置带来的下臂负担。

如图 2-29（a）所示，轴 2 电机带动轴 2 减速机，轴 2 减速机带动机器人下臂运动。此时若轴 3 电机不动，轴 3 电机连接轴 3 下连杆也不动。根据平行四边形原理，若单纯轴 2 移动、轴 3 不动，机器人运动后如图 2-29（b）所示，即上臂与下臂的夹角发生变化。若普通机器人的轴 3 电机上置，则单纯运动轴 2 不会导致机器人的上下臂夹角发生变化。

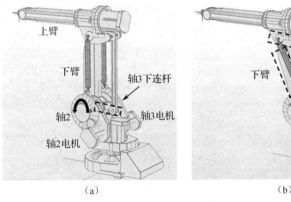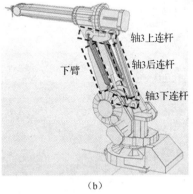

（a）　　　　　　　　　　　　（b）

图 2-29　IRB1410 机器人的 2 轴移动

单纯轴 3 电机动、轴 2 不动，根据平行四边形原理，则机器人运动后如图 2-30（b）所示。

上一节介绍了不带连杆的机器人（IRB120）正运动学计算方法，即 ${}_6^0\boldsymbol{T} = {}_1^0\boldsymbol{T}\,{}_2^1\boldsymbol{T}\,{}_3^2\boldsymbol{T}\,{}_4^3\boldsymbol{T}\,{}_5^4\boldsymbol{T}\,{}_6^5\boldsymbol{T}$。但对于带连杆形式的机器人，注意到上臂与下臂的夹角会随着轴 2 的运动变化而变化。实质上，上臂与下臂夹角的变化刚好等于轴 2 角度变化的负数，即轴 2 正向运动 20°，上臂

相对于下臂会向反方向运动 20°。利用这个特性，在 $^2_3\boldsymbol{T}$ 后乘一个绕坐标系{3}的补偿角矩阵即可。根据 2.2.3 节的 IRB1410 机器人 MDH 参数，可以编写以下针对带连杆机器人的正运动学计算代码：

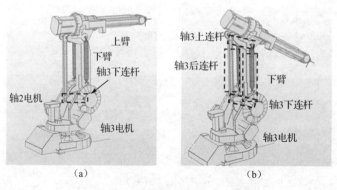

（a）　　　　　　　　　　（b）

图 2-30　IRB1410 机器人 3 轴移动

```
    LOCAL VAR num alpha{6}:=[0,-90,0,-90,90,90];
    LOCAL VAR num a{6}:=[0,150,600,120,0,0];
LOCAL VAR num theta{6}:=[0,-90,0,0,-180,0];
 LOCAL VAR num d{6}:=[475,0,0,720,0,85];
!IRB1410 机器人的 MDH 参数
    VAR num no_dependent;
!上臂与下臂夹角
    PROC test_dh_pose()
        VAR num curr_angle{6}:=[0,0,0,0,0,0];
        VAR pose pose10{6};
        VAR pose pose_cal:=[[0,0,0],[1,0,0,0]];
        VAR jointtarget jtmp;
        jtmp:=CJointT();
        !获取当前各轴角度
        curr_angle{1}:=jtmp.robax.rax_1;
        curr_angle{2}:=jtmp.robax.rax_2;
        curr_angle{3}:=jtmp.robax.rax_3;
        curr_angle{4}:=jtmp.robax.rax_4;
        curr_angle{5}:=jtmp.robax.rax_5;
        curr_angle{6}:=jtmp.robax.rax_6;
        FOR i FROM 1 TO 6 DO
            IF i=3 THEN
                no_dependent:=-curr_angle{2};
                !夹角补偿量等于 2 轴运动的负数
            endif
            pose10{i}:=f_dh2pose(i,alpha{i},a{i},theta{i}+curr_angle{i},d{i});
            !将 MDH 参数转化为 6 个坐标系
        ENDFOR

        FOR i FROM 1 TO 6 DO
            pose_cal:=PoseMult(pose_cal,pose10{i});
        ENDFOR
        !计算的 pose_cal 应该与机器人当前的位姿一致
```

```
ENDPROC

    FUNC pose f_dh2pose(num i,num alpha,num a,num theta,num d)
        VAR pose pose1:=[[0,0,0],[1,0,0,0]];
        pose1:=PoseMult(pose1,[[0,0,0],orientzyx(0,0,alpha)]);
        pose1:=PoseMult(pose1,[[a,0,0],orientzyx(0,0,0)]);
        pose1:=PoseMult(pose1,[[0,0,0],orientzyx(theta,0,0)]);
        pose1:=PoseMult(pose1,[[0,0,d],orientzyx(0,0,0)]);
        IF i=3 THEN
            pose1:=PoseMult(pose1,[[0,0,0],orientzyx(no_dependent,0,0)]);
        endif
        !针对轴 3 坐标系，需要再多乘一次旋转，补偿夹角
        RETURN pose1;
    ENDFUNC
```

2.3.3　YUMI 机器人（7 轴）

　　YUMI 机器人为 ABB 工业机器人推出的双臂协作机器人，其每个手臂有 7 个轴。传统机器人的轴 2 和轴 3 之间是 YUMI 的 7 轴，对应的 7 轴数据存储在 jointtarget 中的 exa 中（第一个外轴数据），在做机器人运动学正解时，按照图 2-31 中的 1、2、7、3、4、5、6 关节顺序计算。

　　根据 2.2.7 节介绍的 YUMI 机器人的 MDH 参数，可以编写如下 YUMI 机器人右手正运动学代码：

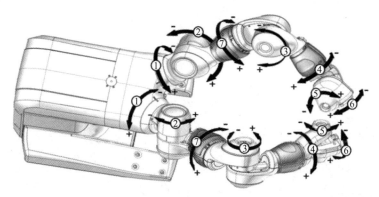

图 2-31　YUMI 机器人各轴的标识

```
  PERS robtarget p_0:=[[135.09,-106.775,461.995],[0.828884,0.314016,0.408008,0.218802],[0,0,0,0],[133.669,
9E+9,9E+9,9E+9,9E+9,9E+9]];
    !YUMI 机器人右手的 KinematicBaseFrame 位姿
    PERS num alpha{7}:=[0,90,90,-90,-90,-90,-90];
    PERS num a_length{7}:=[0,30,30,40.5,40.5,27,27];
    PERS num theta_ini{7}:=[-180,-180,0,-90,180,-180,180];
PERS num d{7}:=[0,0,251.5,0,265,0,36];
  !YUMI 机器人右手的 MDH 参数
    PERS num theta{7}:=[-180,-310,-135,-60,180,-140,180];
      !存储当前 theta 的值
    VAR jointtarget jtmp:=[[0,0,0,0,0,0],[9E9,9E9,9E9,9E9,9E9,9E9]];
    PERS pose p2000:=[[-9.57853,-182.61,198.628],[0.0660108,-0.842421,-0.111215,-0.523069]];
  !存储计算结果
```

```
PROC forward_kinematic_calculation()
    jtmp:=CJointT();
    !获取当前各轴的角度
    theta:=theta_ini;
    theta{1}:=theta{1}+jtmp.robax.rax_1;
    theta{2}:=theta{2}+jtmp.robax.rax_2;
    theta{3}:=theta{3}+jtmp.extax.eax_a;
    !YUMI 的 7 轴数据存储在外轴 eax_a 中
    theta{4}:=theta{4}+jtmp.robax.rax_3;
    theta{5}:=theta{5}+jtmp.robax.rax_4;
    theta{6}:=theta{6}+jtmp.robax.rax_5;
    theta{7}:=theta{7}+jtmp.robax.rax_6;

    p2000.trans:=p_0.trans;
    p2000.rot:=p_0.rot;
    !p_0 is the kinematic base pose

    FOR i FROM 1 TO 7 DO
        p2000:=PoseMult(p2000,dh2pose(i));
    ENDFOR
    !p2000 is the calculation result
    !compare p2000 with current cartisian pose, result should be same
ENDPROC

FUNC pose dh2pose(num i)
    !transfer dh parameter to pose
    !Rx(alpha)Tx(a)Rz(theta)Tz(d)
    VAR pose p1;
    p1.rot:=orientzyx(0,0,alpha{i});
    p1:=posemult(p1,[[a_length{i},0,0],orientzyx(0,0,0)]);
    p1.rot:=p1.rot*orientzyx(theta{i},0,0);
    p1:=posemult(p1,[[0,0,d{i}],orientzyx(0,0,0)]);
    RETURN p1;
ENDFUNC
```

2.4　轴配置数据

2.4.1　含义解释

　　机器人正运动学主要通过各轴的角度计算出当前机器人末端的位姿。机器人逆运动学则是通过末端当前的位姿反向计算出各轴的角度。机器人逆运动学会有多解，如图 2-32 中的 4 个机器人，法兰盘末端的位姿都是一样的，但机器人形态完全不一样（注意机器人 logo 的正反）。

　　由于机器人逆运动学存在多解，所以就需要通过额外的参数来指定选取逆解中的哪个解，即图 2-32 中 4 个逆解均满足同一个末端位姿要求，需要通过额外参数来指定解。

　　ABB 工业机器人的编程语言 RAPID 中，点位数据类型（robtarget）除了包括位姿数据 pose 的 trans(pos)组件和 rot（orient）组件，还有轴配置数据（confdata）和外轴数据。

　　轴配置数据（confdata）用来限定机器人走到 robtarget 中的位姿（pose）时关键轴的角度范围及机器人的整体形态。confdata 由 4 个内容构成，即 cf1、cf4、cf6 及 cfx：

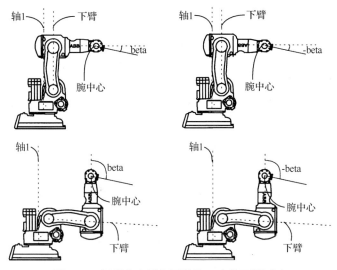

图 2-32　机器人末端相同位姿，本体不同形态

```
Record confdata
num cf1;
num cf4;
num cf6;
num cfx;
ENDRecord
```

　　对于 6 轴机器人，象限 0 为从零位开始正向旋转的第一个四分之一圈，即 0°到 90°；象限 1 为第二个四分之一圈，即 90°到 180°，以此类推。象限-1 为 0°到-90°的四分之一圈，以此类推（见图 2-33）。该数据适用于 cf1、cf4 及 cf6。例如，cf1=0 表示当前机器人的轴 1 在 0°～90°范围内，cf6=-1 表示当前机器人的轴 6 在-90°～0°范围内。

　　对于 7 轴机器人（YUMI 及单臂 YUMI），象限 0 是以零位为中心旋转的四分之一圈，即-45°到 45°；象限 1 是正向旋转的第二个四分之一圈，即 45°到 135°，以此类推。象限-1 是-45°到-135°的四分之一圈，以此类推。

　　图 2-34 显示了 7 轴机器人（YUMI 及单臂 YUMI）轴 1、轴 4、轴 7 的配置象限，其中零位直接向上移动。

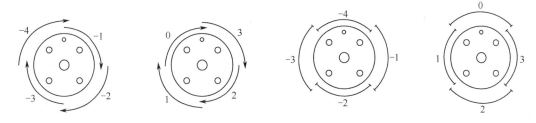

图 2-33　6 轴机器人轴 1、轴 4、轴 6 的配置象限　　　图 2-34　7 轴机器人轴 1、轴 4、轴 7 的配置象限

　　cfx 用来表示机器人的形态配置，其含义如表 2-9 和图 2-35 所示。注意，图 2-35 中机器人 logo 的正反（表示 4 轴正反）、轴 5 的位置及轴 1 电机的位置（分别表示轴 1 在-90°～

90°的向前位置及在此范围外的向后位置）。

表 2-9 通用机器人的 *cfx* 数据解释

cfx	腕中心相对于轴 1	腕中心相对于下臂	轴 5 角度
0	在前面	在前面	正
1	在前面	在前面	负
2	在前面	在后面	正
3	在前面	在后面	负
4	在后面	在前面	正
5	在后面	在前面	负
6	在后面	在后面	正
7	在后面	在后面	负

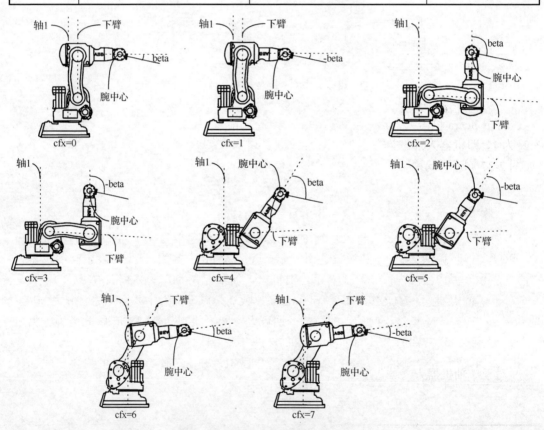

图 2-35 8 种 *cfx* 数据对应的机器人形态

cfx 数据中使用的是腕中心的位置，即 MDH 参数中坐标系{6}的位置。本书为方便表示，将坐标系{6}到法兰盘的偏置距离一并放入 MDH 中的 d_6 参数内，如 2.2 节所述。在计算腕坐标系位姿时，将 d_6 参数清零即可得到腕坐标系位姿（否则得到法兰盘位姿）。

"腕中心相对于轴 1"表示腕中心在轴 1 坐标系下的位置关系。轴 1 坐标系会随着轴 1 的转动而转动，腕的中心位置也会随着其他轴的转动而转动。"腕中心相对于轴 1 在前面"表示腕中心在轴 1 坐标系下的 x 方向，数值为正。

"腕中心相对于下臂"表示腕中心在轴 2 坐标系下的位置关系。轴 2 坐标系会随着轴 2

的转动而转动，腕的中心位置也会随着其他轴的转动而转动。"腕中心相对于下臂在前面"表示腕中心在轴 2 坐标系下的 y 方向，数值为正，如图 2-36 所示。

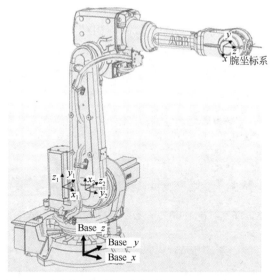

图 2-36　腕坐标系、轴 1 坐标系及轴 2（下臂）坐标系

对于 Scara 机器人，其采用 cfx 值来展示轴 2 角度的标志。如果轴 2 的角度为负，那么 cfx 为 1，即机器人形态为左手，如图 2-37（a）所示；否则 cfx 为 0，即机器人形态为右手，如图 2-37（b）所示。

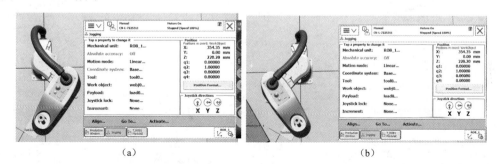

（a）　　　　　　　　　　　　　　　　　　（b）

图 2-37　Scara 机器人的左右手形态

对于 7 轴机器人（如 YUMI），cfx 的含义与通用机器人的略有不同，具体见表 2-10。

表 2-10　7 轴机器人的 cfx 数据解释

cfx	轴 2 的角度	腕中心相对于下臂	轴 5 的角度
0	正	在前面	正
1	正	在前面	负
2	正	在后面	正
3	正	在后面	负
4	负	在前面	正
5	负	在前面	负
6	负	在后面	正
7	负	在后面	负

2.4.2　计算 cfx

2.4.1 节介绍了 cfx 数据的定义。本节将介绍通用 6 轴机器人 cfx 的计算。

表 2-9 和图 2-35 给出了当 cfx 不同时，腕中心相对于轴 1 坐标系、轴 2（下臂）坐标系的关系及轴 5 角度的范围。根据这些设定，可以编写 cfx 计算代码。代码以 IRB2600-20/1.65 为例，机器人的 MDH 参数见 2.2.4 节。注意，计算腕的中心位置时，需把 2.2.4 节中的 d_6 参数清零：

```
    LOCAL VAR num alpha{6}:=[0,-90,0,-90,90,90];
    LOCAL VAR num a{6}:=[0,150,700,115,0,0];
    LOCAL VAR num theta{6}:=[0,-90,0,0,-180,0];
LOCAL VAR num d{6}:=[445,0,0,795,0,0];
!IRB2600-20/1.65 机器人的 MDH 参数

    VAR jointtarget j100:=[[0,0,0,0,0,0],[9E9,9E9,9E9,9E9,9E9,9E9]];
VAR num curr_angle{6};
!存储当前机器人各轴的角度
PERS num n_cfx:=6;
!存储 cfx 计算结果
pers  robtarget  ptmp1:=[[373.694,13.7374,1379.73],[0.0175153,-0.301628,-0.00554221,-0.953249],[-2,0,0,6],
[9E+9,9E+9,9E+9,9E+9,9E+9,9E+9]];
!存储当前机器人的点位，confdata 中的最后一位是 cfx

    PROC test_cfx()
        j100:=CJointT();
        ptmp1:=CRobT();
        n_cfx:=n_cal_cfg(j100);
      !计算当前的 cfx
    ENDPROC

    FUNC num n_cal_cfg(jointtarget j1)
        VAR num n_cfx;
        VAR robtarget ptmp;
        VAR pose pose1{6};
        VAR pose pose10{6};
        VAR pose pose3_6:=[[0,0,0],[1,0,0,0]];
        !腕中心相对于轴 2（下臂）坐标系的位姿
        VAR pose pose2_6:=[[0,0,0],[1,0,0,0]];
        !腕中心相对于轴 1 坐标系的位姿
        VAR jointtarget jtmp:=[[0,0,0,0,0,0],[9E9,9E9,9E9,9E9,9E9,9E9]];

        jtmp:=j1;
        curr_angle{1}:=jtmp.robax.rax_1;
        curr_angle{2}:=jtmp.robax.rax_2;
        curr_angle{3}:=jtmp.robax.rax_3;
        curr_angle{4}:=jtmp.robax.rax_4;
        curr_angle{5}:=jtmp.robax.rax_5;
        curr_angle{6}:=jtmp.robax.rax_6;

        FOR i FROM 1 TO 6 DO
```

```
            pose1{i}:=f_dh2pose(alpha{i},a{i},theta{i}+curr_angle{i},d{i});
        !将 MDH 参数转化为各轴坐标系 pose
ENDFOR

pose3_6:=[[0,0,0],[1,0,0,0]];
FOR i FROM 3 TO 6 DO
    pose3_6:=PoseMult(pose3_6,pose1{i});
ENDFOR
!计算腕中心在轴 2（下臂）坐标系下的位姿

pose2_6:=[[0,0,0],[1,0,0,0]];
FOR i FROM 2 TO 6 DO
    pose2_6:=PoseMult(pose2_6,pose1{i});
ENDFOR
!计算腕中心在轴 1 坐标系下的位姿

IF pose2_6.trans.x>=0 THEN
    !判断腕中心在轴 1 坐标系的前后，大于或者等于 0 表示在轴 1 坐标系的前面
    IF pose3_6.trans.y>=0 THEN
    ! 判断腕中心在轴 2（下臂）坐标系的前后，大于或者等于 0 表示在轴 2 坐标系的前面
    IF jtmp.robax.rax_5>=0 THEN
    !判断轴 5 的角度
        n_cfx:=0;
            ELSE
        n_cfx:=1;
        ENDIF
                                    ELSE
            IF jtmp.robax.rax_5>=0 THEN
        n_cfx:=2;
            ELSE
        n_cfx:=3;
            ENDIF
        ENDIF
ELSE
    !判断腕中心在轴 1 坐标系的前后，小于 0 表示在轴 1 坐标系的后面
    IF pose3_6.trans.y>=0 THEN
    !判断腕中心在轴 2 坐标系的前后，小于 0 表示在轴 2 坐标系的后面
        IF jtmp.robax.rax_5>=0 THEN
    !判断轴 5 的角度
                    n_cfx:=4;
        ELSE
                    n_cfx:=5;
        ENDIF
        ELSE
        IF jtmp.robax.rax_5>=0 THEN
                    n_cfx:=6;
        ELSE
                    n_cfx:=7;
        ENDIF
    ENDIF
ENDIF
RETURN n_cfx;
```

```
ENDFUNC

FUNC pose f_dh2pose(num alpha,num a,num theta,num d)
    VAR pose pose1:=[[0,0,0],[1,0,0,0]];
    !将 MDH 参数转化为 pose
    !Rx(alpha)Tx(a)Rz(theta)Tz(d)
    pose1:=PoseMult(pose1,[[0,0,0],OrientZYX(0,0,alpha)]);
    pose1:=PoseMult(pose1,[[a,0,0],OrientZYX(0,0,0)]);
    pose1:=PoseMult(pose1,[[0,0,0],OrientZYX(theta,0,0)]);
    pose1:=PoseMult(pose1,[[0,0,d],OrientZYX(0,0,0)]);
    RETURN pose1;
ENDFUNC
```

若机器人各轴的位置如图 2-38 所示，此时腕坐标系在轴 1 坐标系的后面，腕坐标系也在轴 2 坐标系的后面。使用以上代码计算，可以得到 cfx 为 6，与 RobotStudio 中的显示一致。

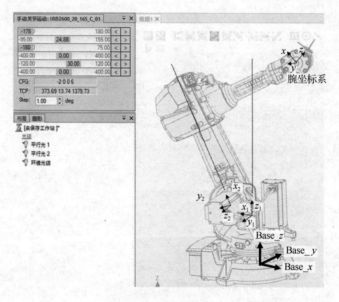

图 2-38   IRB2600-20/1.65 机器人在 cfx=6 时的形态

在使用运动语句"MoveL ptmp,v1000,z50,tool0"时，RAPID 程序默认要求机器人用工具 tool0 按照 ptmp 中指定的形态和位姿到达目标点，若形态无法达到 ptmp 中的 confdata 指定的形态，程序报错。

在输送链跟踪或者机器人点位由视觉引导时，机器人有时候按照原有轴的配置数据 confdata 无法达到目标点，此时可以加入关闭轴配置监控语句 ConfL\Off 和 ConfJ\Off。这样，机器人会在保证末端位姿的情况下，就近使用其他轴的配置数据使得机器人可以到达目标点。

第 3 章　RAPID 指令与技巧

3.1　模块、例行程序与数据

　　一个 RAPID 任务内的程序存储架构如图 3-1 所示。程序包括程序模块（Program Module，文件后缀名为.mod）和系统模块（System Module，文件后缀名为.sys）。例行程序（Routine）存在于程序模块或者系统模块中。在单击图 3-2 中的"另存程序为…"时，会将所有程序模块保存到一个文件夹，并生成一个索引扩展名为.pgf 的索引文件。单击"新建程序…"时，会把所有程序模块擦除，但系统模块仍旧保留。通常不需要新建程序，也不需要将程序另存为。编写的 RAPID 代码是实时保存的。

　　注：从 RobotWare 7.1 版本开始，为适配 Unicode 多语言编码，RAPID 程序模块文件后缀名变更为.modx 和.sysx。

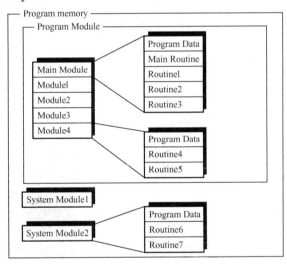

图 3-1　一个 RAPID 任务内的程序存储架构

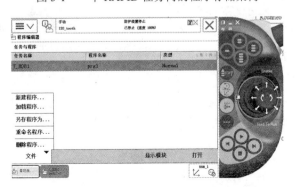

图 3-2　对程序操作

　　机器人程序运行时，是执行的都例行程序（Routine）。例行程序可以调用其他例行程序。main 作为机器人自动模式运行时的主入口，其是一个特殊的例行程序。main 例行程序可以存放在任意模块内。

　　RAPID 编程对大小写字母不区分，即 main 和 Main 会被认为是同一个。

　　RAPID 编程支持多任务（机器人要有 623-1 Multitasking 选项）编程。一个机器人本体或者机械单元（组）对应一个运动任务，其余任务为非运动任务。关于多任务编程，将在后续章节中介绍。图 3-3 显示了 main 例行程序的存储路径为 T_ROB1（任务名）-module1（模块名）-main（例行程序名）。

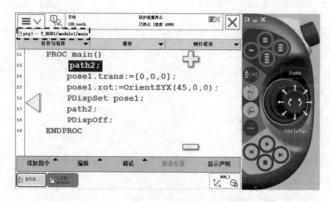

图 3-3　例行程序的存储路径

3.1.1　模块的属性

　　模块（Module）可以通过"示教器"—"程序编辑器"—模块界面中的"新建"来新建。新建模块时可以设置模块的名称和类型（见图 3-4）。

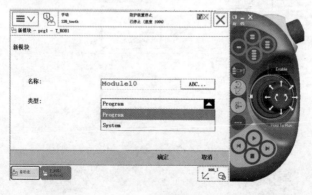

图 3-4　新建模块

　　模块（Module）有若干属性，如表 3-1 所示，其属性的添加和修改只能通过 RobotStudio 在线修改，或者对保存的模块文件（mod/sys）以记事本等方式打开后修改。除了 SYSMODULE 属性，其他属性也可适用于普通程序模块（mod）。

表 3-1　模块的属性

属　　性	解　　释
SYSMODULE	就模块而言，不是系统模块就是编程模块
NOSTEPIN	在逐步执行期间不能进入模块
VIEWONLY	模块无法修改
READONLY	模块无法修改，但可以删除其属性
NOVIEW	模块不可读，只可执行。可通过其他模块接近全局程序，此程序通常以 NOSTEPIN 方式运行。目前全局数据数值可从其他模块或 FlexPendant 示教器上的数据窗口接近。NOVIEW 只能通过 PC 在线下定义

例如，对模块 module1 添加 NOSTEPIN 属性，则在其他例行程序（如 main）中调用属于 module1 模块中的 test2 例行程序时，单击示教器中的"单步"运行按钮（见图 3-5）运行 test2，程序会自动走完 test2 内的所有内容，而非像往常一样只执行 test2 中的一行：

```
MODULE module1(NOSTEPIN)
    VAR string s1;
    pers num a100:=0;
    PROC test2()
        reg1:=1;
        reg2:=3;
        reg3:=1;
        reg4:=3;
    ENDPROC
ENDMODULE
```

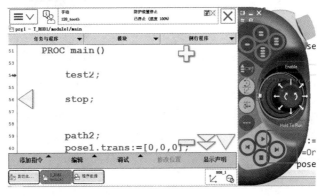

图 3-5　单步运行 module1 模块内的例行程序

若对模块 module2 添加 VIEWONLY 或者 READONLY 属性，则在示教器的程序编辑器中无法修改该模块内的程序（见图 3-6）。在示教器的"程序数据"界面中也无法修改存储在该模块内数据的值（见图 3-7）。存储在该模块的例行程序和数据均可被其他例行程序使用：

```
MODULE module2(READONLY)
    VAR string s1;
    PERS num a100:=0;
    PROC test2()
```

```
    s1:=Type(a100);
    TPWrite "a100 data type is "+s1;
    reg1:=1;
    reg2:=3;
    reg3:=1;
    reg4:=3;
  ENDPROC
ENDMODULE
```

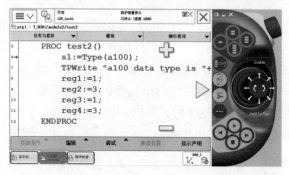

图 3-6　无法修改 module2 模块内的程序

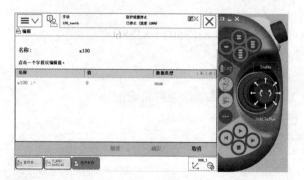

图 3-7　无法修改存储在 module2 模块内数据的值

属性 NOVIEW 包含了 NOSTEPIN、VIEWONLY 等属性，如下代码在示教器不能查看，也不能步入，如图 3-8 所示。

```
MODULE module2(NOVIEW)
    VAR string s1;
    PERS num a100:=0;
    PROC test2()
        s1:=Type(a100);
        TPWrite "a100 data type is "+s1;
        reg1:=1;
        reg2:=3;
        reg3:=1;
        reg4:=3;
    ENDPROC
ENDMODULE
```

图 3-8　NOVIEW 模块的属性

3.1.2　基本数据类型

RAPID 的基本数据类型不可分成其他部分或其他分量。基本数据类型的内部结构（实现）是隐藏的。RAPID 的基本数据类型有数字型 num 和 dnum，逻辑型 bool 和文本型 string。其他数据类型都是基本数据类型的别名或者组合。例如，byte（字节）为 num 类型的一种别名数据类型，并因此继承其特征。又例如 pos[x,y,z]类型的数据，其由 3 个 num 类型的数据构成。完整 RAPID 编程数据类型的定义及使用可以查看手册《RAPID 指令、函数和数据类型》。

num 类型的数据可以准确表示-8388607～8388608 的准确整数，也可表示 ANSI IEEE 754《浮点数算术标准》指定的域。

dnum 类型的数据可以准确表示-4503599627370496～4503599627370496 的准确整数，也可表示 ANSI IEEE 754《浮点数算术标准》指定的域。

bool 类型的数据表示一个逻辑值，仅包含 True 和 False 两个值。

string 类型的数据表示一个字符串，表示所有序列的图形字符（ISO 8859-1）和控制字符（数字代码 0～255 范围中的非 ISO 8859-1 字符）的域。RAPID 中的字符串内容最多为 80 个字符。

以上均为数值类型的数据，即可以对数值进行赋值操作。RAPID 中还有一些特殊的非数值类型的数据，如 switch（用作可选参数中的开关类型）或者 clock（时钟，不可赋值，只可通过 clkread 函数获取时间）。

3.1.3　数据存储类型与作用域

对新数据声明时，除了要指定数据的数据类型和数据名称，还要指定其存储类型（见图 3-9）。

RAPID 中数据的存储类型包括常量（CONST）、变量（VAR）和永久数据（PERS）。

（1）常量类型的数据不可在代码范围内对其修改赋值。

（2）变量（VAR）具有初始值和当前值。在程序中修改赋值或者通过程序编辑器中的"查看值"（见图 3-10）修改，均调整变量的当前值，不改变其初始值。可以在示教器中通过选择需要修改的数据，单击"编辑"—"更改声明"（见图 3-11），此时会弹出如图 3-12 所示的界面，通过单击该界面中的"初始值"对变量修改初始值。也可直接在 RAPID 中修改变量的初始值。

注：当鼠标移动到 RAPID 中的变量时，会显示其当前值，如图 3-13 所示。

图 3-9　数据的声明

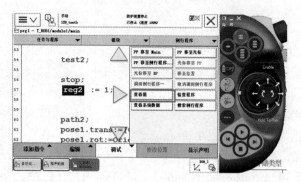

图 3-10　通过"查看值"修改当前值

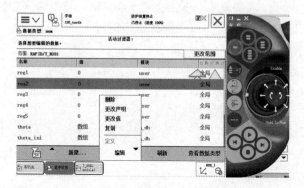

图 3-11　单击"编辑"—"更改声明"

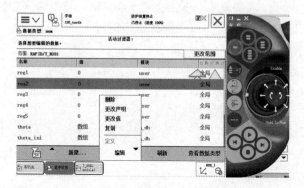

图 3-12　修改变量的初始值

图 3-13　显示当前值和初始值

（3）永久数据（PERS）无初值概念，数据值被修改即被永久修改。永久数据只可定义在模块级别，不可定义在例行程序内。

表 3-2 解释了 3 种存储类型的数据在不同操作时值的变化情况。

表 3-2　3 种存储类型的数据在不同操作时值的变化情况

存储类型	热启动	载入程序 Open	PP 移至例行程序	PP 移至光标	启动程序	停止程序
常量	不变	初始化	初始化	不变	不变	不变
永久数据	不变	初始化	不变	不变	不变	不变
变量	不变	初始化	初始化	不变	不变	不变

在声明数据时，还可以设置数据的作用范围（见图 3-14）。默认为"全局"有效，也可设定为"本地"。若数据定义在模块的最上方，则该数据在本模块有效；若数据定义在具体某个例行程序内，则该数据在本例行程序内有效。针对 PERS 类型的数据，若添加"任务"属性，则该数据只在当前任务有效，否则可与其他任务中相同名字相同类型的 PERS 数据进行同步交互。

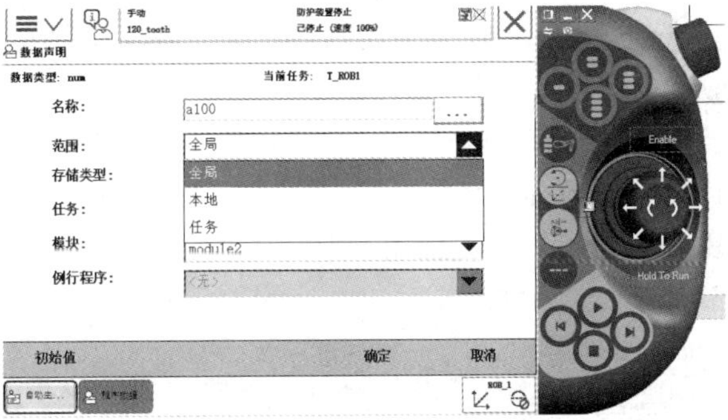

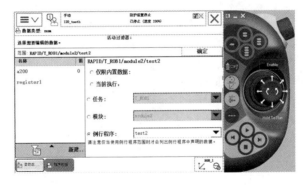

图 3-14　声明数据的作用范围

在程序的数据中，也可根据变量声明的范围进行过滤查询，如图 3-15 所示。

图 3-15　根据变量声明的范围进行过滤查询

示例代码如下所示:

```
MODULE module2
    VAR string s1:="";
    PERS num a100:=0;
    CONST   robtarget   p202:=[[-190.55,277.39,827.73],[0.88339,0.0274645,0.0521859,-0.464913],[-1,0,0,4],
[9E+9,9E+9,9E+9,9E+9,9E+9,9E+9]];
    !以上均为全局有效,即可以在相同任务内的其他任何例行程序内调用
  LOCAL   VAR bool flag1:=false;
  ! 仅在当前模块 module2 内有效,其他模块内的例行程序无法使用 flag1
 TASK   PERS num a100:=0;
!仅在当前任务内有效,无法与其他任务中相同名称的 PERS 数据同步
    PROC test2()
        VAR num register1:=0;
        CONST num a200:=0;
        !作用域仅在 test2 例行程序内
        reg2:=10;
        reg3:=1;
    ENDPROC
ENDMODULE
```

3.1.4 自定义数据类型的创建

　　RAPID 编程提供了很多预定义的数据类型,如表示机器人笛卡儿空间点位的 Robtarget 数据类型,表示机器人各轴数据的 Jointtarget 数据类型等。

　　在实际的编程及生产过程中,可能希望根据生产需要自定义数据类型。RAPID 编程支持自定义数据类型的创建。自定义数据类型的创建只能通过 RobotStudio 或者在 mod 文件中编写,无法通过示教器创建。

　　自定义数据类型必须编写在模块的最前面,可以在任意模块。自定义数据类型的关键字是 Record,如以下代码创建了自定义数据类型 student,其中还包括自定数据类型 score。具体使用时,student 数据类型可以像其他 RAPID 预定义数据类型一样使用。创建完的数据类型可以在示教器查看和新建具体数据对象(见图 3-16)。

```
MODULE module2
    RECORD student
        string name;
        num id;
        score score1;
    ENDRECORD

    RECORD score
        num chinese;
        num maths;
    ENDRECORD

    VAR student mike:=["mike",17,[90,80]];
```

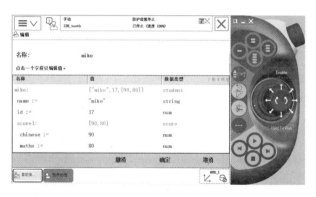

图 3-16　自定义的 student 数据类型及其实例

3.1.5　AGGDEF 用法

在 RAPID 代码里，AGGDEF 有如图 3-17 所示的用法。看起来有错误提示，但是单击"检查程序"按钮没有报错提示，代码可正常执行。

```
proc test222()
    VAR jointtarget s1;
    VAR tooldata tool1;
    VAR robtarget pcam;
    VAR pos value1;

    pcam:=pcamera;
    s1.robax:=<*3>;
    pcam.trans:=<*4>;
    TPWrite "ok";
ENDPROC

AGGDEF
<*1>:=[0,0,0];
<*2>:=[0,0,0];
<*3>:=[10,0,0,0,0,0];
<*4>:=[0,0,0];
<*5>:=[1,0,0,0];
<*6>:=[0,0,0];
<*7>:=[1,0,0,0];
<*8>:=[0,0,0];
<*9>:=[0,0,0];
<*10>:=[0,0,0];
ENDAGGDEF
ENDMODULE
```

图 3-17　RAPID 代码里 AGGDEF 的用法

图 3-17 是一种非常复古的 RAPID 用法，现在基本已经不使用了（但这种写法依旧保留）。这种用法就是方便对特定数据进行设定值。

在模块文件的最后，插入 AGGDEF 和 ENDAGGDEF 关键字。<*1>表示第一个参数的值，<*3>表示第三个参数的值。

图 3-17 中的数据 pcam 是 robtarget 类型的数据。pcam.trans 为 pos 类型的数据，其对应的初值写法为[x,y,z]。可以令 pcam.trans:=<*4>，在下方定义区写入<*4>:=[0,0,0]，这种写法等价于 pcam.trans:=[0,0,0]。

3.1.6　数组

RAPID 编程支持数组的使用。数组的维数最多为 3 维，数组元素的起始序号为 1（不像一般高级编程语言数组元素的起始序号为 0）。

数组可以在示教器的"程序数据"界面中创建，如图 3-18 所示，在其中可设置数组的维数，以及每个维度的元素个数。

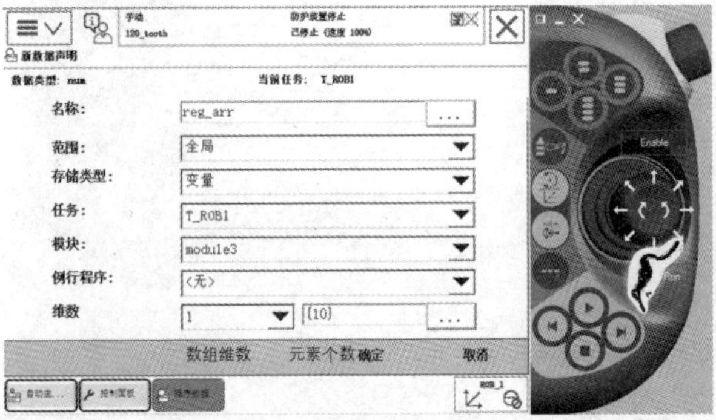

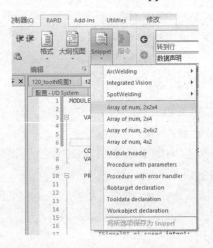

图 3-18　新建数组

也可在 RAPID 中直接创建数组，具体格式如下：

```
   VAR num myNumArray2x4{2,4}:=[[11,12,13,14],
        [21,22,23,24]];
 PROC main()
        myNumArray2x4{2,1}:=1;
      !对单个元素赋值
      FOR i FROM 1 TO 2 DO
          FOR j FROM 1 TO 4 DO
               myNumArray2x4{i,j}:=i*j;
          ENDFOR
       ENDFOR
ENDPROC
```

也可借助"RobotStudio"—"RAPID"中的"Snippet"插入数组模板，如图 3-19 所示。

图 3-19　使用"Snippet"插入数组模板

3.1.7　例行程序的分类

可以通过程序编辑器新建例行程序。如图 3-20 所示，在新建例行程序时，可以选择例行程序的类型，即程序、功能、中断。

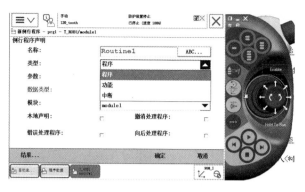

图 3-20　例行程序的分类

例行程序分为 3 类：程序（无返回值程序）、功能（有返回值程序）和中断程序。

（1）程序（PROC）不返回任何值，可以在其他例行程序中调用，其可以带参数。

（2）功能（FUNC）将返回特定类型的值，在示教器中使用时通过赋值语句":="调用功能，其可以带参数。

（3）中断程序（TRAP）可对中断进行响应。中断程序可与特定中断关联起来（使用 connect 语句），在后续发生该特定中断的情况下其会被自动执行。不可从 RAPID 代码中直接调用中断程序，且其不可带参数。

3 种程序的具体使用及带参数的使用见后续章节内容。

在新建不同类型的例行程序时，均可勾选"本地声明"（见图 3-21），即该例行程序只能被模块内的其他例行程序调用。

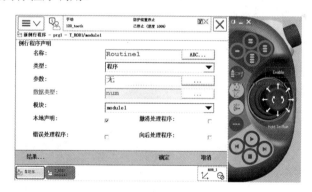

图 3-21　创建带"本地声明"的例行程序

示例代码如下所示：

```
MODULE module2
  LOCAL PROC test100()
        TPWrite "hello";
    ENDPROC
  PROC test200()
        test100;
    ENDPROC
ENDMODULE
```

3.1.8　跨模块调用 Local 例行程序

3.1.7 节介绍了例行程序的分类。对于带有本地声明（Local）的例行程序，其他模块内的程序无法调用（见图 3-22）。

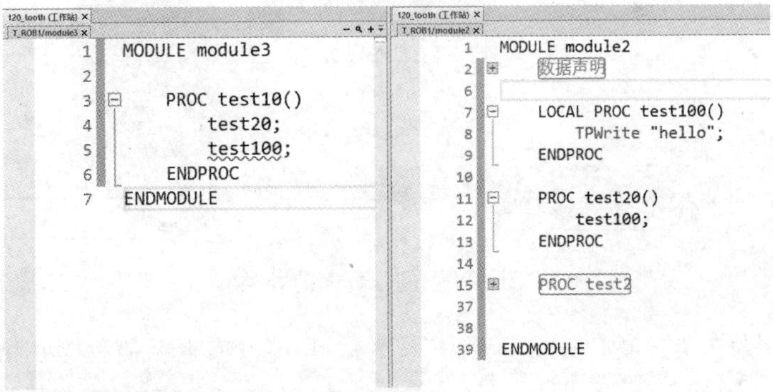

图 3-22　跨模块例行程序无法调用带"本地声明"的例行程序

但在一些特殊应用或代码设计中，需要跨模块调用带"本地声明"属性的例行程序。可以使用百分号"%"调用的方式，即在百分号内输入字符串，字符串内容对应"模块:例行程序名"，如%"module2:test100"%，此时即可跨模块调用带"本地声明"属性的例行程序，如图 3-23 所示。

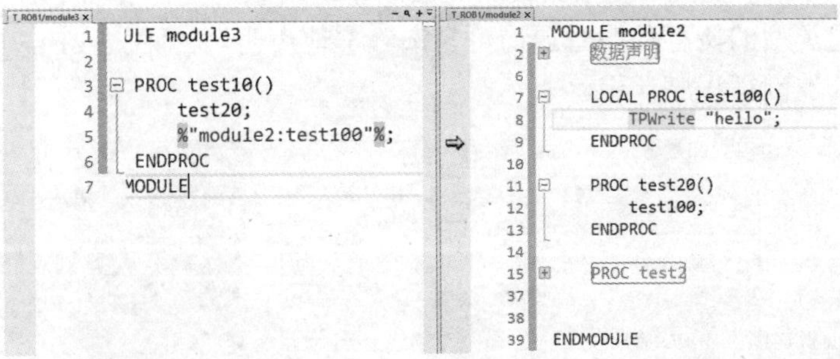

图 3-23　跨模块调用带"本地声明"的例行程序

3.2　带参数例行程序

例行程序（PROC）可以带有参数。参数可以是任意的数据类型，也可以是数组。可以通过"程序编辑器"—"例行程序"—"新建"新建例行程序（见图 3-24），并在"参数"处设置/新建参数（见图 3-25）。

例如，希望创建一个实现绘制方形轨迹的例行程序（参数包括起点的位置和边长），可以按照图 3-25 添加 2 个参数。参数 1 取名 p1，类型选择 robtarget；参数 2 取名 side，类型选择 num。新建完带参数的例行程序如图 3-26 所示。编写代码如下：

图 3-24　新建例行程序

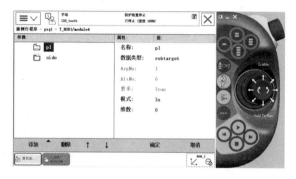

图 3-25　新建例行程序的参数

```
PROC move_square(robtarget p1,num side)
    MoveL p1,v100,fine,tool0\WObj:=wobj0;
    !走到传入参数 p1 的位置
    MoveL offs(p1,side,0,0),v100,fine,tool0\WObj:=wobj0;
    !走到基于 p1 位置，x 方向偏移 side 的位置
    MoveL offs(p1,side,side,0),v100,fine,tool0\WObj:=wobj0;
    MoveL offs(p1,0,sidc,0),v100,finc,tool0\WObj:=wobj0,
    MoveL p1,v100,fine,tool0\WObj:=wobj0;
ENDPROC
```

图 3-26　新建完带参数的例行程序

　　带参数的例行程序无法直接运行，需要其他例行程序通过 ProcCall 方式调用，如图 3-27 和图 3-28 所示。运行图 3-28 中的代码，机器人可完成一个基于 p3000 位置、边长为 30 的方形轨迹。

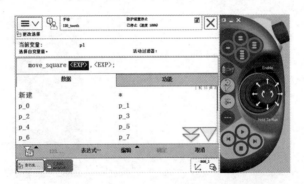

图 3-27　修改例行程序的参数

图 3-28　调用带参数的例行程序

3.2.1　参数模式

在设置例行程序的参数时，可选择参数的模式（见图 3-29）。默认参数的模式为输入（IN）。

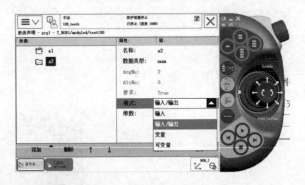

图 3-29　参数模式的选择

（1）参数使用输入（IN）模式时，传入的参数作为形参，即不会改变传入参数的当前值。此时，数据的存储类型可以选择 VAR、PERS、CONST。

（2）参数使用输入/输出（INOUT）模式时，若例行程序内对该参数进行赋值运算，则会修改传入参数本身的当前值。在使用 INOUT 模式时，数据的存储类型只可以选择 VAR、PERS。

编写如下代码，其中例行程序 test100 的第二个参数使用 INOUT 模式。运行以下代码，发现 b200 的当前值被修改为 11，而 b100 的当前值仍为 10，结果如图 3-30 所示。

```
VAR    num b100:=10;
VAR    num b200:=10;

    PROC test100(num a1,INOUT num a2)
        a1:=a1+1;
        !不会修改传入的 b100 值
        a2:=a2+1;
        !传入的 b200 值同时被修改
        TPWrite "a1:="\Num:=a1;
        TPWrite "a2:="\Num:=a2;
    ENDPROC

PROC test0()
        test100 b100,b200;
        TPWrite "b100:="\Num:=b100;
        TPWrite "b200:="\Num:=b200;
    ENDPROC
```

图 3-30　IN 与 INOUT 的区别

　　图 3-29 中的参数模式还可选择变量（VAR）和可变量（PERS），即指定传入参数的存储类型必须是 VAR 或者 PERS。选择这两种参数模式，传入参数的当前值也会被修改。

3.2.2　数组参数

　　在图 3-29 中选择参数时，可以设置参数的维数，即设置参数为数组。3.1.6 节介绍了在 RAPID 编程中如何创建和使用数组。在 RAPID 编程中，数组的维数最多为 3 维，元素的起始序号为 1。例如，参数使用 1 维数组，其设置如图 3-31 所示。例行程序的参数为数组时，不需要设置数组的元素个数。

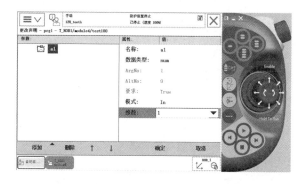

图 3-31　参数使用 1 维数组

　　希望输出一个数组内的最大值，可以编写如下代码。其中，dim(array,no)返回数组 array 中第 no 维的元素个数。运行结果如图 3-32 所示。

```
PERS num b100{10}:=[1,2,3,4,5,6,7,8,9,10];

 PROC test0()
      test100 b100;
   ENDPROC

PROC test100(num a1{*})
      VAR num max;
      FOR i FROM 1 TO dim(a1,1) DO
         !遍历传入数组 a1 第 1 维的所有元素
         IF a1{i}>max THEN
               max:=a1{i};
         ENDIF
      ENDFOR
      TPWrite "max value is "\Num:=max;
   ENDPROC
```

图 3-32　输出数组中的最大值

3.2.3　可选参数与互斥参数

　　在添加参数时，可以选择"添加参数"、"添加可选参数"和"添加可选共用参数"。前文均选择"添加参数"。

　　"添加可选参数"表示用户在使用该例行程序时可以选择或者不选择该参数。例如，希望创建一个绘制方形/长方形的带参数的例行程序，其基本参数是参考位置（p1）和方形边长（side），可选参数为长（length），即若用户没有选择/输入 length，则例行程序绘制边长为 side 的方形轨迹；若用户选择使用 length，则例行程序绘制宽度为 side、长度为 length 的长方形轨迹（见图 3-33）。

　　函数 Present( )判断用户当前是否使用了该可选参数。针对以上带参数方形/长方形轨迹的程序，可以编写以下代码：

```
PROC move_square(robtarget p1,num side\num length)
      VAR num length1;
      IF Present(length) THEN
         length1:=length;
         !若用户使用了可选参数 length
```

```
        ELSE
            length1:=side;
            !若用户没有使用可选参数
        ENDIF
        MoveL p1,v100,fine,tool0\WObj:=wobj0;
        MoveL offs(p1,side,0,0),v100,fine,tool0\WObj:=wobj0;
        MoveL offs(p1,side,length1,0),v100,fine,tool0\WObj:=wobj0;
        MoveL offs(p1,0,length1,0),v100,fine,tool0\WObj:=wobj0;
        MoveL p1,v100,fine,tool0\WObj:=wobj0;
    ENDPROC

PROC test0()
        move_square p3000,30;
        !绘制边长为 30 的方形
        move_square p3000,30\length:=60;
        !绘制长为 60、宽为 30 的长方形
    ENDPROC
```

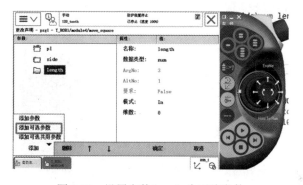

图 3-33　设置参数 length 为可选参数

在使用 TPWrite 指令时，可以在指令后添加将不同数据类型转化为 string 的功能，如图 3-34 所示，即只能同时选择一种数据类型进行转化，或者选择 Num，或者选择 Bool。这样的可选参数称为互斥参数，或者称为可选共用参数。

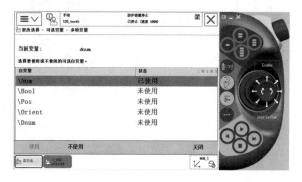

图 3-34　互斥参数

例如，例行程序带开关型（switch）可选参数，可以在新建程序参数时选择"可选共用参数"。如图 3-35 所示，参数 close（类型为 switch）与参数 open（类型为 switch）互斥，即两个参数只能选择一个，不能同时选择。示例代码如下：

```
PROC ioCtrl(\switch open|switch close)
    IF present(open) THEN
        set DO10_1;
    ENDIF
    IF present(close) THEN
        reset DO10_1;
    ENDIF
ENDPROC

PROC test0()
    ioCtrl \open;
    !打开 do 信号
    waittime 1;
    ioCtrl \close;
    !关闭 do 信号
ENDPROC
```

在调用带互斥参数的例行程序时，互斥参数只能选择一个，即选择了图 3-36 中的 open 参数，close 参数会自动变为"未使用"，反之亦然。

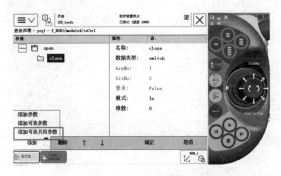

图 3-35　新建互斥参数

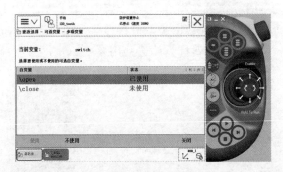

图 3-36　选择互斥参数

3.2.4　问号的用法

实际代码中有时会使用如下代码中的"？"。此处的"？"不是乱码，而是 RAPID 编程中一种对于是否选择可选参数的简易写法。示例代码如下：

```
PROC move_square(robtarget p1,num side\num length,inout tooldata t\inout wobjdata wobj)
    VAR num length1;
    IF Present(length) THEN
```

```
        length1:=length;
    ELSE
        length1:=side;
    ENDIF
    MoveL p1,v100,fine,t\WObj?wobj;
    MoveL offs(p1,side,0,0),v100,fine,t\WObj?wobj;
    MoveL offs(p1,side,length1,0),v100,fine,t\WObj?wobj;
    MoveL offs(p1,0,length1,0),v100,fine,t\WObj?wobj;
    MoveL p1,v100,fine,t\WObj:=wobj0;
ENDPROC
```

若用户使用了可选参数 wobj，则机器人执行：

```
MoveL offs(p1,side,0,0),v100,fine,t\WObj:=wobj;
```

若用户没有选择可选参数 wobj，机器人执行：

```
MoveL offs(p1,side,0,0),v100,fine,t;
```

即 "MoveL offs(p1,side,0,0),v100,fine,t\ WObj? Wobj;" 等价于以下代码：

```
IF Present(wobj) THEN
    MoveL p1,v100,fine,t\WObj:=wobj;
ELSE
    MoveL p1,v100,fine,t;
ENDIF
```

3.2.5　获取参数名称

在 ABB 工业机器人涂胶包或者点焊包中，可以实时显示当前机器人运动语句的点位名字，如图 3-37 所示。

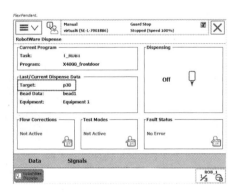

图 3-37　显示当前点位的名字

可以使用 ArgName( ) 函数获取传入参数的数据名称。若要实现图 3-37 实时显示运动语句的点位名字，只需要通过 Flexpendant SDK，将示教器界面中的变量与 RAPID 中对应的字符串变量关联即可。示例代码如下：

```
PERS string TargetName:=" p3000";
 !定义全局 TargetName 字符串，用于存储当前点位的名字

 PROC MoveLnew(robtarget p1,speeddata v,zonedata z,inout tooldata t\inout wobjdata wobj)
```

```
        VAR errnum myerrnum;
        TargetName:=ArgName(p1\ErrorNumber:=myerrnum);
    !获取传入参数（点位）的名字
    !如果传入的不是某个数据而是一个表达式，如 offs(p10,xxx)，则加入 ErrorNumber 后，返回值为 string
        MoveL p1,v,z,t\WObj?wobj;
    ENDPROC

    PROC test0()
        MoveLnew p3000,v100,fine,tool0;
        MoveLnew p3001,v100,fine,tool0;
      !使用时，点位的名字会实时更新到 TargetName 中
    ENDPROC
```

3.3　自定义函数

3.3.1　函数定义

在 RAPID 编程中，若函数使用 FUNC 关键字，则其可以带输入参数。FUNC 与前文所述的 PROC（例行程序）唯一的不同之处在于函数（FUNC）必须有返回值，而 PROC 无返回值。

在程序编辑器中新建自定义函数时（见图 3-38），类型选择"功能"。其中，"参数"表示函数的输入参数（参数的定义及属性与 3.5 节所述的带参数的例行程序中的参数完全相同）；"数据类型"表示该函数返回值的数据类型。

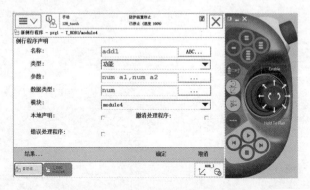

图 3-38　新建自定义函数（功能）

例如，自定义函数 add1(a1,a2)，实现将 2 个输入参数相加并返回的功能。函数中，使用"RETURN **"返回最终结果，RETURN 之后的所有指令不再执行。加法函数的具体实现如下：

```
FUNC num add1(num a1,num a2)
    RETURN a1+a2;
  !返回 a1+a2
ENDFUNC

PROC test0()
    reg1:=add1(1,2);
  !调用 add1 函数
ENDPROC
```

在示教器中插入赋值语句"（：=）"时，可以在功能界面中看到自定义的 add1( )函数，如图 3-39 所示。

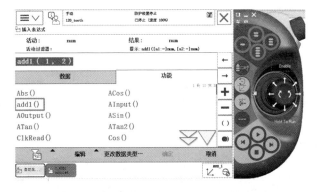

图 3-39　使用自定义函数 add1( )

3.3.2　HOME 位检查函数

检查当前机器人的位姿是否在 HOME 位，可以编写如下函数来实现：

```
CONST robtarget pHome1:=*
 !HOME 位
VAR bool flag10:=FALSE;

    FUNC bool CheckHome(robtarget pHome,num range)
        VAR num count:=0;
        VAR robtarget ptmp:=[[0,0,0],[1,0,0,0],[0,0,0,0],[9E9,9E9,9E9,9E9,9E9,9E9]];
        ptmp:=crobt();
        !获取当前机器人的位置，类型为 robtarget

        IF abs(ptmp.trans.x-pHome.trans.x)<range incr count;
        IF abs(ptmp.trans.y-pHome.trans.y)<range incr count;
        IF abs(ptmp.trans.z-pHome.trans.z)<range incr count;

        IF abs(ptmp.rot.q1-pHome.rot.q1)<range incr count;
        IF abs(ptmp.rot.q2-pHome.rot.q2)<range incr count;
        IF abs(ptmp.rot.q3-pHome.rot.q3)<range incr count;
        IF abs(ptmp.rot.q4-pHome.rot.q4)<range incr count;
        !判断当前位姿和传入的 HOME 的位置与姿态是否在范围内
        !若在范围内，count+1

        RETURN count=7;
        !如果 count=7，返回 true
        !如果 count<.>7，返回 false
    ENDFUNC

    PROC test0()
        MoveJ pHome1,v1000,fine,tool0\WObj:=wobj0;
        flag10:=CheckHome(pHome1,2);
        !检查当前位置是否在 pHome1 的±2mm 内
    ENDPROC
```

检查当前机器人各轴的角度是否与 HOME 位各轴的角度在±1°范围内，可以编写如下函数实现：

```
CONST jointtarget jHome1:=[[0,0,0,0,0,0],[9E9,9E9,9E9,9E9,9E9,9E9]];
!joint 形式的 HOME 位

 FUNC bool CheckHomeJoint(jointtarget jHome,num range)
      VAR num count:=0;
      VAR jointtarget jtmp:=[[0,0,0,0,0,0],[9E9,9E9,9E9,9E9,9E9,9E9]];

      jtmp:=CJointT();
      !获取当前各轴的位置
      IF abs(jtmp.robax.rax_1-jHome.robax.rax_1)<range incr count;
      IF abs(jtmp.robax.rax_2-jHome.robax.rax_2)<range incr count;
      IF abs(jtmp.robax.rax_3-jHome.robax.rax_3)<range incr count;
      IF abs(jtmp.robax.rax_4-jHome.robax.rax_4)<range incr count;
      IF abs(jtmp.robax.rax_5-jHome.robax.rax_5)<range incr count;
      IF abs(jtmp.robax.rax_6-jHome.robax.rax_6)<range incr count;
     !判断当前各轴的角度与 HOME 位的角度是否在 range 范围内

      RETURN count=6;
      !如果 count=6，返回 true
      !如果 count<.>6，返回 false
    ENDFUNC

    PROC test0()
      flag10:=CheckHomeJoint(jHome1,1);
      !检查当前位置各轴的角度与 HOME 位各轴的角度是否在±1°内
      stop;
    ENDPROC
```

3.3.3　返回数组

RAPID 编程中自定义的函数不支持返回数组类型的数据。若要返回数组类型的数据，可以创建带参数的例行程序，数组参数的模式选为"输入/输出"。

例如，需要将第一个数组的每个元素加 2，并将结果存储到第二个数组，可以使用如下代码实现：

```
 PERS num b100{10}:=[1,2,3,4,5,6,7,8,9,10];
 PERS num b300{10}:=[3,4,5,6,7,8,9,10,11,12];

 PROC test0()
      add_array b100,2,b300;
      !将 b100 中的每个元素+2，并将其赋值给对应的 b300 数组
    ENDPROC

    PROC add_array(num a1{*},num delta,inout num a2{*})
      !参数 a2 使用 INOUT 类型，即修改参数的值
      FOR i FROM 1 TO dim(a1,1) DO
          a2{i}:=a1{i}+delta;
      ENDFOR
    ENDPROC
```

将一个 byte 数据按 Bit 形式存储到一个数组中，可以使用如下代码实现：

```
PERS num bArray{8}:=[1,1,1,1,0,0,0,0];
    PROC byte2Bit(byte b1,inout num arr{*})
    FOR i FROM 1 TO 8 DO
        IF bitand(b1,pow(2,i-1))>0 THEN
                arr{i}:=1;
            !对 b1 的每一位进行与运算
        ELSE
                arr{i}:=0;
        ENDIF
    ENDFOR
ENDPROC

    PROC test0()
        VAR byte byte1:=15;
        byte2Bit 15,bArray;
        !将字节数据 15 转化为按 Bit 存储到数组 bArray 中
ENDPROC
```

3.4　信号

ABB 工业机器人的 I/O 信号与外围设备通信的示意图如图 3-40 所示。机器人信号层级的关系为：总线–设备–信号，信号隶属于某个设备，设备隶属于某个总线。

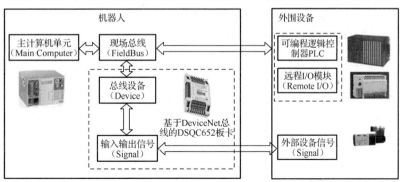

图 3-40　ABB 工业机器人的 I/O 信号与外围设备通信的示意图

ABB 工业机器人的 I/O 信号可以通过示教器或者 RobotStudio 创建。图 3-41 为通过 RobotStudio 创建信号 DO10_1，其信号类型为"Digital Output"，所述设备为"Local_IO"，在设备上的地址为 0（ABB 工业机器人的输入和输出信号均从地址 0 开始）。信号及设备其他属性的解释可以参考手册《系统参数》。

图 3-41　通过 RobotStudio 创建信号 DO10_1

3.4.1　通过 EXCEL 创建/修改信号

通过 RobotStudio（见图 3-42）或者示教器保存已经配置的 I/O 信号或者空的信号模板文件。通过 RobotStudio 的"RAPID"下的"文件"（见图 3-43）打开 EIO 文件（或者直接打开备份文件中的 EIO.cfg 文件）。在打开的 EIO 文件中单击鼠标右键，在弹出的菜单栏中单击"I/O 信号数据编辑器"（见图 3-44），打开如图 3-45 所示的 I/O 信号数据编辑器。在图 3-45 中选择"导出"功能，可以将文件导出为 xlsx 格式，可以使用 Excel 软件快速编辑信号。编辑完信号后，使用"导入"功能将 xlsx 格式的文件转为 EIO 文件。根据需要，将EIO.cfg 文件加载到机器人控制器，如图 3-46 所示。

图 3-42　通过 RobotStudio 保存 EIO 文件

图 3-43　打开 EIO 文件

图 3-44　使用编辑器打开 EIO 文件

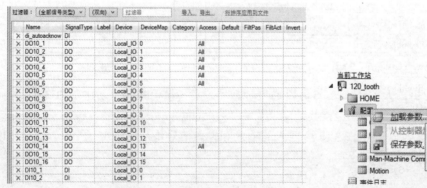

图 3-45　I/O 信号数据编辑器　　　　图 3-46　加载配置文件

3.4.2　系统输入与输出信号

可以通过将创建的普通信号（Signal）关联到对应"系统输入"和"系统输出"上，实现外部（PLC）控制机器人及机器人向外部（PLC）反馈机器人状态的功能。表 3-3 和表 3-4 介绍了 ABB 工业机器人的系统输入功能和系统输出状态，其中"*"表示为最新版本添加的功能。

表 3-3　系统输入功能

System Input	功　能
Backup	备份
Collision Avoidance *	开启（信号为高）或关闭（信号为低）碰撞避免
Disable Backup	阻止备份
Enable Energy Saving *	开启或关闭节能模式
Interrupt	中断
Limit Speed	限速
Load	装载程序
Load and Start	装载程序并启动
Motors Off	下电
Motors ON	上电
Motors On and Start	上电并启动
PP to Main	移动指针到 Main
Reset Emergency Stop	复位急停按钮
Reset Execution Error Signal	复位执行错误
Set Speed Override *	设置机器人的速度为特定百分比（在关联系统输入时设置）或者恢复默认速度百分比
Soft Stop *	机器人较平缓的停止
Start	开始
Start at Main	从 Main 开始
Stop	停止
Quick Stop	快速停止
Soft Stop	软停止
Stop at End of Cycle	周期结束后停止
Stop at End of Instruction	指令结束停止
System Restart	系统重启
SimMode	虚拟模式
Write Access	写权限

表 3-4　系统输出状态

System Output	状　态
Absolute Accuracy Active	绝对精度激活
Auto On	自动模式
Backup Error	备份错误
Backup in progress	正在备份
Cycle on	程序开始
Emergency Stop	急停
Execution Error	执行错误

续表

System Output	状　　态
Limit Speed	限速模式
Mechanical Unit Active	机械单元被激活
Mecanical Unit Not Moving	机械单元没有移动
Motors Off	下电
Motors On	上电
Motors Off State	下电状态
Motors On　State	上电状态
Motion Supervision On	运动监控打开
Motion Supervision Triggered	运动监控被触发
Path Return Region Error	回归路径错误
Power Fail Error	上电失败错误
PP Moved *	程序指针被移动过，会产生一个脉冲输出信号
Production Execution Error	生产执行错误
Robot In Trusted Position *	机器人在路径或者 fine 点上
Robot Not On Path *	机器人不在路径上，如手动移动机器人
Run Chain OK	运行链正常
Simulated I/O	I/O 处于仿真状态
Task Executing	任务执行
TCP Speed	通过模拟量输出 TCP 速度
TCP Speed Reference	通过模拟量输出 TCP 编程速度
Sim Mode	仿真模式（仅针对 Load 有效）
CPU Fan not Running	CPU 风扇没有运转
Energy Saving Blocked	节能阻止
Write Access	写权限
Temperature Warning	温度报警
SMB Battery Charge Low	SMB 电池电量低
Speed Override *	输出当前机器人运行速度的百分比

3.4.3　机器人停止运动信号自动复位

某个输出信号（如控制打磨机转动）只有在机器人运动时才能打开，只要机器人停止运动（手动停止或者程序停止）该信号自动关闭。要实现该功能，可以通过创建 Cross Connection，将输出信号（DO）与系统输出状态"Mechanical Unit Not Moving"进行"与运算"，然后再控制真实的 DO 信号。

新建数字输出信号 vdo、do_notmoving 和真实数字输出信号 DO10_6。将信号 do_notmoving 关联到系统输出"Mechanical Unit Not Moving"，如图 3-47 所示。创建 Cross Connection（见图 3-48），即 vdo 信号为 1，且 do_notmoving 信号为 0 时（见图 3-47 中配置 Invert 为 Yes），DO10_6 信号为 1；其他情况，DO10_6 信号为 0。

图 3-47　关联系统输出信号

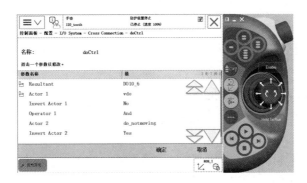

图 3-48　创建 Cross Connection

3.4.4　等待信号及超时处理

在使用指令 "WaitDI di10_1,1" 时，机器人会永久等待，直到 di10_1 信号为 1。可以通过对 WaitDI 指令添加可选参数\MaxTime 和 TimeFlag 进行超时处理，即若等待时间大于MaxTime 时且信号有满足条件，会置 TimeFlag 量为 TRUE。若仅添加 MaxTime 而不添加TimeFlag，则当等待超时时会出现错误报警。示例代码如下：

```
VAR bool flag10:=false;

flag10:=FALSE;
 waitdi DI10_1,1\MaxTime:=2\TimeFlag:=flag10;
   !当等待大于 2 秒且信号 DI10_1 还未变成 1 时，flag10 被置为 TRUE
```

此超时处理方法同样适用于 WaitDO、WaitUntil 之类的等待语句：

```
WaitDO DO10_1,1\MaxTime:=2\TimeFlag:=flag10;
     !当等待大于 2 秒且信号 DO10_1 还未变成 1 时，flag10 被置为 TRUE
  WaitUntil reg1=10\MaxTime:=2\TimeFlag:=flag10;
       !当等待大于 2 秒且条件未满足时，flag10 被置为 TRUE
```

3.4.5　信号取反与脉冲

对于单个数字输出信号（DO），可以通过指令 "InvertDO do1" 对 do1 信号取反。

对于输出信号，可以在信号配置时，将信号的 "Invert Physical Value" 设为 "Yes"，如图 3-49 所示。此时使用 "Set DO10_1，1" 指令，实际 DO10_1 的物理输出信号被取反，即为 0。对于输入信号，也可在信号配置时将"Invert Physical Value"属性设为"Yes"，则实际输入信号为 1，机器人系统内认为是 0。

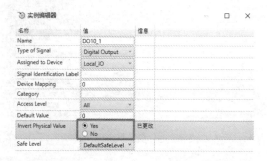

图 3-49　设置信号的"Invert Physical Value"属性

可以使用指令"PulseDO do1"发送脉冲信号，该指令会对 do1 信号的当前值取反并发送一个 0.2s 的脉冲信号，即若当前 do1 为 0，则 do1 保持为 1，0.2s 后再次变为 0；若当前 do1 为 1，则 do1 保持为 0，0.2s 后再次变为 1。

可以使用可选参数"\PLength"设置脉冲时长，如"PulseDO\Plength:=2, do1"表示发送 2s 时长的脉冲信号。

脉冲启动后，直接执行 PulseDO 后的下一条指令，可在不影响程序执行的情况下设置/重置脉冲。示例代码如下：

```
PulseDO  DO10_1;
!发送一个 0.2s 时长的脉冲信号
PulseDO\PLength:=1, DO10_1;
!发送一个 1s 时长的脉冲信号
```

3.4.6　信号滤波时间

由于现场环境复杂，对信号的干扰较多，因此可以设置 DI 信号检测的滤波时间，即信号变化后且达到设定时长才认为信号变化并被机器人系统接受。

如图 3-50 所示，在输入信号的配置界面中，"Filter Time Active（ms）"表示输入信号从 0 变为 1 后需要保持的时长，如 40 表示信号从 0 变为 1 后还需稳定 40ms 后，此时系统才认为输入信号变为 1。"Filter Time Passive（ms）"表示输入信号从 1 变为 0 后需要保持的时长，如 50 表示信号从 1 变为 0 后且要保持 50ms，此时系统才认为输入信号变为 0。

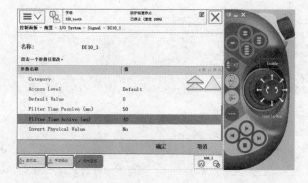

图 3-50　输入信号的配置界面（设置输入信号的滤波时间）

3.4.7　提高 DSQC1030 模块的响应速度和采样频率

ABB 工业机器人标准控制柜现在标配的 I/O 模块为 DSQC1030（见图 3-51），其基于 Ethernet/IP 协议。使用该模块，不需要任何选项。

机器人控制系统默认向 DSQC1030 模块输出信号的轮询时间为 50ms（50000μs），对输入信号的轮询扫描时间默认也是 50ms。如果要发送 50ms 的输出信号或者提高对输入信号的采集时间，可以在创建的 I/O 单元处调整 Output RPI（μs）和 Input RPI（μs），如图 3-52 所示将其均调整为 5000μs。

图 3-51　DSQC1030

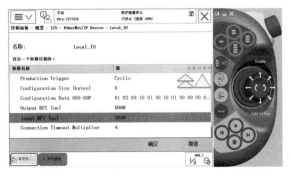

图 3-52　将 Output RPI（μs）和 Input RPI（μs）均调整为 5000μs

3.4.8　化名 I/O 信号

现场可以根据实际需要，给配置的 I/O 信号命名。不同客户的命名规则均不同。若因为 I/O 名称不同去调整 RAPID 中所有涉及 I/O 部分的代码，工作量将非常巨大。

此时可以使用化名 I/O 信号（对真实的 I/O 信号设置化名），具体代码中直接使用该化名信号。使用化名信号相当于在使用已经配置过的真实信号。

例如，已经创建了真实的数字输出信号 do10_1、do10_2 和数字输入信号 di10_1。在 RAPID 代码中，要对这些信号实现焊接起弧、焊接送气、等待焊接起弧成功反馈等功能，可以在 RAPID 中创建 signaldo、signaldi 等信号，并使用 AliasIO 语句进行化名信号与已配置真实信号的关联，具体实现如下：

```
VAR signaldo sdo_arc;
    VAR signaldo sdo_gas;
    VAR signaldi sdi_est;

    PROC init_setting()
        AliasIO do10_1,sdo_arc;
        !设置真实配置信号 do10_1 与化名信号 sdo_arc 关联
        !在代码中使用 set sdo_arc 等价于使用 set do10_1
        AliasIO do10_2,sdo_gas;
        AliasIO di10_1,sdi_est;
    ENDPROC

    PROC run()
        init_setting;
        set sdo_arc;
        !等价于 set do10_1
```

```
    set sdo_gas;
    waitdi sdi_est,1;
ENDPROC
```

可以通过"RobotStudio"—"仿真"—"I/O 仿真器"对化名 I/O 信号进行测试（见图 3-53）。

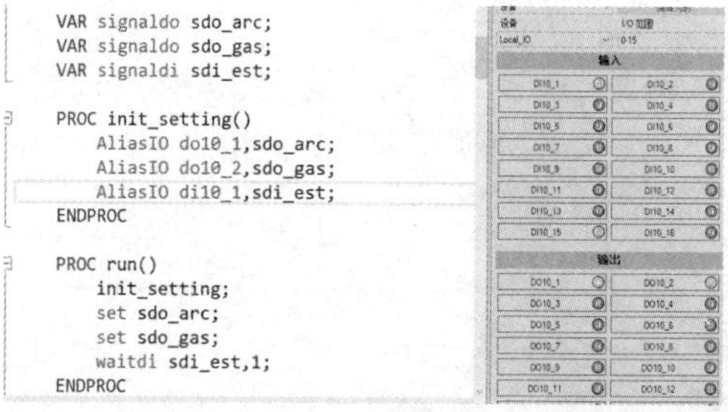

图 3-53　对化名 I/O 信号进行测试

3.4.9　通过字符串控制 I/O 信号

使用 Set 指令时，后面的信号必须为已经配置的信号名。若希望机器人通过 Socket 接受某个字符串，并控制对应的 I/O 信号，也可以使用化名信号。示例代码如下：

```
VAR signaldo dotmp;
VAR string s_recv:="";

PROC test200()
    s_recv:="do1";
    setdostr s_recv,1;
      !设置 do1 信号为 1
    waittime 1;
    setdostr s_recv,0;
ENDPROC

PROC setdostr(string s1,num value)
    AliasIO s1,dotmp;
    !创建 I/O 化名，即将 s1 字符串对应的已配置信号与 dotmp 关联
    setdo dotmp,value;
ENDPROC
```

3.4.10　Cyclic Bool

指令 "SetCyclicBool flag1，条件;" 可以 12ms 的扫描周期对指令中的条件进行扫描，并根据条件是否满足对 flag1 进行置 TRUE 或者 FALSE。条件中可以是多个条件的逻辑运算。该指令只是一个设置指令，只需运行一次。数据 flag1 被设置后，即使机器人程序停止运行，后台仍对设置的条件以 12ms 的周期进行检查。

注：flag1 必须是存储类型为 PERS 的 bool 类型变量。

示例代码如下：

```
PERS bool cyclicflag1:=FALSE;
PERS num a100:=10;
VAR bool flag1:=TRUE;
```

```
PROC cyclicSetting()
    SetupCyclicBool cyclicflag1, di10=1 AND di20=1 and a100=10 and flag1=TRUE\Signal:=do20;
    !若条件 di10=1 AND di20=1 AND   a100=10 AND    flag1=TRUE 满足, 则 cyclicflag1 为 TRUE,
    ! 同时对应的 do20 也为 TRUE, 不然都为 FALSE
    !后台 12ms 扫描一次
    !该指令只需开启一次
ENDPROC
```

3.4.11　运行模式切换到自动模式

ABB 工业机器人在从手动模式切换到自动模式时, 示教器会弹出如图 3-54 所示的确认框, 需要用户单击 "确认" 按钮。若现场没有示教器或者操作员离示教器很远, 那这样的 "确认" 操作就显得比较麻烦。

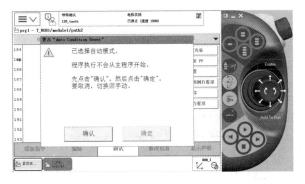

图 3-54　切换自动模式, 示教器需要确认

可以通过机器人增加 "Auto acknowledge input" 选项, 实现在机器人切换到自动模式时的 "远程确认"。该选项免费且每台机器人自带, 但机器人默认系统未勾选该选项。要使用该功能, 需要修改机器人选项 (见图 3-55 所示勾选) 并重启机器人。

图 3-55　"Auto acknowledge input" 选项

首先, 创建一个真实的数字输入信号 (DI), 如 di_autoacknow, 并将 EIO 文件导出。

其次, 在导出的 EIO 文件中, 增加系统输入 "AckAutoMode", 并将其关联至信号 di_autoacknow (此系统输入信号无法在示教器中配置关联):

```
EIO_SIGNAL:
    -Name "di_autoacknow" -SignalType "DI"

SYSSIG_IN:
    -Signal "di_autoacknow" -Action "AckAutoMode"
```

再次，导入修改后的 EIO 文件，重启机器人系统。

最后，此时机器人系统从手动模式切换到自动模式时，示教器依旧会出现如图 3-54 所示的确认框，但只需要将关联的机器人 DI 信号 di_autoacknow 置 1，机器人系统即完成手动模式到自动模式切换的确认，无须再次人工在示教器界面中单击"确认"按钮。

3.5　中断

中断（TRAP）相当于机器人后台在循环扫描信号或判断其他触发中断的条件，一旦信号或者条件满足，机器人会暂挂当前代码去执行中断程序内的代码，执行完中断内的代码后返回原有代码位置继续执行。若中断程序内无运动指令，前台机器人的运动不受影响。若中断程序内有运动指令，则需要在中断程序内先停止机器人运动，然后再执行其他运动指令。

3.5.1　中断创建

中断的创建和使用包括新建中断程序（TRAP）、将中断号（INTNUM）与中断程序（TRAP）关联，以及设置触发中断的方式。表 3-5 列出了常见用于触发中断的方式和指令。

表 3-5　触发中断的方式和指令

指　　令	功　　能
ISignalDI	数字输入信号（DI）用于触发中断
ISignalDO	数字输出信号（DO）用于触发中断
ISignalGI	组输入信号（GI）用于触发中断
ISignalGO	组输出信号（GO）用于触发中断
ISignalAI	模拟量输入信号（AI）用于触发中断
ISignalAO	模拟量输出信号（AO）用于触发中断
ITimer	定时中断
TriggInt	运动中触发中断
IPers	PESR 类型的数据变化时触发中断
IError	出现错误时触发中断

以下代码为常见的用于创建中断的示例代码：

```
VAR intnum intno10;
 !中断号

   PROC test200()
      IDelete intno10;
      !删除中断号的绑定
      CONNECT intno10 WITH tr1;
      !将中断号与中断程序绑定
      ISignalDI DI10_1,1,intno10;
      !设定中断号的触发方式
      …
      !主程序
   ENDPROC
```

```
TRAP   tr1
        !中断程序
ENDTRAP
```

例如，机器人正在执行运动指令，若此时希望记录每次数字输入信号（DI）从 0 变为 1 时发生的事件（如每次 DI 信号 0 变 1，在示教器写屏输出+1）而不影响机器人正常运动，则可以创建如下程序。

（1）在"程序编辑器"中新建例行程序，类型选择"中断"，如图 3-56 所示。在中断程序内编写如图 3-57 中所示的程序。

图 3-56　新建中断程序

图 3-57　编写中断程序

（2）在"程序编辑器"中新建例行程序 test200，用于编写中断的设定及其他程序。

（3）如图 3-58 所示，插入中断设置指令。与中断相关的指令在"Interrupts"分组中，如图 3-59 所示。

注：图 3-58 中的 intno10 为 intnum 类型的数据，在插入指令时可以新建。

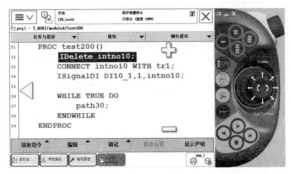

图 3-58　插入中断设置指令

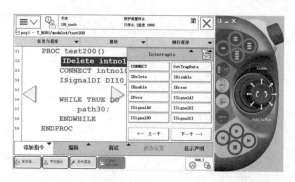

图 3-59　与中断相关的指令在"Interrupts"分组中

(4)通过示教器插入中断触发设置指令(如 ISignalDI)时,会默认加入可选参数"\Single"(见图 3-60)。"\Single"表示仅当第一次信号变化满足条件时触发中断,后续信号变化满足条件但不会再触发中断。可以单击 ISignal 指令,修改可选参数"\Single"为"未使用",如图 3-61 所示。"ISignalDI　DI10_1, 1, intno10"表示当信号 DI10_1 由 0 变为 1 时触发与中断号 intno10 关联的中断程序;"ISignalDI　DI10_1, 0, intno10"表示当信号 DI10_1 由 1 变为 0 时触发与中断号 intno10 关联的中断程序。

图 3-60　ISignalDI 指令默认带可选参数"\Single"

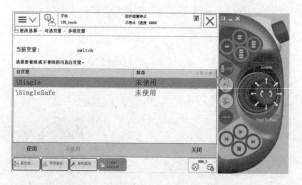

图 3-61　设置"\Single"为未使用

完整中断代码如下:

```
VAR intnum intno10;
  PROC test200()
      reg1:=1;
      IDelete intno10;
```

```
        CONNECT intno10 WITH tr1;
        ISignalDI DI10_1, 1, intno10;
        WHILE TRUE DO
            path30;
        ENDWHILE
    ENDPROC

TRAP tr1
        Incr reg1;
         TPWrite ctime()+" reg1:="\Num:=reg1;
          !写屏显示当前时间和当前 reg1 值
    ENDTRAP

  PROC path30()
        reg2:=30;
        Movej p3000,v100,fine,MyTool\WObj:=Workobject_1;
        MoveL offs(p3000,reg2,0,0),v100,fine,MyTool\WObj:=Workobject_1;
        MoveL offs(p3000,reg2,reg2,0),v100,fine,MyTool\WObj:=Workobject_1;
        MoveL offs(p3000,0,reg2,0),v100,fine,MyTool\WObj:=Workobject_1;
        MoveL p3000,v100,fine,MyTool\WObj:=Workobject_1;
    ENDPROC
```

运行以上代码时，每次 DI10_1 信号由 0 变 1 时，示教器会写屏显示信号触发的事件，以及当前 reg1 的值，机器人执行 path30 轨迹时不会停止。中断触发时的写屏结果如图 3-62 所示。

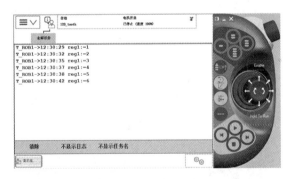

图 3-62　中断触发时的写屏结果

3.5.2　中断的停用与启用

在实际的生产中，在一些特定情况下（如机器人在压机里）是不允许机器人响应中断的。而当机器人离开这些情况时，其则会再次开始响应新的中断或者补做之前未响应的中断。可以通过表 3-6 所示的相关指令进行设置。

表 3-6　启用/禁用中断的指令

指　　令	功　　能
ISleep intno1;	不再响应 intno1 中断
IWatch intno1;	重新开始响应 intno1 中断（ISleep 和 IWatch 之间触发的中断会被丢弃）

续表

指　　令	功　　能
IDisable ;	禁用所有中断
IEnable ;	启用所有中断（在 IDisable 和 IEnable 之间触发的中断会在 IEnable 之后按照 FIFO 先入先出原则补响应）

示例代码如下：

```
PROC test200()
    reg1:=0;
    IDelete intno10;
    CONNECT intno10 WITH tr1;
    ISignalDI DI10_1, 1, intno10;
    WHILE TRUE DO
        ISleep intno10;
        !不再响应 intno10 中断，即不再响应 DI10_1 由 0 变为 1 时产生的触发
        path30;
        IWatch intno10;
        !重新开始响应 intno10 中断，在 IWatch 指令之前由信号触发的中断均被丢弃

        IDisable ;
        !暂时再响应 intno10 中断，但会把触发记录入队列
        path30;
        IEnable ;
        !恢复响应 intno10 中断，同时会根据 FIFO 顺序执行 IDisable 和 IEnable 之间产生的中断
    ENDWHILE
ENDPROC
```

3.5.3　轨迹中断与恢复

在一些情况下，希望机器人收到信号变化时立即停止当前轨迹并去新的位置，在新位置完成一系列动作后，机器人返回原始轨迹产生中断的位置并继续原有轨迹，如图 3-63 所示。此类情况，可以使用中断处理。

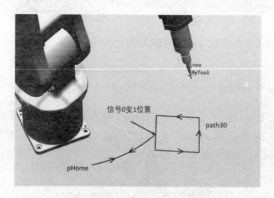

图 3-63　轨迹的中断与恢复

由于需要在中断内添加运动指令，因此需要使用 stopmove 指令停止当前移动。又由于机器人在移动到其他位置后还需要返回原始轨迹的停止点，且继续执行原有轨迹，因此需要使用 StorePath（存储当前未走完的轨迹）和 RestoPath（恢复未走完的轨迹）指令。完整

示例代码如下。运行结果如图 3-63 所示。

```
PROC main()
        IDelete intno10;
        CONNECT intno10 WITH tr1;
        ISignalDI DI10_1,1,intno10;
        WHILE TRUE DO
                path30;
        ENDWHILE
ENDPROC

    TRAP tr1
        VAR robtarget ptmp;
        StopMove;
        !停止机器人运动
        StorePath;
        !存储未走完的轨迹
        ptmp:=crobt();
        !记录机器人停止的位置
        MoveJ pHome,v100,fine,MyTool\WObj:=Workobject_1;
        !移动到新位置
        waittime 2;
        MoveJ ptmp,v100,fine,MyTool\WObj:=Workobject_1;
        !移动回之前记录的停止位置
        RestoPath;
        !恢复未走完的轨迹队列
        startmove;
        !启动机器人运动，执行原有未走完的轨迹
    ENDTRAP
```

又例如希望当机器人收到信号时，机器人走完当前运动指令后再移动到特定点，如图 3-64 所示。此时则可以使用如下中断程序代码，即在中断内第一句使用 StartMove 指令（会执行完当前运动指令后再停止）：

```
    TRAP tr1
        VAR robtarget ptmp;
        StartMove;
        !执行完当前运动指令后停止
        StorePath;
        !存储未走完的轨迹
        ptmp:=crobt();
        !记录机器人停止的位置
        MoveJ pHome,v100,fine,MyTool\WObj:=Workobject_1;
        !移动到新位置
        waittime 2;
        MoveJ ptmp,v100,fine,MyTool\WObj:=Workobject_1;
        !移动回之前记录的停止位置
        RestoPath;
        !恢复未走完的轨迹队列
        startmove;
        !启动机器人运动，执行原有未走完的轨迹
    ENDTRAP
```

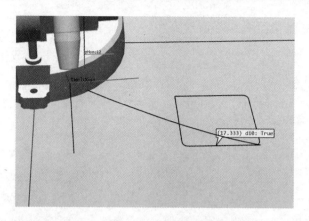

图 3-64　走完当前运动指令后再停止

3.5.4　多工位多次预约

如图 3-65 所示，现场有 5 个工位，该 5 个工位对应 5 个不同程序，且其由 5 个不同的 DI 信号触发。

用户随机预约，如依次按下 DI_1、DI_2、DI_3、DI_4、DI_5 按钮（按钮不带信号保持功能，即机器人接受上升沿信号），此时机器人应依次完成 1、2、3、4、5 顺序工位。

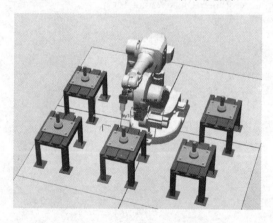

图 3-65　多工位多次预约

虽然执行机器人的每个例行程序（Routine）时需要较多时间，但机器人在执行程序期间，用户依旧可以预约。机器人记录用户预约各工位的预约顺序后，按照顺序执行不同的例行程序。要实现该功能，最便捷的方式是使用队列（Queue，先进先出 FIFO 原则记录信息），但 RAPID 编程没有队列功能。

可以利用字符串和"+"号完成队列功能的模拟，即编写函数完成先进先出（FIFO）功能：后续的信息添加到字符串最后，每次从字符串中取出第一位信息使用，剔除字符串原有第一位的信息。基于中断的多工位多次预约代码实现如下：

```
VAR intnum intno1;
VAR intnum intno2;
VAR intnum intno3;
VAR intnum intno4;
VAR intnum intno5;
```

```
PERS string s10:="";
PERS string s11:="";

PROC test200()
    init1;
    WHILE TRUE DO
        s11:=str_cal(s10);
        TEST s11
        CASE "1":
            TPWrite "this is 1";
            WaitTime 2;
        CASE "2":
            TPWrite "this is 2";
            WaitTime 2;
        CASE "3":
            TPWrite "this is 3";
            WaitTime 2;
        CASE "4":
            TPWrite "this is 4";
            WaitTime 2;
        CASE "5":
            TPWrite "this is 5";
            WaitTime 2;
        ENDTEST
    ENDWHILE
ENDPROC

FUNC string str_cal(INOUT string s_input)
    !返回字符串的第一个字符，同时将原有字符串的第一个字符剔除
    VAR string s_temp;
    VAR num total;
    IF s_input="" RETURN "0";
        !如果字符串为空，返回字符 "0"
    total:=StrLen(s_input);
        !获取当前字符串的总长度
    s_temp:=StrPart(s_input,1,1);
        !截取字符串的第一位
    IF total=1 THEN
        s_input:="";
    ELSE
        s_input:=StrPart(s_input,2,total-1);
            !删除字符串的第一位，保留后续字符串
    ENDIF
    RETURN s_temp;
        !返回字符串的第一位
ENDFUNC

PROC init1()
    !创建 DI10_1～DI10_5 信号与中断号的关联
    IDelete intno1;
    CONNECT intno1 WITH tr_1;
    ISignalDI DI10_1,1,intno1;
```

```
        IDelete intno2;
        CONNECT intno2 WITH tr_2;
        ISignalDI DI10_2,1,intno2;
        IDelete intno3;
        CONNECT intno3 WITH tr_3;
        ISignalDI DI10_3,1,intno3;
        IDelete intno4;
        CONNECT intno4 WITH tr_4;
        ISignalDI DI10_4,1,intno4;
        IDelete intno5;
        CONNECT intno5 WITH tr_5;
        ISignalDI DI10_5,1,intno5;
    ENDPROC

    TRAP tr_1
    !中断 1 里增加字符串"1"
        s10:=s10+"1";
    ENDTRAP
    TRAP tr_2
    !中断 2 里增加字符串"2"
        s10:=s10+"2";
    ENDTRAP
    TRAP tr_3
        s10:=s10+"3";
    ENDTRAP
    TRAP tr_4
        s10:=s10+"4";
    ENDTRAP
    TRAP tr_5
        s10:=s10+"5";
    ENDTRAP
```

3.6　错误处理

执行机器人程序时，如果发生程序错误或者计算错误（如除零），就会产生报警。严重的报警会导致机器人停机。

针对错误，可以通过人为事先编写错误处理程序，让机器人代码自动处理这些错误，避免不必要的停机。可以在程序编辑器中"新建例行程序"时勾选"错误处理程序"，如图 3-66 所示，或者在 RAPID 中的"ENDPROC"前添加"ERROR"关键字：

```
PROC r_errtest()
            !主程序
        ERROR
        !错误处理代码
ENDPROC
```

在错误处理代码区，可以根据错误号编写处理错误的具体代码。处理完毕，程序指针必须跳出 Error Handler 区域（程序指针不能停留在错误处理区）。以下关键字可以用于错误处理区指针的跳转。

图 3-66 创建带"错误处理程序"的例行程序

- RETRY：回到发生错误的程序行，再次执行程序。
- TRYNEXT：跳转到发生错误程序行的下一行，继续执行。
- RAISE：跳转到调用该例行程序上级程序的错误处理区，寻求处理。
- RETURN：跳转到调用该例行程序上级程序的下一行，继续执行。
- EXITCYCLE：程序指针回到 main 程序第一行。
- EXIT：程序停止且程序指针丢失。

如图 3-67 所示，等待 di4 信号超过 15s（由于 WaitDI 语句只使用了"\MaxTime"未使用"\TimeFlag"，则只会产生错误号 ERR_WAIT_MAXTIME），程序代码进入错误处理区。可以根据实际让程序再次回到 WaitDI 语句继续等待信号（RETRY），或者跳转到 WaitDI 语句的下一行继续执行（TRYNEXT），或者直接返回到调用"check"程序的"main"程序的下一行继续执行。

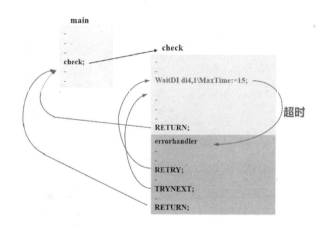

图 3-67 RETRY 及 TRYNEXT 的用法

如图 3-68 所示，在程序"calc"中发生除数为零错误，程序进入"calc"程序的错误处理区。"calc"的错误处理区使用 RAISE 关键字，即跳转到"calc"上一级程序"check"的错误处理区。"check"错误处理区内，程序代码判断错误号为 ERR_DIVZERO（除数为零错误），尝试重新执行"calc"程序（RETRY 关键字），也可增加判断条件后，直接跳转到"main"程序调用"check"程序的下一行（RETURN）。

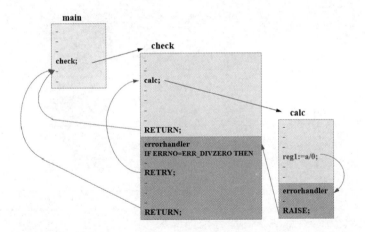

图 3-68　判断错误号及 RAISE 的用法

如图 3-69 所示，在"main"程序的错误处理区，如果当前错误号是 ERR_DIVZERO，则程序指针跳转到"main"程序的第一行。此时若程序的运行模式为"连续"（见图 3-70），机器人程序从"main"程序第一行开始继续运行；若程序运行模式为"单周"，机器人程序指针指到"main"程序的第一行且程序停止运行。

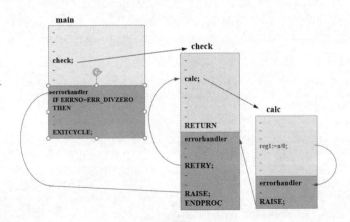

图 3-69　EXITCYCLE 的用法

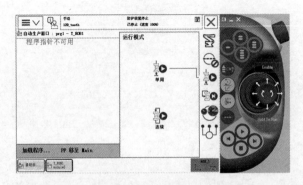

图 3-70　程序的运行模式

与错误处理相关的指令均在示教器指令集的"Error Rec."中，如图 3-71 所示。

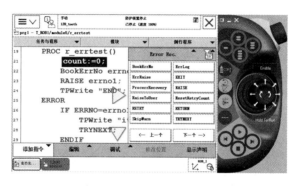

图 3-71　错误处理指令集

3.6.1　系统预定义错误

RAPID 编程针对常见错误，已经预定义了很多错误数据，具体的错误数据名及解释见表 3-7。

表 3-7　具体的错误数据名及解释

名　　称	错　误　原　因
ERR_ACC_TOO_LOW	PathAccLim 指令或 WorldAccLim 中指定的加速度/减速度过低
ERR_ACTIV_PROF	已启用的配置文件中存在错误
ERR_ALIASCAM_DEF	未在系统参数 Communication 配置中定义变元 FromCamera 中使用的变元 CameraName 或 cameradev 中的摄像头。要么未在 RAPID 程序中声明 ToCamera，要么已在系统参数 Communication 配置中定义过
ERR_ALIASIO_DEF	未在 I/O 配置中定义 FromSignal，或未在 RAPID 程序中声明 ToSignal，又或未在 I/O 配置中定义后者。指令 AliasIO
ERR_ALIASIO_TYPE	变元 FromSignal 与 ToSignal 的信号类型不同（signalx）。指令 AliasIO
ERR_ALRDYCNT	中断变量已经关联到 TRAP 程序
ERR_ALRDY_MOVING	当执行 StartMove 或 StartMoveRetry 指令时，机器人已在移动中
ERR_AO_LIM	限制外的模拟信号值
ERR_ARGDUPCND	提出有关相同参数的多个条件参数
ERR_ARGNAME	当执行 ArgName 时，参数为一个表达式、不存在或为 switch 类型
ERR_ARGNOTPER	变元并非为持续引用
ERR_ARGNOTVAR	变元并非为变量引用
ERR_ARGVALERR	变元值错误
ERR_AXIS_ACT	轴无效
ERR_AXIS_IND	轴不独立
ERR_AXIS_MOVING	轴正在移动
ERR_AXIS_PAR	指令或函数中的参数轴出错
ERR_BUSSTATE	已完成 IOEnable，且在启用 I/O 设备之前，I/O 网络处于错误状态或进入错误状态
ERR_BWDLIMIT	限制 StepBwdPath
ERR_CALC_NEG	StrDig 反向计算错误

续表

名　　称	错 误 原 因
ERR_CALC_OVERFLOW	StrDig 计算溢出
ERR_CALC_DIVZERO	StrDig 除以零
ERR_CALLPROC	运行时（后期绑定）出现过程调用错误
ERR_CAM_BUSY	摄像头正忙于处理其他请求，无法执行当前命令
ERR_CAM_COM_TIMEOUT	与摄像机的通信超时。摄像机无应答
ERR_CAM_GET_MISMATCH	采用指令 CamGetParameter，从照相机获取的参数存在错误的数据类型
ERR_CAM_MAXTIME	当执行一个 CamLoadJob 或一个 CamGetResult 指令时，出现超时
ERR_CAM_NO_MORE_DATA	无法获得更多的视觉效果
ERR_CAM_NO_PROGMODE	摄像头未处于编程模式
ERR_CAM_NO_RUNMODE	摄像头未处于运行模式
ERR_CAM_SET_MISMATCH	使用命令 CamSetParameter 写入摄像头的参数数据类型错误，或者其值超出范围
ERR_CFG_INTERNAL	不允许读写内部参数
ERR_CFG_ILL_DOMAIN	指令 SaveCfgData 中使用的 cfgdomain 无效，或未在使用当中
ERR_CFG_ILLTYPE	类型不匹配 - ReadCfgData、WriteCfgData
ERR_CFG_LIMIT	数据限制 - WriteCfgData
ERR_CFG_NOTFND	未找到 - ReadCfgData、WriteCfgData
ERR_CFG_OUTOFBOUNDS	如果 ListNo 在输入时为-1，或大于可用实例数量 - ReadCfgData、WriteCfgData
ERR_CFG_WRITEFILE	路径不存在，或使用的 FilePath 和 File 是一个路径，或关于使用指令 SaveCfgData 时保存文件的一些其他问题
ERR_CNTNOTVAR	CONNECT 目标并非为一个变量引用
ERR_CNV_NOT_ACT	未启用传送带
ERR_CNV_CONNECT	已经启用了 WaitWobj 指令
ERR_CNV_DROPPED	已放弃指令 WaitWObj 正在等待的对象
ERR_COLL_STOP	停止因运动碰撞而引起的移动
ERR_CONC_MAX	已经超过运用参数 "\Conc" 连续运动指令的数量
ERR_COMM_INIT	通信界面无法初始化
ERR_DEV_MAXTIME	在执行 ReadBin、ReadNum、ReadStr、ReadStrBin、ReadAnyBin 或 ReadRawBytes 指令时超时
ERR_DIPLAG_LIM	同当前 TriggL/TriggC/TriggJ/CapL/CapC 关联的 TriggSpeed 指令中的 DipLag 过大
ERR_DIVZERO	除以零
ERR_EXECPHR	有通过使用占位符执行指令的尝试
ERR_FILEACC	文件访问不正确
ERR_FILEEXIST	文件已经存在
ERR_FILEOPEN	无法打开一个文件
ERR_FILNOTFND	未找到文件

续表

名　称	错误原因
ERR_FNCNORET	无返回值
ERR_FRAME	无法计算新坐标系
ERR_GO_LIM	限制外的数字组信号值
ERR_ILLDIM	不正确的数组维度
ERR_ILLQUAT	试图使用不合法的方位（四元数）值
ERR_ILLRAISE	RAISE 中的错误编号超出范围
ERR_INDCNV_ORDER	执行指令之前，需要执行 IndCnvInit
ERR_INOISSAFE	如果尝试暂时停用安全中断，则采用 ISleep
ERR_INOMAX	无法获得更多的中断编号
ERR_INT_NOTVAL	无效的整数、小数值
ERR_INT_MAXVAL	无效的整数、过大或过小的值
ERR_INVDIM	尺寸不相等
ERR_IODISABLE	执行 IODisable 时出现超时
ERR_IOENABLE	执行 IOEnable 时出现超时
ERR_IOERROR	源于指令 Save、Load 和 WaitLoad 的 I/O 错误
ERR_LINKREF	程序任务中的引用错误
ERR_LOADED	已经加载普通程序模块
ERR_LOADID_FATAL	仅用于 LoadId 和 ManLoadIdProc 中的内部应用
ERR_LOADID_RETRY	仅在 LoadId 中做内部使用
ERR_LOADNO_INUSE	加载会话在 StartLoad 使用中
ERR_LOADNO_NOUSE	加载会话不用于 CancelLoad
ERR_MODULE	指令 Save 和 EraseModule 中的模块名称不正确
ERR_MOD_NOT_LOADED	此模块不存在，符号并非一个模块，或者名称对于符号来说太长。来自函数 ModTimeDnum 的错误
ERR_NAME_INVALID	I/O 设备名称不存在
ERR_NO_ALIASIO_DEF	该信号变量是在 RAPID 中声明的一个变量，与用指令 AliasIO 在 I/O 配置中定义的 I/O 信号无关
ERR_NORUNUNIT	与 I/O 设备没有接触
ERR_NO_SGUN	指定伺服工具名称不是一个已配置的伺服工具
ERR_NOTARR	数据并非一个数组
ERR_NOTEQDIM	调用程序时使用的数组维度不符合其参数
ERR_NOTINTVAL	并非一个整数值
ERR_NOTPRES	使用一个参数，尽管未在程序调用时使用相关的参数
ERR_NOTSAVED	模块自加载到系统中起已有所改变
ERR_NOT_MOVETASK	指定任务为非运动任务
ERR_NUM_LIMIT	该值高于 3.40282347E+38，或低于-3.40282347E+38
ERR_ORIENT_VALUE	NOrient 函数中的错误姿态值

续表

名　称	错 误 原 因
ERR_OUTOFBND	数组索引位在允许限制以外
ERR_OVERFLOW	时钟溢出
ERR_OUTSIDE_REACH	位置（机器人的位置）位于有关 CalcJoinT 函数的机械臂工作区域以外
ERR_PATH	指令 Save 中缺失目标路径
ERR_PATHDIST	StartMove、StartMoveRetry 或 SetLeadThrough 指令的恢复距离过长
ERR_PATH_STOP	因某些过程错误而引起的移动停止
ERR_PERSSUPSEARCH	持续变量在搜索过程开始时已经是 TRUE
ERR_PID_MOVESTOP	仅用于 LoadId 和 ManLoadIdProc 中的内部应用
ERR_PID_RAISE_PP	源于 ParIdRobValid、ParIdPosValid、LoadId 或 ManLoadIdProc 的错误
ERR_PRGMEMFULL	程序内存已满
ERR_PROCSIGNAL_OFF	过程信号关闭
ERR_PROGSTOP	当执行一项 StartMove、StartMoveRetry 或 SetLeadThrough 指令时，机器人处于程序停止状态
ERR_RANYBIN_CHK	通过指令 ReadAnyBin 传送数据时出现校验和错误
ERR_RANYBIN_EOF	在采用指令 ReadAnyBin 或 ReadRawBytes 读取所有字节前，检测到文件结束
ERR_RCVDATA	试图通过 ReadNum 读取非数字数据
ERR_REFUNKDAT	整个未知数据对象的引用
ERR_REFUNKFUN	未知函数的引用
ERR_REFUNKPRC	链接时或运行时（后期绑定）未知无返回值程序的引用
ERR_REFUNKTRP	未知软中断的引用
ERR_RMQ_DIM	错误的维度，给定数据的维度与消息中数据的维度不相等
ERR_RMQ_FULL	目的消息序列已满
ERR_RMQ_INVALID	目的槽丢失或无效
ERR_RMQ_INVMSG	无效的消息，可能从其他客户端发送，然后至 RAPID 任务
ERR_RMQ_MSGSIZE	消息过大，减小消息大小
ERR_RMQ_NAME	给定槽名无效或未能发现
ERR_RMQ_NOMSG	序列中无消息，可能是上电失败的结果
ERR_RMQ_TIMEOUT	等待 RMQSendWait 或 RMQReadWait 中答复时出现超时
ERR_RMQ_VALUE	值的语法与数据类型不匹配
ERR_ROBLIMIT	位置可以到达，但是至少一个轴位于关节限制外或超出限制至少一个耦合关节（函数 CalcJoinT）
ERR_SC_WRITE	当发送至外部计算机时出现错误
ERR_SGUN_ESTOP	伺服工具移动时的紧急停机
ERR_SGUN_MOTOFF	指令被从后台任务调用，系统处于电机关闭状态
ERR_SGUN_NEGVAL	变元 PrePos 被指定了一个小于零的值
ERR_SGUN_NOTACT	伺服工具机械单元未启用
ERR_SGUN_NOTINIT	伺服工具位置未初始化

续表

名　称	错　误　原　因
ERR_SGUN_NOTOPEN	当指令被调用时焊枪未打开
ERR_SGUN_NOTSYNC	伺服工具焊嘴未同步
ERR_SIGSUPSEARCH	搜索过程开始时，信号已经拥有一个正值
ERR_SIG_NOT_VALID	无法访问 I/O 信号。原因可能在于 I/O 设备未运行，或者配置中出现错误（仅对 ICI 现场总线有效）
ERR_SOCK_ADDR_INUSE	地址和端口已在使用中，且无法再次使用。在 SocketBind 中使用一个不同的端口号或地址
ERR_SOCK_CLOSED	套接字关闭或未创建
ERR_SOCK_NET_UNREACH	在其中一个插座断开后，网络无法连接或连接丢失
ERR_SOCK_TIMEOUT	未在超时时间内建立起联系，或未在超时时间内收到数据
ERR_SPEED_REFRESH_LIM	覆盖超出了 SpeedRefresh 中的限制
ERR_SPEEDLIM_VALUE	指令 SpeedLimAxis 和 SpeedLimCheckPoint 中使用的速度过低
ERR_STARTMOVE	当执行一项 StartMove、StartMoveRetry 或 SetLeadThrough 指令时，机器人处于保持状态
ERR_STORE_PROF	已储存的配置文件中存在错误
ERR_STRTOOLNG	字符串过长
ERR_SYM_ACCESS	符号读/写权限错误
ERR_SYMBOL_TYPE	在参数 Value 中使用的数据对象和变量具有不同的类型。如果使用 ALIAS 数据类型，则也将出现此错误，尽管上述类型可能具有相同的基础数据类型。指令 GetDataVal、SetDataVal 和 SetAllDataVal
ERR_SYNCMOVEOFF	SyncMoveOff 超时
ERR_SYNCMOVEON	SyncMoveOn 超时
ERR_SYNTAX	已加载模块中的语法错误
ERR_TASKNAME	未在系统中发现的任务名称
ERR_TP_DIBREAK	来自 FlexPendant 的读取指令被数字信号输入中断
ERR_TP_DOBREAK	来自 FlexPendant 的读取指令被数字信号输出中断
ERR_TP_MAXTIME	当执行来自 FlexPendant 的读取指令时，出现超时
ERR_TP_NO_CLIENT	当使用来自 FlexPendant 的读取指令时，没有可互动的客户端
ERR_TRUSTLEVEL	不允许禁用 I/O 设备
ERR_TXTNOEXIST	函数 TextGet 中的表格或索引错误
ERR_UDPUC_COMM	UdpUc 装置通信超时
ERR_UI_INITVALUE	函数 UINumEntry 中的初始值错误
ERR_UI_MAXMIN	最小值大于函数 UINumEntry、UIDnumEntry、UINumTune 或 UIDnumTune 中的最大值
ERR_UI_NOTINT	若规定在运用 UINumEntry 或 UIDnumEntry 时应使用一个整数，则相关值并非一个整数
ERR_UISHOW_FATAL	若出现其他错误，则为指令 UIShow 中的 ERR_TP_NO_CLIENT 或 ERR_UISHOW_FULL
ERR_UISHOW_FULL	当使用 UIShow 指令时，未针对另一种应用而在 FlexPendant 上留下任何空间

续表

名　称	错 误 原 因
ERR_UNIT_PAR	TestSignDefine 中的参数 Mech_unit 错误
ERR_UNKINO	未知中断编号
ERR_UNKPROC	对指令 WaitLoad 中加载会话的不正确引用
ERR_UNLOAD	指令 UnLoad 或 WaitLoad 中的卸载错误
ERR_USE_PROF	已使用的配置文件中存在错误
ERR_WAITSYNCTASK	WaitSyncTask 超时
ERR_WAIT_MAXTIME	当执行一项 WaitDI、WaitDO、WaitAI、WaitAO、WaitGI、WaitGO, WaitUntil、WaitSensor 或 WaitWObj 指令时超时
ERR_WHLSEARCH	没有搜索停止
ERR_WOBJ_MOVING	含工件的机械单元正在移动 CalcJointT

　　例如，针对等待输入信号 DI10_1 为 1，最多等待 10s，超时重试 3 次，则其等待信号超时的错误处理可以使用如下代码：

```
PROC r_errtest()
    VAR num count;
    count:=0;
    waitdi DI10_1,1\MaxTime:=10;
    TPWrite "END";
ERROR
    IF ERRNO=ERR_WAIT_MAXTIME THEN
    !判断错误号如果是超时
        IF count<3 THEN
            !重试超过 3 次，跳到 TryNext
            Incr count;
            TPWrite "Retry No."\Num:=count;
            RETRY;
        ELSE
            TRYNEXT;
        ENDIF
    ENDIF
ENDPROC
```

上述代码的运行结果如图 3-72 所示。

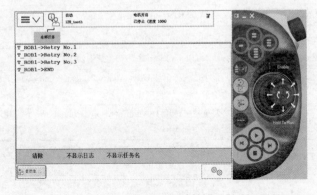

图 3-72　等待信号超时的错误处理

　　例如，调用的程序内发生"除数为零"的错误，请求上级程序进行错误处理，具体代码如下，运行结果如图 3-73 所示。

```
PROC err_test1()
    reg2:=0;
    !reg2:=0 会导致调用程序发生除数为零的错误
    err_test2;
    !调用 err_test2
    stop;
ERROR
    IF errno=ERR_DIVZERO THEN
        !如果错误是除数为零，reg2:=1
        !发生错误的地方重试，即重新执行 reg1:=1/reg2;
        reg2:=1;
        RETRY;
    ENDIF
ENDPROC

PROC err_test2()
    reg1:=1/reg2;
    TPWrite "reg2:="\Num:=reg2;
ERROR
    RAISE ;
    !请求上级错误处理
ENDPROC
```

图 3-73　请求上级程序进行错误处理

3.6.2　自定义错误

　　3.6.1 节介绍了如何使用系统预定义的错误，本节将介绍用户如何自定义错误并针对自定义的错误号进行处理。

　　自定义的错误号在使用前需要先"预定"，即使用指令 BookErrNo。BookErrNo 指令后使用 errnum 的数据类型且新建的 errnum 数据类型的初值必须为-1。

　　在程序中，若需要用自定义的错误号报错，则使用指令"RAISE errnum"。

　　注："RAISE errnum"用在程序区为报错指令；RAISE（后不跟数据）用在错误处理区，表示跳转到上级的错误处理区。

　　在错误处理区，可以根据当前错误号（用户自定义的错误号）进行错误处理。相关错误指令的使用同前文所述。以下例子讲解了一个用户自定义错误的使用，运行代码后的结果如图 3-74 所示。

```
VAR errnum errno1:=-1;
 !声明自定义错误号 errno1，初值必须为-1
  PROC err_test1()
      BookErrNo errno1;
      !预定自定义错误号 errno1
      err_test2;
       !调用 err_test2
      TPWrite "END";
      Stop;
   ERROR
      IF ERRNO=errno1 THEN
      !如果错误号是 errno1
      !同时处理下级程序请求的错误处理
          TPWrite "it is user define errno1";
          TRYNEXT;
          !回到发生错误的地方，运行发生错误的下一句
      ENDIF
   ENDPROC

   PROC err_test2()
      RAISE errno1;
      !报自定义错误
   ERROR
      RAISE ;
      !请求上级处理
   ENDPROC
```

图 3-74　用户定义错误号处理程序

3.6.3　重试次数

在错误处理区使用 RETRY 时，系统会自动记录当前错误的重试次数。默认最大重试次数为 4，超过最大重试次数会出现如图 3-75 所示的报警并停止程序运行。

重试次数可以由如下路径进行修改：配置—Controller—General Rapid—NoOfRetry，如图 3-76 所示。增大重试次数即可增加重试的最大次数。

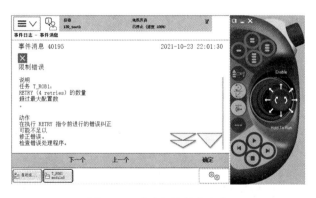

图 3-75 重试超过最大次数

图 3-76 修改最大重试次数

也可通过指令 ResetRetryCount 重置当前的重试次数计数，示例代码如下：

```
VAR num myretries := 0;
...
ERROR
IF myretries > 2 THEN
ResetRetryCount;
!重置重试次数计数
myretries := 0;
TRYNEXT;
ENDIF
myretries:= myretries + 1;
RETRY;
```

也可通过函数 RemainingRetries( )获取当前剩余重试次数，根据剩余重试次数，调整代码逻辑，示例代码如下：

```
ERROR
    IF RemainingRetries() > 0 THEN
        RETRY;
    ELSE
        TRYNEXT;
    ENDIF
```

3.6.4　长跳转的错误恢复

由前文可知，在程序中使用"RAISE errnum"进行报错时，程序会进入相应的错误处理区进行错误处理。在错误处理区，使用 RAISE 指令，程序将跳转到上级程序的错误处理区进行错误处理。

例如，使用"RAISE +数据（LONG_JMP_ALL_ERR，可以是纯数字，无须声明和定义）"进行报错并进入错误处理区。在错误处理区中使用 RAISE 寻求上级处理，机器人会搜寻上级错误处理直到找到带有和 LONG_JMP_ALL_ERR 一致的错误处理区并进行处理，具体实现代码如下，运行结果如图 3-77 所示。

```
PROC test_err1()
        routine10;
        routine30;
    ERROR (57)
        TRYNEXT;
        !由于错误是在 routine10 中产生的，则代码直接跳转进入 routine30
    ENDPROC

    PROC routine10()
        routine20;
        routine40;
ENDPROC

    PROC routine20()
        TPwrite "routine20";
        Raise 57; !触发错误处理 57 并进入 routine20 的错误处理
    ERROR
        RAISE ;
    !向上级寻求错误处理，直到找到带有 57 号的错误处理程序，即直接进入 test_err1 中的 error(57)
    ENDPROC

    PROC routine30()
        TPwrite "routine30";
ENDPROC

    PROC routine40()
        TPwrite "routine40";
    ENDPROC
```

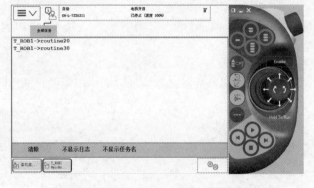

图 3-77　使用长跳转的错误恢复运行结果

3.6.5　碰撞后的自动回退与继续运行

ABB 工业机器人标配运动监控（Motion Supervision）功能，即机器人碰撞后会沿原路径迅速回退一段距离并停止运动（见图 3-78）。

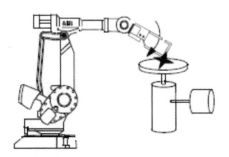

图 3-78　机器人碰撞后自动回退

机器人发生碰撞时，默认自动后退发生碰撞前 75ms 时长的轨迹距离。回退记忆长度可以通过"配置"—"Motion"—"Motion Supervision"—"Collision Detection Memory"设置（最长 0.5s，默认 0.075s），如图 3-79 所示。

图 3-79　修改机器人碰撞后退距离的记忆长度

如果添加了"613-1 Collision Detection"选项，则可以修改机器人碰撞的灵敏度百分比（越大，机器人越不灵敏），如图 3-80 所示。

通常机器人发生碰撞后会停止运行并报错提示。若希望机器人发生碰撞后回退一段距离，在给出用户提示后自动继续运行，如何实现？

可以通过使用错误处理程序实现。在错误处理区中判断错误号是否为 ERR_COLL_STOP 并执行相应动作。

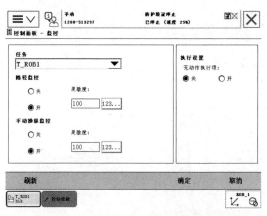

图 3-80　修机器人碰撞的灵敏度百分比

注：要能正确使用错误号 ERR_COLL_STOP，需要进入"配置"—"Controller"—"General Rapid"—"CollisionErrorHandling"，将参数设置为 Yes（默认是 No）并重启机器人，如图 3-81 所示。

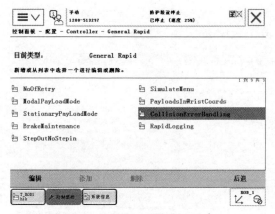

图 3-81　开启碰撞的错误处理功能

使用如下代码可实现机器人在发生碰撞时会回退 0.5s 时长的轨迹，并停止 60s 等待人工处理，之后机器人继续运行的功能

```
PROC Routine1()
        MoveL pstart10,v100,z10,tool0;
        MoveL pstart20, v100, z10, tool0;
        !pstart20 位置低于碰撞位置，机器人发生碰撞
        MoveL pstart10,v100,z10,tool0;
    ERROR
        TEST ERRNO
        CASE ERR_COLL_STOP:
        !判断错误号为碰撞停止
            TPWrite "coll_stop!!";
            waittime 60;
            StartMove;
        !停止 60s 后继续运行
        ENDTEST
        RETRY;
ENDPROC
```

为保证人员生命安全及设备健康，可在机器人发生碰撞自动回退后再移动一段人为设定的安全距离。当人工移走产品后，机器人继续走到之前发生碰撞的位置并继续运行程序，具体实现代码如下：

```
PROC Routine1()
      MoveL pstart10,v100,z10,tool0;
      MoveL pstart20, v100, z10, tool0;
      !pstart20 位置低于碰撞位置，机器人发生碰撞
      MoveL pstart10,v100,z10,tool0;
ERROR
    TEST ERRNO
    CASE ERR_COLL_STOP:
        TPWrite "coll_stop!!";
        StorePath;
        !存储未走完的路径
        ptmp:=CRobT(\Tool:=tool0);
        !记录当前的停止点，该位置为机器人发生碰撞后自动回退后的位置
        MoveL offs(ptmp,0,0,10),v10,fine,tool0\WObj:=wobj0;
        !在当前位置再抬升 10mm
        waittime 60;
        !等待 60s，人工干预
        MoveL offs(ptmp,0,0,0),v10,fine,tool0\WObj:=wobj0;
        !回到之前的位置
        RestoPath;
        !恢复未走完的轨迹
        StartMove;
    ENDTEST
    RETRY;
ENDPROC
```

3.7　撤销处理

撤销处理程序是在运行/调用机器人程序时，若人为移动指针（PP 移至 Main 或者 PP 移至例行程序），机器人会强制自动执行的程序。例如，可以在撤销处理程序内关闭 SOCKET 连接，关闭某个端口或者设置 I/O 信号等。撤销处理程序内不能有运动指令。在新建例行程序时，在图 3-82 中勾选"撤销处理程序"。新建完例行程序后，例行程序会自带关键字"UNDO"，如图 3-83 所示。

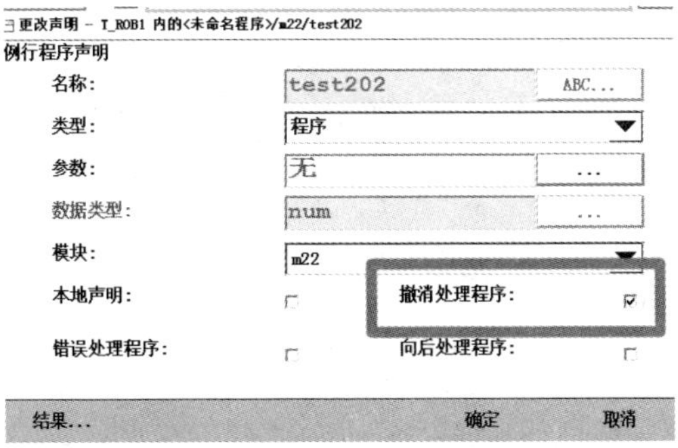

图 3-82　勾选"撤销处理程序"

图 3-83　带撤销处理程序的例行程序

　　编写如下程序。当程序正常运行时，程序不会执行"UNDO"内的代码，运行结果如图 3-84 所示。当程序运行至 test202 的"STOP"后，人为单击示教器中的"PP 移至 Main"，此时机器人程序会自动执行之前被调用程序的"UNDO"部分，执行顺序为之前调用程序的逆序，运行结果如图 3-85 所示。

```
PROC main()
    test200;
ENDPROC

PROC test200()
    TPWrite "test200";
    waittime 0.5;
    test201;
undo
    TPWrite "undo 200";
ENDPROC

PROC test201()
    TPWrite "test201";
    waittime 0.5;
    test202;
undo
    TPWrite "undo 201";
ENDPROC

PROC test202()
    TPWrite "test202";
    waittime 0.5;
    stop;
undo
    TPWrite "undo 202";
ENDPROC
```

图 3-84　例行程序正常执行后的结果

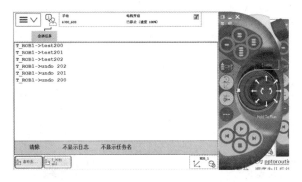

图 3-85　人为移动指针，程序自动执行"UNDO"部分的代码

3.8　向后处理

机器人程序指针（PP，在第 36 行）和运动指针（MP，在第 35 行）如图 3-86 所示，此时若单击"步退"按钮（见图 3-86），则程序指针（PP）会先移动到第 34 行。若再次单击"步退"按钮，则机器人会从 Target_60 位置走回到 Target_70 位置，即实现单步倒运行。

当程序单步运行到如图 3-87 所示的位置时（PP 在第 38 行，MP 在第 37 行）。此时若例行程序 Path_20 内没有编写"向后处理程序"，则单击"步退"按钮后程序不会运行，即对调用的例行程序执行步退时，该程序必须有"步退处理程序"。

可以在新建例行程序时设置"向后处理程序"，如图 3-88 所示。

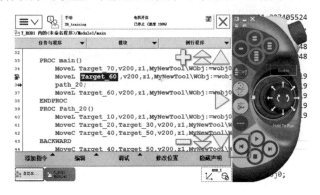

图 3-86　步退键

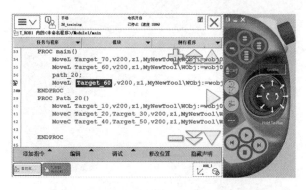

图 3-87　调用例行程序的"步退处理程序"

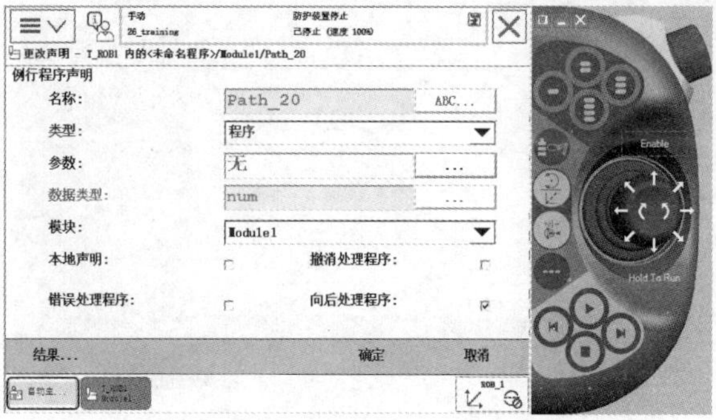

图 3-88　为例行程序设置"向后处理程序"

例如，编写例行程序 Path_20 执行画圆轨迹，具体代码如下。其中，在 BACKWARD（向后处理程序）部分，按照 Path_20 原有轨迹逆序编写机器人步退处理程序。

```
PROC main()
    MoveL Target_70,v200,z1,MyNewTool\WObj:=wobj0;
    MoveL Target_60,v200,z1,MyNewTool\WObj:=wobj0;
    Path_20;
    MoveL Target_60,v200,z1,MyNewTool\WObj:=wobj0;
ENDPROC
PROC Path_20()
    MoveL Target_10,v200,z1,MyNewTool\WObj:=wobj0;
    MoveC Target_20,Target_30,v200,z1,MyNewTool\WObj:=wobj0;
    MoveC Target_40,Target_50,v200,z1,MyNewTool\WObj:=wobj0;
BACKWARD
    MoveC Target_40,Target_50,v200,z1,MyNewTool\WObj:=wobj0;
    MoveC Target_20,Target_30,v200,z1,MyNewTool\WObj:=wobj0;
    MoveL Target_10,v200,z1,MyNewTool\WObj:=wobj0;
ENDPROC
```

注：遇到 MoveC 指令时，中间点和目标点的位置不需要互换。

当程序单步运行到如图 3-89 所示的位置时（PP 在第 38 行，MP 在第 37 行），单击"步退"按钮，机器人会执行 Path_20 中的"向后处理程序"部分，且一次性走完 Path_20 中的 BACKWARD 部分，运行结果如图 3-90 所示。

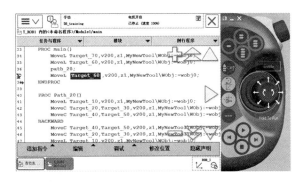

图 3-89 程序单步运行

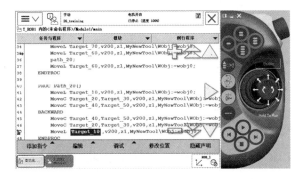

图 3-90 运行结果

3.9 流程控制与加载模块

3.9.1 常用流程控制指令

对于流程控制，RAPID 编程提供如表 3-8 所示的指令供用户使用。

表 3-8 常用流程控制指令

指 令	解 释	示 例
紧凑型 IF	只有满足条件时才能执行指令	IF reg1>1 reg2:=2; （无须写 THEN，条件后的指令只能写一条）

IF	基于是否满足条件，执行指令序列	IF reg1>1 THEN
		    reg2:=2;
		ELSEIF reg1>0 THEN
		    reg2:=3;
		ELSE
		    reg2:=4;
		ENDIF

FOR	重复一段程序多次	FOR i FROM 1 TO 15 DO
		    b1{i}:=i;
		ENDFOR

续表

指　　令	解　　释	示　　例

WHILE	重复指令序列，直到满足给定条件	WHILE reg1<5 DO
		…
		ENDWHILE

TEST	基于表达式的数值执行不同指令	TEST reg1 　CASE 1: 　　! part1 　CASE 2: 　　! part2 　DEFAULT: 　　! other part 　ENDTEST
GOTO	跳转至标签	start: … GOTO start;
LABEL	指定标签	start:

3.9.2　PLC 选择程序

　　机器人可以通过接收 PLC 发送的不同组信号值来调用对应程序从而生产不同产品。

　　如图 3-91 所示，在 I/O System 中配置组输入信号 giPrgNo（用于机器人接受 PLC 发送的组信号）和组输出信号（用于机器人向 PLC 发送程序号反馈），可以使用如下代码实现 PLC 通过发送程序号调用机器人对应的程序。

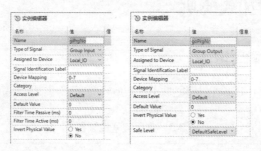

图 3-91　创建组输入和组输出信号

```
VAR num PrgNo;
!存储程序号
  PROC main()
      init;
    !初始化
    WHILE TRUE DO
        PrgNo:=giPrgNo;
        !将组输入信号赋值给 PrgNo
        IF PrgNo<0 or PrgNo>1000 THEN
            !如果接收到的程序号小于 0 或者程序号大于 1000，发送错误程序反馈 9999 个 PLC
            setgo goPrgNo,9999;
        ENDIF
        setgo goPrgNo,PrgNo;
```

```
            !发送接收到的程序号反馈给 PLC
            TEST PrgNo
            !根据程序号执行对应程序
            CASE 1:
                    Part1;
            CASE 2:
                    Part2;
            CASE 3:
                    Part3;
            …
            ENDTEST
        ENDWHILE
    ENDPROC
```

3.9.3　模块的加载与卸载

RAPID 编程时，通常将用到的所有程序模块（Module）及系统模块都装载到机器人内存。模块过多，会耗费内存。

机器人可以针对不同产品（如不同车型）编写不同程序。不同车型的程序存储在不同模块内。是否可以根据生产需要加载对应车型的程序模块，而不生产的车型模块暂时从内存中卸载呢？

这是可以的，可以使用 Load 指令实现装载模块，使用 Unload 指令实现卸载模块。例如，以下代码实现将 HOME 文件夹内的 m2.mod 文件（见图 3-92）加载到当前机器人内存（见图 3-93 和图 3-94），并调用执行 m2 模块内的例行程序 m2_main（见图 3-95）。

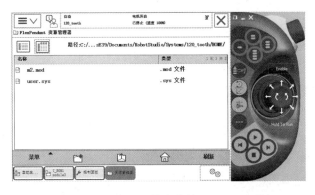

图 3-92　HOME 文件夹内的 m2.mod 文件

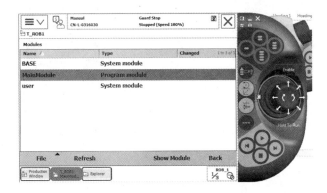

图 3-93　尚未加载 m2.mod 文件

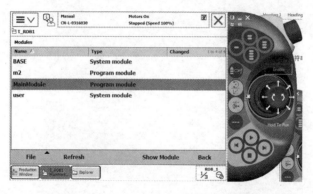

图 3-94　通过 Load 指令已经加载 m2 模块

图 3-95　调用执行 m2 模块中的 m2_main 程序

```
Load\Dynamic,diskhome\File:="m2.mod";
      %"m2_main"%;
 UnLoad diskhome\File:="m2.mod";
```

注：由于在没有运行 Load 代码前没有加载 m2.mod 文件，即机器人内存中没有 m2_main 例行程序。若在代码中直接输入 m2_main 进行调用例行程序，则系统会报错。此处采用百分号调用。

执行完毕，将 m2 模块卸载（见图 3-96）。

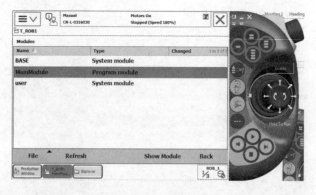

图 3-96　将 m2 模块卸载

存储在 HOME 文件夹中的 m2.mod 文件中的内容如下所示。

```
MODULE m2
    PROC m2_main()
        TPWrite "This is m2_main";
    ENDPROC
ENDMODULE
```

3.9.4　通过 FTP 传输模块与文件

在 RobotWare6 中，机器人默认作为 FTP 的服务器，其默认对外开放的就是 HOME 文件夹。对于现场没有 RobotStudio 软件时的情况，可以直接使用 PC 向机器人传输/获取文件。

注：考虑到网络安全问题，机器人从 RobotWare7 开始不再对外提供 FTP 服务器功能。

在 PC 的资源管理框中输入"ftp://192.168.125.1"并按回车键（见图 3-97），若提示要输入账号和密码，则输入账号与密码，默认账号为 Default User、密码为 robotics。也可使用其他 FTP 软件向机器人传输文件。

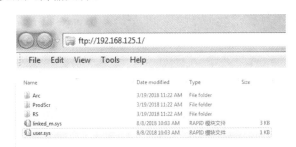

图 3-97　通过 FTP 向机器人传输文件

3.9.5　调用名称有规律的例行程序

如图 3-98 所示，在示教器中，可以通过 ProcCall 的方式调用例行程序。在 RAPID 编程中，直接输入例行程序名即可完成对例行程序的调用。

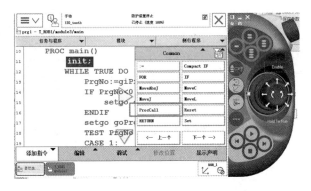

图 3-98　使用 ProcCall 调用例行程序

对于例行程序名（如 Part1、Part2、Part3 的名称）有规律的例行程序，可以使用"CallByVar String, Number"指令对其进行调用，即 String 为相同字符、Number 为 num 类型的变量。例如，"CallByVar 'Part',1"可以调用 Part1 例行程序。对于批量调用，可以使用如下代码实现：

```
FOR i FROM 1 TO 5 DO
        CallByVar    "Part" ,i;
        !调用 Part1～Part5 程序
ENDFOR
```

以上方法只能批量调用不带参数的例行程序。对于诸如"Part1,reg1"这种带参数的例行程序，可以使用"%string1+string2 % parameter"的方式调用，即百分号内为可以拼接的例行程序的名字，百分号后为例行程序的参数。运行以下代码，可以得到如图 3-99 所示的运行结果。

```
PROC init()
        reg1:=1;
        FOR i FROM 1 TO 3 DO
            %"Part"+ValToStr(i)%reg1;
             !第一次循环调用 Part1，1
            Incr reg1;
        ENDFOR
        stop;
    ENDPROC

    PROC Part1(num a)
        TPWrite "You Call Part1 with reg1="+ValToStr(a);
    ENDPROC

    PROC Part2(num a)
        TPWrite "You Call Part2 with reg1="+ValToStr(a);
    ENDPROC

    PROC Part3(num a)
        TPWrite "You Call Part3 with reg1="+ValToStr(a);
    ENDPROC
```

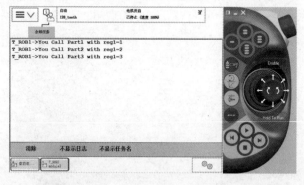

图 3-99　使用百分号调用例行程序

3.9.6　循环及例行程序的跳出

对于循环程序，若希望满足某个条件提前跳出，可以采用 GOTO 指令（RAPID 编程中 Break 用来停止机器人运行，而非跳出循环）。运行以下代码，其结果如图 3-100 所示。

```
PROC test_main()
    test111;
```

```
        !调用程序 test111
        TPWrite "end";
ENDPROC

    PROC test111()
        FOR i FROM 1 TO 3 DO
            TPWrite ValToStr(i);
            IF i>1 THEN
                goto label1;
                !如果 i>1，跳出循环 label1
            ENDIF
        ENDFOR
        label1:
        TPWrite "test111 end";
    ENDPROC
```

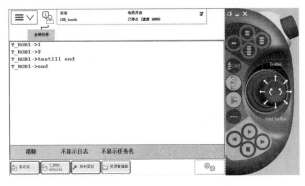

图 3-100　使用 GOTO 跳出循环

若在例行程序 test_main 中调用 test111。在 test111 中满足条件时，直接跳出 test111 返回 test_main 并运行下一句，则可以使用 RETURN 指令。运行以下代码，其结果如图 3-101 所示。

```
    PROC test_main()
        test111;
        !调用程序 test111
        TPWrite "end";
ENDPROC

    PROC test111()
        FOR i FROM 1 TO 3 DO
            TPWrite ValToStr(i);
            IF i>1 THEN
                    RETURN;
                    !如果 i>1，直接跳出 test111
            ENDIF
        ENDFOR
        label1:
        TPWrite "test111 end";
    ENDPROC
```

图 3-101　使用 RETURN 跳出例行程序的调用

3.9.7　Event Routine

Event Routine 提供了当某特定事件（如开机 PowerOn 或者停止程序运行 Stop）发生时，系统便会自动执行所连接事件例行程序（Routine）的功能。

注：Event Routine 只是在发生特定事件时调用并执行特定程序，执行方式类似中断，即如为 Start 事件时，先做完关联程序，然后继续主程序的启动，而非关联程序和主程序同时执行。

具体的特定事件有：

● PowerOn（开机）
● Start（启动程序）
● Step（步进）
● Restart（重启）
● Stop（停止程序）
● QStop（快速停止程序）
● Reset（复位）

例如，希望开机即运行某个程序（如设置 WorldZone 相关参数），可以在"配置"—"Controller"—"Event Routine"中选择事件为"Power On"，输入例行程序名"rPowerOn"（见图 3-102）。设置完重启后，机器人开机后则会运行一遍关联的 rPowerOn 程序。

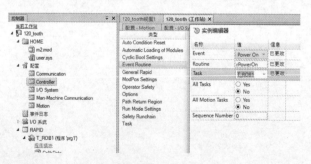

图 3-102　配置 Event Routine

又如，可以编写例行程序 rStop，并将其关联到 Stop 事件。此时若停止程序运行，则会同步关闭信号 DO10_1 的输出，具体实现如下：

```
PROC rStop()
    reset DO10_1;
ENDPROC
```

3.10　速度类

3.10.1　Speeddata 解释

在 RAPID 编程中，采用速度数据（Speeddata）来控制机器人移动的快慢。速度变量含有 4 个组件。

1）v_tcp（velocity tcp）

数据类型：num。

工具中心点的速率，以 mm/s 计。

如果使用固定工具或协调外轴，则规定相对于工件的速率。

2）v_ori（velocity orientation）

数据类型：num。

TCP 的重新定位速率，以度/秒计。

如果使用固定工具或协调外轴，则规定相对于工件的速率。

3）v_leax（velocity linear external axes）

数据类型：num。

线性外轴的速率，以 mm/s 计。

4）v_reax（velocity rotational external axes）

数据类型：num。

旋转外轴的速率，以度/秒计。

RAPID 中已经预定义好很多速度变量，如表 3-9 所示。

表 3-9　预定义的速度变量

名　　称	TCP 速度	方　　向	线 性 外 轴	旋 转 外 轴
v5	5mm/s	500°/s	5000mm/s	1000°/s
v10	10mm/s	500°/s	5000mm/s	1000°/s
v20	20mm/s	500°/s	5000mm/s	1000°/s
v30	30mm/s	500°/s	5000mm/s	1000°/s
v40	40mm/s	500°/s	5000mm/s	1000°/s
v50	50mm/s	500°/s	5000mm/s	1000°/s
v60	60mm/s	500°/s	5000mm/s	1000°/s
v80	80mm/s	500°/s	5000mm/s	1000°/s
v100	100mm/s	500°/s	5000mm/s	1000°/s
v150	150mm/s	500°/s	5000mm/s	1000°/s
v200	200mm/s	500°/s	5000mm/s	1000°/s
v300	300mm/s	500°/s	5000mm/s	1000°/s
v400	400mm/s	500°/s	5000mm/s	1000°/s
v500	500mm/s	500°/s	5000mm/s	1000°/s

续表

名　　称	TCP 速度	方　　向	线 性 外 轴	旋 转 外 轴
v600	600mm/s	500°/s	5000mm/s	1000°/s
v800	800mm/s	500°/s	5000mm/s	1000°/s
v1000	1000mm/s	500°/s	5000mm/s	1000°/s
v1500	1500mm/s	500°/s	5000mm/s	1000°/s
v2000	2000mm/s	500°/s	5000mm/s	1000°/s
v2500	2500mm/s	500°/s	5000mm/s	1000°/s
v3000	3000mm/s	500°/s	5000mm/s	1000°/s
v4000	4000mm/s	500°/s	5000mm/s	1000°/s
v5000	5000mm/s	500°/s	5000mm/s	1000°/s
v6000	6000mm/s	500°/s	5000mm/s	1000°/s
v7000	7000mm/s	500°/s	5000mm/s	1000°/s
vmax	i	ii	iii	iv

　　i 表示适用于所使用机器人类型和常规实用 TCP 值的最大 TCP 速度,由系统参数"TCP Linear Max Speed (m/s)"指定。RAPID 中的函数 MaxRobSpeed()返回该值。

　　ii 表示适用于所使用机器人类型的最大重新定位速度,由系统参数"TCP Reorient Max Speed (deg/s)"指定。RAPID 中的函数 MaxRobReorientSpeed()返回该值。

　　iii 表示附加轴的最大线速度,由系统参数"Ext. Axis Linear Max Speed (m/s)"指定。RAPID 中的函数 MaxExtLinearSpeed()返回该值。

　　iv 表示附加轴的最大旋转速度,由系统参数"Ext. Axis Rotational Max Speed (deg/s)"指定。RAPID 中的函数 MaxExtReorientSpeed()返回该值。

　　v 表示上文所述的系统参数可以在"配置"—"Motion"—"Motion Planner"下查看修改。如图 3-103 所示,motion_planner_1 表示针对第一个机械装置,即第一台机器人。若有 Multimove 选项或者第二台机器人或者第二台机械装置,则查看 motion_planner_2。

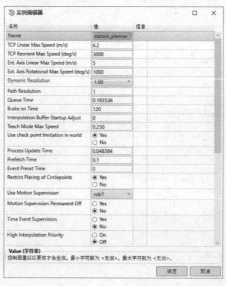

图 3-103　在"Motion Planner"下查看机器人的最大速度

　　预定义好的速度变量不能修改。从表 3-9 中可以发现，虽然 v5 和 v500 的 TCP 直线速度不一样，但预定义的姿态旋转速度均为 500°/s，即若机器人在姿态变化较大时，虽然设置了 v5 的速度，但旋转速度依旧会非常大。对于此类情况，可以新建 Speeddata 数据，并设置其中的 TCP 速度、姿态旋转速度等。对于外轴导轨移动过快的情况，通常可以新建 Speeddata 数据并修改其中的外轴线性速度。

3.10.2　用时间代替速度控制运动

　　例如，希望机器人的 TCP 以 200mm/s 的速度移动，可以使用以下运动语句实现，即 "MoveL Target_10,v200,fine,MyTool"。但有些场合，希望用时间代替速度控制机器人的运动，即希望机器人从 A 点到 B 点在 n 秒内走完，这个 n 秒包含加减速时间。

　　单击示教器中的运动语句，如图 3-104 所示，也可直接在 RobotStudio 中的 RAPID 中直接输入参数。之后单击图 3-105 中的可选参数 "Optional Argument"，在图 3-106 中选择使用 T（若此处选择使用 V，则新输入的速度变量将代替原有速度变量生效）。在图 3-107 中输入时间，单位为秒。此时机器人将用 10s 从上一个点走到 Target_40 点。

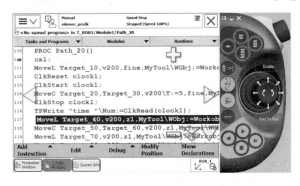

图 3-104　单击示教器中运动语句

图 3-105　单击 "Option Argument"

3.10.3　控制单轴速度

　　ABB 工业机器人提供了 MoveAbsj 语句，其可以让机器人以关节的方式运动，即可以设定机器人在终点时的 6 个轴角度。6 个轴将同时开始运动，同时到达终点。

　　注：MoveAbsj 语句后使用的点位数据类型是 Jointtarget。

　　"MoveAbsj j1,v100,fine, tool" 中的速度设置仍然是对当前 TCP 在笛卡儿空间（X、Y、Z）中的速度规划。

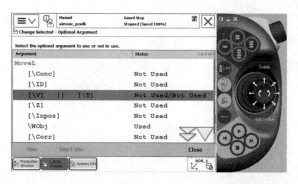

图 3-106　选择使用 T

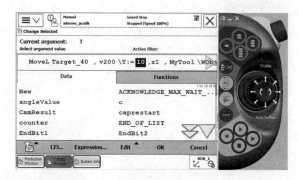

图 3-107　设置运动时间，单位为秒

若希望设定机器人本体某个单轴以特定的速度运动到某个位置，则可以通过在 MoveAbsj 运动指令中用时间代替速度的方式，变相设定单轴的运动速度，具体实现代码如下：

```
PROC MoveAxis(num Axis,num Angle,num speed)
!要单轴运动的轴，该轴要走到的绝对位置角度，运动速度的单为°/s
VAR jointtarget jtmp:=[[0,0,0,0,0,0],[9E9,9E9,9E9,9E9,9E9,9E9]];
VAR num StartAngle;
VAR jointtarget jGoal:=[[0,0,0,0,0,0],[9E9,9E9,9E9,9E9,9E9,9E9]];
VAR num t;
VAR num arr{6}:=[0,0,0,0,0,0];
jGoal:=CJointT();
!记录当前位置
TEST Axis
CASE 1:
StartAngle:=jGoal.robax.rax_1;
jGoal.robax.rax_1:=angle;
CASE 2:
StartAngle:=jGoal.robax.rax_2;
jGoal.robax.rax_2:=angle;
CASE 3:
StartAngle:=jGoal.robax.rax_3;
jGoal.robax.rax_3:=angle;
CASE 4:
StartAngle:=jGoal.robax.rax_4;
jGoal.robax.rax_4:=angle;
CASE 5:
StartAngle:=jGoal.robax.rax_5;
jGoal.robax.rax_5:=angle;
```

```
CASE 6:
StartAngle:=jGoal.robax.rax_6;
jGoal.robax.rax_6:=angle;
ENDTEST
t:=abs((Angle-StartAngle)/speed);
!运动时间等于运行角度/设定速度
MoveAbsJ jGoal\NoEOffs,v100\T:=t,fine,tool0\WObj:=wobj0;
ENDPROC

PROC testpath()
MoveAbsJ j100\NoEOffs,v1000,fine,tool0\WObj:=wobj;
WHILE TRUE DO
MoveAxis 1,90,70;
!机器人 1 轴走到 90°，速度为 70°/s
MoveAxis 1,-90,70;
!机器人 1 轴走到-90°，速度为 70°/s
ENDWHILE
ENDPROC
```

测试以上代码，使用 TuneMaster 软件监控轴 1 的速度（见图 3-108），从图中可以看出，其可以达到预期要求。

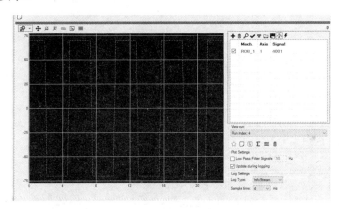

图 3-108　TuneMaster 监控轴 1 的速度，单位为 °/s

3.10.4　全局速度设定

前文介绍了单个运动语句的速度设定。对于多个运动语句速度的批量修改，可以借助 RobotStudio 中的查找与替换功能（见图 3-109），该功能支持整个机器人系统/选中内容部分的查找与替换。

图 3-109　RAPID 中的查找与替换

对于机器人的全速设定，可以通过示教器上的"快速设定"进行设定。示教器最上方的状态栏即显示当前通过示教器设定的机器人运行速度百分比（见图3-110）。

图 3-110　示教器设定机器人的运行速度百分比

可通过指令 VelSet 进行机器人运行速度百分比的设定，如"VelSet 100，800"表示当前机器人的运动速度乘 100%，且最大速度不能超过 800mm/s，即当前速度乘第一个百分比得到的值与第二个绝对值（800）比较，两者取小作为机器人当前的运行速度。

也可通过指令"SpeedRefresh 80"来设置当前机器人的运行速度百分比。若示教器设定速度百分比，VelSet 和 SpeedRefresh 同时使用，则效果叠加。

使用如下代码，并在机器人运行后通过示教器设定速度百分比为50%，然后再等机器人运行一段时间后调整组输入信号 gi_speed 的数值从 100 变为 50，则可以看到如图 3-111 所示的机器人速度百分比。组输入信号可以由 PLC 直接控制。

```
CONST robtarget p5000:=*;
VAR intnum intno1;
PROC main()
      velset 50,200;
      !设定当前运行速度的50%，且绝对值不能超过200mm/s
      IDelete intno1;
      CONNECT intno1 WITH tr_speed;
      ISignalGI gi_speed,intno1;
      !关联组输入信号 gi_speed，gi_speed 变化，触发 SpeedRefresh
      !也可通过 di 信号作为中断触发，中断根据条件使用 SpeedRefresh
      WHILE TRUE DO
          test10;
      ENDWHILE
ENDPROC

PROC test10()
    reg1:=50;
    MoveL p5000,v200,fine,MyTool\WObj:=wobj0;
    MoveL offs(p5000,reg1,0,0),v200,fine,MyTool\WObj:=wobj0;
    MoveL offs(p5000,reg1,reg1,0),v200,fine,MyTool\WObj:=wobj0;
    MoveL offs(p5000,0,reg1,0),v200,fine,MyTool\WObj:=wobj0;
    MoveL p5000,v200,fine,MyTool\WObj:=wobj0;
ENDPROC

TRAP tr_speed
    SpeedRefresh gi_speed;
```

!中断根据 gi_speed 信号的数值调整机器人的运行速度百分比
ENDTRAP

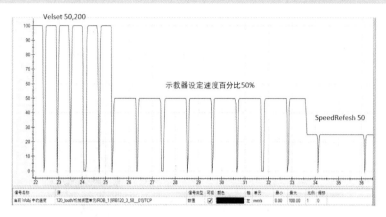

图 3-111　不同方式设定机器人的速度百分比

当前示教器设定的速度百分比可通过函数 CSpeedOverride() 获得。通过 SpeedRefresh 指令调整机器人运行的速度百分比时，示教器界面中的机器人运行速度百分比（见图 3-110）不会变化，但可以通过函数 CSpeedOverride(\CTask) 获取 SpeedRefresh 指令设定的速度百分比，示例代码如下：

```
VAR num myspeed_TPU;
VAR num myspeed;

myspeed_TPU := CSpeedOverride();
!获取当前示教器设定的速度百分比
myspeed := CSpeedOverride(\CTask);
!获取当前通过 SpeedRefresh 指令设定的速度百分比
```

3.10.5　检查点限速与单轴限速

ABB 工业机器人有若干速度检查点，如图 3-112 中的 C、D、E、F 点，其中默认臂检查点的定义如图 3-113 所示，即当前轴 3 坐标系的 X 轴和 Z 轴的交点。可以通过"配置"—"Motion"—"Arm Check Point"设置臂检查点相对默认位置的关系，如图 3-114 所示。

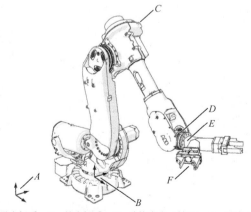

A：世界坐标系，B：基坐标系，C：臂检查点（轴 3），D：腕中心检查点
E：法兰盘（tool0）检查点，F：当前 TCP

图 3-112　C、D、E、F 为机器人的速度检查点

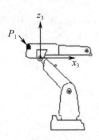

图 3-113　机器人臂检查点

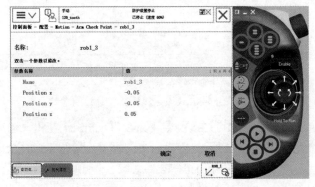

图 3-114　设置臂检查点

通过指令 SpeedLimCheckPoint 设定图 3-112 中速度检查点处的最大速度（mm/s），如
"SpeedLimCheckPoint 200" 表示速度检查点处的最大速度为 200mm/s。如图 3-115 所示，
通过配置系统输入信号 Limit Speed 来关联速度检查点是否需要降速。当信号 Limit Speed
为 1 时，速度检查点处的速度被降低为设定速度；当 Limit Speed 为 0 时，速度检查点处的
速度恢复正常。部分实现代码如下：

图 3-115　关联系统输入信号 Limit Speed

```
PROC main()
SpeedLimCheckPoint 200;
!设定速度检查点处的速度为 200mm/s
...
!主程序
!当系统输入信号 Limit Speed 为 1 时，速度检查点处的速度被降到 200mm/s
!当系统输入信号 Limit Speed 为 0 时，速度检查点处的速度恢复
```

通过指令 SpeedLimAxis 可以设定机器人单轴的速度限制。"ROB_1, 2, 10" 表示设定
机器人的轴 2 速度最大为 10°/s。单轴速度限制的激活与否同样使用系统输入信号 Limit
Speed：

```
PROC main()
            SpeedLimAxis ROB_1, 1, 10;
                SpeedLimAxis ROB_1, 2, 30;
                SpeedLimAxis ROB_1, 3, 30;
                SpeedLimAxis ROB_1, 4, 30;
                SpeedLimAxis ROB_1, 5, 30;
                SpeedLimAxis ROB_1, 6, 30;
!设定各轴速度的限制值
...
!主程序
!当系统输入信号 Limit Speed 为 1 时，各轴的速度被降低
!当系统输入信号 Limit Speed 为 0 时，各轴的速度恢复
```

3.10.6　示教器查看实时速度

在 ABB 工业机器人的示教器中未直接提供查看当前机器人实时的运行速度界面，但系统的输出信号 TCP Speed 可以输出当前机器人的运行速度，单位为 m/s。可以通过创建一个模拟量输出类型（Analog Ouput）的信号并将其关联至系统输出 TCP Speed 上来实时查看机器人的速度，也可把该信号通过总线实时发送给 PLC，向 PLC 提供机器人实时运行的速度。

在"配置"—"I/O System-Signal"中创建模拟量输出类型的信号，如图 3-116 所示。若需要把该信号通过总线发送给 PLC，则在图 3-116 中设置"Assigned to Device"和"Device Mapping"即可。再次通过"配置"—"I/O System"—"System Output"，将创建的信号关联至 TCP Speed，如图 3-117 所示。然后重启机器人系统，此时可以在图 3-118 所示的界面中实时查看机器人的运行速度，单位为 m/s。

图 3-116　创建模拟量输出信号　　　　图 3-117　关联模拟量输出信号至系统输出状态

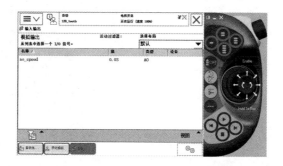

图 3-118　示教器实时显示机器人的运行速度

3.10.7 修改与获取机器人理论最大速度

可以通过"配置"—"Motion"—"Motion Planner"设置与修改机器人的最大直线速度、最大姿态变化速度、最大外轴线性速度和最大外轴旋转速度。如图 3-119 所示，motion_planner_1 针对第一个机械装置，即第一台机器人。若有 Multimove 选项或者第二台机器人或者第二台机械装置，则查看 motion_planner_2。

在 RAPID 编程中，MaxRobSpeed( )函数返回最大 TCP 速度（m/s）；MaxRobReorientSpeed( )函数返回最大重新定位速度（deg/s）；MaxExtLinearSpeed( )函数返回附加轴最大线速度（m/s）；MaxExtReorientSpeed( )函数返回附加轴最大旋转速度（deg/s）。

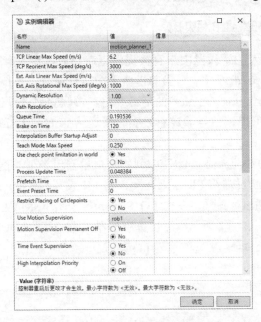

图 3-119 在"Motion Planner"下查看与修改机器人的最大速度

3.10.8 切换到自动模式保持速度百分比

在将机器人从手动模式切换到自动模式时，系统将机器人运行的速度百分比默认调整为 100%，如图 3-120 所示。

图 3-120 机器人从手动模式切换到自动模式时，其速度百分比默认为 100%

若希望机器人从手动模式切换到自动模式时运行速度百分比不变，则可以通过"配置"—"Controller"—"Auto Condition Reset"—"All Debug Settings"，将"Reset"设为"No"，如图 3-121 所示。此时机器人切换为自动模式时，机器人运行的速度百分比不会被调整。

注：此方法只针对真实机器人控制器有效，对仿真控制器无效。

图 3-121 将"Reset"设为"No"

3.10.9 加速度

RAPID 提供了加速度和加加速度（加速度的求导）的百分比设定，此处设定的加速度同时适用于加速度和减速度。

例如，"AccSet 80,60"表示机器人的加（减）速度为默认加速度的 80%、加（减）速度的变化率是默认的 60%。

若希望单独设定移动指令中采用 fine 控制机器人精确到达某个点时的减速度，可以增加可选参数"FinePointRamp"，如"AccSet 100, 100 \FinePointRamp:=50;"表示机器人在走到 fine 点时的减速度为默认的 50%，如图 3-122 所示为 AccSet 不同数值的图解。

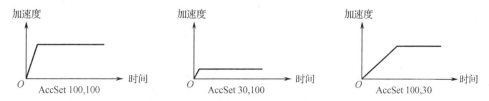

图 3-122 AccSet 不同数值的图解

也 可 以 通 过 WorldAccLim 指 令 设 定 机 器 人 全 局 加 减 速 度 的 绝 对 值 ， 如"WorldAccLim\On := 3.5"表示当前机器人加速度和减速度的最大值为 $3.5\mathrm{m/s}^2$。

"WorldAccLim \Off"表示当前机器人的加（减）速度恢复为默认。

对于具体路径的加减速度，可以通过 PathAccLim 指令设定，如"PathAccLim TRUE\AccMax := 4, TRUE \DecelMax := 3;"表示当前机器人的加速度最大为 $4\mathrm{m/s}^2$、减速度最大为 $3\mathrm{m/s}^2$。"PathAccLim TRUE \AccMax := 4, FALSE;"表示加速度最大为 $4\mathrm{m/s}^2$、减速度的最大值恢复为默认值。

使用加（减）速度限制后，机器人的加速时间变长、减速时间变长，如图 3-123 所示。

若同时使用多种方法设定加（减）速度，则根据 WorldAccLim、AccSet、PathAccLim 的顺序降低加（减）速度。

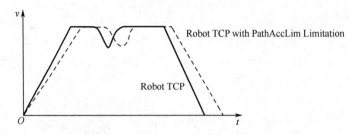

图 3-123　使用 PathAcclim 限制机器人的加速度和减速度

3.11　数学类

3.11.1　基本数学类

RAPID 提供了很多常规数学函数，如表 3-10 和表 3-11 为常规的数学类指令与数学类函数，读者可以参考示例及 RAPID 编程手册使用。

表 3-10　数学类指令

指　令	解　释	示　例
Clear	清除数值	Clear;
Add	加上或减去一个数值	Add reg1,2
Incr	加 1	Incr reg1;
Decr	减 1	Decr reg1;

表 3-11　数学类函数

函　数	解　释	示　例

Abs	计算绝对值	reg1:=-10;
		reg1:=Abs(reg1);
		!结果 reg1:=10

AbsDnum	计算绝对值	VAR dnum reg10; reg10:=AbsDnum(reg10);
Round	按四舍五入计算数值	reg1:=Round(reg1); reg2:=Round(reg1\Dec:=3) !四舍五入，截取 3 位小数

RoundDnum	按四舍五入计算数值	VAR dnum reg10;
		reg10:=RoundDnum(reg10);
		reg10:=RoundDnum(reg10\Dec:=3);
		!四舍五入，截取 3 位小数，返回 dnum 类型的数据

Trunc	取到数值的指定项即终止运算	reg1:=10.555
		reg1:=Trunc(reg1);
		!结果 reg1:=10，只截取数据，不做四舍五入
		reg1:=10.555
		reg1:=Trunc(reg1\Dec:=2);
		!结果 reg1:=10.55，只截取 2 位数据，不做四舍五入

续表

函　　数	解　　释	示　　例
TruncDnum	取到数值的指定项即终止运算	VAR dnum reg10; reg10:=10.555 reg10:=RoundDnum(reg10\Dec:=3); !结果 reg10:=10.55
Max	返回两个值中的较大值	reg3:=Max(1,2); !结果 reg3:=2
Min	返回两个值中的较小值	reg3:=Max(1,2); !结果 reg3:=1
Sqrt	计算平方根	reg1:=Sqrt(9); !结果 reg1:=3
SqrtDnum	计算平方根	VAR dnum reg10; reg10:=SqrtDnum(9); !结果 reg1:=3
Exp	以"e"作为底数，计算 e^x	reg1:=exp(1); !结果 reg1:=2.71828
Pow	以任意值作为底数，计算指数值	reg1:=pow(2,3); !结果 reg1:=8
PowDnum	以任意值作为底数，计算指数值（dnum）	VAR dnum reg10; reg10:=pow(2,3); !结果 reg10:=8
ACos	计算反余弦值	reg1:=ACos(0.5); !结果 reg1:=60，返回 deg
ACosDnum	计算反余弦值（dnum）	VAR dnum reg10; reg10:=ACos(0.5); !结果 reg10:=60，返回 deg
ASin	计算反正弦值	reg1:=ASin(0.5); !结果 reg1:=30，返回 deg
ASinDnum	计算反正弦值（dnum）	VAR dnum reg10; reg10:=ACos(0.5); !结果 reg10:=30，返回 deg
ATan	计算区间[-90,90]内的反正切值	reg1:=atan(1); !结果 reg1:=45，返回 deg
ATanDnum	计算区间[-90,90]内的反正切值（dnum）	VAR dnum reg10; reg10:=atan(1); !结果 reg10:=45，返回 deg
ATan2	计算区间[-180,180]内的反正切值	reg1:=atan2(-1,-1); reg1:=atan2(Y,X) !结果 reg1:=-135，返回 deg
ATan2Dnum	计算区间[-180,180]内的反正切值（dnum）	VAR dnum reg10; reg10:=atan2(-1,-1); reg10:=atan2(Y,X) !结果 reg10:=-135，返回 deg
Cos	计算余弦值	reg1:=Cos(0); !结果 reg1:=1 !Cos(deg)

函　数	解　释	示　例
CosDnum	计算余弦值（dnum）	VAR dnum reg10; reg10:=Cos(0); !结果 reg10:=1 !Cos(deg)
Sin	计算正弦值	reg1:=Sin(90); !结果 reg1:=1 !Sin(deg)
SinDnum	计算正弦值（dnum）	VAR dnum reg10; reg10:=Sin(90); !结果 reg10:=1 !Sin(deg)
Tan	计算正切值	reg1:=Tan(45); !结果 reg1:=1;
TanDnum	计算正切值（dnum）	VAR dnum reg10; reg10:=TanDnum(45); !结果 reg10:=1;

EulerZYX	基于姿态四元数计算欧拉角	VAR num anglex;
		VAR num angley;
		VAR num anglez;
		VAR pose object;
		anglex := EulerZYX(\X, object.rot);
		angley := EulerZYX(\Y, object.rot);
		anglez := EulerZYX(\Z, object.rot);
		!返回四元数中的指定欧拉角

OrientZYX	基于欧拉角计算姿态四元数	VAR num anglex; VAR num angley; VAR num anglez; VAR pose object; object.rot := OrientZYX(anglez, angley, anglex) !函数变量的顺序为 Z-Y-X
PoseInv	计算 Pose 的逆	pose2 := PoseInv(pose1);
PoseMult	2 个 Pose 相乘	pose3 := PoseMult (pose1,pose2);
PoseVect	Pose 乘一个向量 Vector	pos3:=PoseVect(pose1,pos2);

VectMagn	计算位置矢量的大小，即矢量的模	VAR pos vector;
		vector := [1,1,1];
		magnitude := VectMagn(vector);
		!结果为 1

DotProd	计算两个位置矢量的点积	VAR num reg1:=32; VAR pos pos10:=[1,2,3]; VAR pos pos20:=[4,5,6]; reg1:=dotprod(pos10,pos20); !结果 reg1:=32 !reg1=1*4+2*5+3*6，按照向量点乘公式计算

函　数	解　释	示　例
CrossProd	两个矢量的叉积（或矢量积）	PERS pos pos10:=[1,2,3]; PERS pos pos20:=[4,5,6]; PERS pos pos30:=[-3,6,-3]; pos30:=CrossProd(pos10,pos20); !结果 pos30 为[-3,6,-3]，按照向量叉乘公式计算
NOrient	规范未标准化的方位（四元组）	$ABS(\sqrt{q_1^2 + q_2^2 + q_3^2 + q_4^2} - 1)$ =norerr 如果 norerr>0.1，不可用； 如果 normerr>0.00001 且 normerr<=0.1，略微非规范化； 如果 normerr≤0.00001，规范化； 对略微非规范化进行规范化 VAR orient o1:=[0.707170，0，0，0.707170]; VAR orient o2; o2:=NOrient(o1); !结果 o2:=[0.707107, 0, 0, 0.707107];

3.11.2　求解线性方程组

对于 $A×X=B$ 形式的线性方程组，RAPID 提供了 MatrixSolve 指令对其求解，其具体用法如下：

```
VAR dnum A1{3,3}:=[[5, 2, 7],[-3, 1, 1],[1, 10, -3]];
VAR dnum b1{3}:=[-22, 39, 54];
VAR dnum x1{3};
MatrixSolve A1, b1, x1;
```

注：其中数据类型为 dnum。若使用 num 类型的数据，可以通过 NumToDnum( )和 DnumToNum( )函数进行转化。

3.11.3　位与字节

在 RAPID 编程中，关于字节，其提供 byte（8 位）和 dnum（52 位）两种数据类型。若超过 8 位，可以采用 dnum 类型的数据。表 3-12 为常用的位操作指令，表 3-13 为常用的位操作函数。

表 3-12　常用的位操作指令

指　令	解　释	示　例
BitClear	清除某 byte 或 dnum 数据中的一个特定位	VAR byte b1:=3; BitClear b1,1; !结果 b1 为 2 !即清除 b1[00000011]中的最低位 !结果为 b1[00000010]
BitSet	将 byte 或 dnum 数据中的一个特定位设为 1	VAR byte b1:=3; BitSet b1,3; !结果 b1 为 7 !即对 b1[00000011]中的第 3 位置 1 !结果为 b1[00000111]

表 3-13　常用的位操作函数

函　数	解　释	示　例
BitCheck	检查 byte 某个指定位是否被设置成 1	VAR byte b1:=7; flag10:=BitCheck(b1,1); !结果 flag10 为 True !检查 b1[00000111]中的最低位
BitCheckDnum	检查已定义 dnum 数据中的某个指定位是否被设置成 1	VAR dnum b1:=7; flag10:=BitCheckDnum(b1,1); !结果 flag10 为 True !检查 b1 中的最低位
BitAnd	两个 byte 逐位与（AND）运算，返回与运算的结果	VAR byte b1:=7; VAR byte b2:=1; VAR byte b3; b3:=BitAnd(b1,b2); !结果 b3=1 !b1[00000111],b2[00000001] !结果 b3[00000001]
BitAndDnum	对两个 dnum 逐位与（AND）运算，返回与运算的结果	VAR dnum b1:=7; VAR dnum b2:=1; VAR dnum b3; b3:=BitAndDnum(b1,b2); !结果 b3=1
BitNeg	在 byte 上执行一次逻辑逐位非（NEGATION）运算	VAR byte b1:=7; VAR byte b3; b3:=BitNeg(b1); !b3 结果为 248（十进制） !b1[00000111] !b3[11111000]
BitNegDnum	在 dnum 上执行一次逻辑逐位非（NEGATION）运算	VAR dnum b1:=7; VAR dnum b3; b3:=BitNegDnum(b1); !结果 b3 为 248
BitOr	在 byte 上执行一次逻辑逐位或（OR）运算	VAR byte b1:=7; VAR byte b2:=1; VAR byte b3; b3:=BitOr(b1,b2); !结果 b3=7 !b1[00000111],b2[00000001] !结果 b3[00000111]
BitOrDnum	在 dnum 上执行一次逻辑逐位或（OR）运算	VAR dnum b1:=7; VAR dnum b2:=1; VAR dnum b3; b3:=BitOrDnum(b1,b2); !结果 b3=7

函　　数	解　　释	示　　例
BitXOr	在 byte 上执行一次逻辑逐位异或（XOR）运算	VAR byte b1:=7; VAR byte b2:=1; VAR byte b3; b3:=BitXOr(b1,b2); !结果 b3=6 !b1[00000111],b2[00000001] !结果 b3[00000110]
BitXOrDnum	在 dnum 上执行一次逻辑逐位异或（XOR）运算	VAR dnum b1:=7; VAR dnum b2:=1; VAR dnum b3; b3:=BitXOrDnum(b1,b2); !结果 b3=6
BitLSh	在 byte 上执行一次逻辑逐位左移（LEFT SHIFT）运算	VAR byte b1:=255; VAR byte b3; b3:=BitLSh(b1,1); !结果 b3=254 !b1[11111111],b3[11111110]
BitLShDnum	在 dnum 上执行一次逻辑逐位左移（LEFT SHIFT）运算	VAR dnum b1:=255; VAR dnum b3; b3:= BitLShDnum (b1,1); !结果 b3=254
BitRSh	在 byte 上执行一次逻辑逐位右移（RIGHT SHIFT）运算	VAR byte b1:=255; VAR byte b3; b3:=BitRSh(b1,1); !结果 b3=127 !b1[11111111],b3[01111111]
BitRShDnum	在 dnum 上执行一次逻辑逐位右移（RIGHT SHIFT）运算	VAR dnum b1:=255; VAR dnum b3; b3:= BitRShDnum (b1,1); !结果 b3=127

ByteToStr	将 byte 按照指定格式转化为字符串，（[\Hex] | [\Okt] | [\Bin] | [\Char]）	VAR string s1;
		s1:=ByteToStr(255\Bin);
		!结果 s1:="11111111"
		s1:=ByteToStr(65\Char);
		!结果 s1:="A"，字母 A 的 ASCII 码为 65

StrToByte	将字符串按照指定格式转化为 byte，（[\Hex] | [\Okt] | [\Bin] | [\Char]）	VAR byte b3;
		b3:=StrToByte("10");
		!b3 结果为 10
		b3:=StrToByte("10"\Hex);
		!b3 结果为 16，0x10 对应的十进制为 16

3.12 运动类

3.12.1 判断点位是否可达

　　机器人在执行"MoveL p100,v1000,fine,tool0"指令时，若机器人走不到 p100 位置，则会出现如图 3-124 所示的报错。其中，p100 为 Robtarget 类型的数据，即记录的是 *x*、*y*、*z* 等数据。

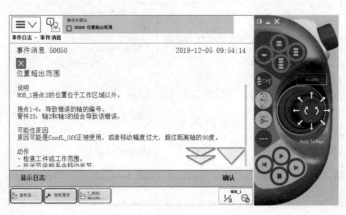

图 3-124　机器人的位置不可达

　　是否可以提前对 p100 位置的可达性进行运算，避免机器人位置不可达造成的停机报警？可以的，可以使用函数 CalcJoint(Robtarget p)进行运动学逆解计算，获取 Robtarget 点对应的各轴数据。例如：

```
jpos10:=CalcJointT(p100,tool0\Wobj:=wobj1\ErrorNumber:=myerrnum);
```

增加"\ErrorNumber"可选参数后，若此时计算出的位置机器人不可达，则会得到报警代码 ERR_ROBLIMIT（单轴超限）或者 ERR_OUTSIDE_REACH（机器人不可达）。假设 Home20 的 *x* 位置为 10000（机器人完全不可达），运行以下代码，则会出现如图 3-125 所示的结果。

```
VAR errnum myerrnum;
jpos10:=CalcJointT(Home20,tool0\ErrorNumber:=myerrnum);
    IF myerrnum=ERR_OUTSIDE_REACH THEN
        TPWrite "Joint jpos10 is outside reach.";
        TPWrite "jpos10.robax.rax_1: "+ValToStr(jpos10.robax.rax_1);
        TPWrite "jpos10.robax.rax_2: "+ValToStr(jpos10.robax.rax_2);
        TPWrite "jpos10.robax.rax_3: "+ValToStr(jpos10.robax.rax_3);
        TPWrite "jpos10.robax.rax_4: "+ValToStr(jpos10.robax.rax_4);
        TPWrite "jpos10.robax.rax_5: "+ValToStr(jpos10.robax.rax_5);
        TPWrite "jpos10.robax.rax_6: "+ValToStr(jpos10.robax.rax_6);
    ENDIF
```

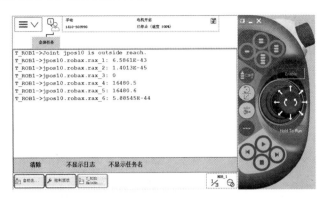

图 3-125　机器人位置不可达的结果提示

3.12.2　转弯半径及可视化

转弯半径数据（zonedata）用于设置当前一条运动指令与下一条运动指令之间的过渡方式。转弯半径数据（zonedata）包括：

1）finep（fine point）

数据类型：bool。

规定运动是否随着停止点（fine 点）或飞越点而结束。

TRUE：运动随停止点而结束，且程序执行将不再继续，直至机械臂达到停止点。未使用区域数据中的剩余组件。

FALSE：当满足预取条件时，运动以一个飞越点结束，但程序将继续执行。

2）pzone_tcp（path zone TCP）

数据类型：num。

TCP 区域的尺寸（半径），以 mm 计，即 TCP 进入该区域，TCP 轨迹开始向下一个编程点过渡圆滑，即进入图 3-126 中的 TCP 路径圆滑区域。

3）pzone_ori（path zone orientation）

数据类型：num。

有关工具重新定位的区域半径。将半径定义为 TCP 距编程点的距离，以 mm 计，即 TCP 进入该区域（图 3-126 中的姿态调整及外轴圆滑区域）时，TCP 轨迹的**姿态**开始向下一个编程点过渡圆滑。

4）pzone_eax（path zone external axes）

数据类型：num。

有关外轴的区域半径。将半径定义为 TCP 距编程点的距离，以 mm 计，TCP 进入该区域（图 3-126 中的姿态调整及外轴圆滑区域）时，外轴开始向下一个编程点过渡圆滑。如果当前 TCP 静止或者有很大幅度的重定位，则使用以下数据代替。

● zone_ori（zone orientation）

数据类型：num。

有关工具重新定位的区域半径，以°计。如果机械臂正夹持着工件，则意味着有关工件的旋转角，即当前 TCP 的姿态在这个角度范围内，TCP 姿态向下一个编程姿态过渡圆滑。

● zone_leax（zone linear external axes）

数据类型：num。

有关线性外轴的区域半径，以 mm 计。

● zone_reax（zone rotational external axes）

数据类型：num。

有关旋转外轴的区域半径，以°计。

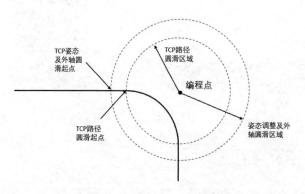

图 3-126　转弯半径数据示意图

RAPID 编程中已经预定义好很多转弯半径数据，具体见表 3-14。例如，使用 z20，则 TCP 进入编程点 20mm 的半径内，TCP 轨迹会向下一个编程点圆滑过渡。

表 3-14　预定义的转弯半径数据

路径区域				Zone		
名称	TCP 路径	方向	外轴	方向	线性轴	旋转轴
z0	0.3mm	0.3mm	0.3mm	0.03°	0.3mm	0.03°
z1	1mm	1mm	1mm	0.1°	1mm	0.1°
z5	5mm	8mm	8mm	0.8°	8mm	0.8°
z10	10mm	15mm	15mm	1.5°	15mm	1.5°
z15	15mm	23mm	23mm	2.3°	23mm	2.3°
z20	20mm	30mm	30mm	3.0°	30mm	3.0°
z30	30mm	45mm	45mm	4.5°	45mm	4.5°
z40	40mm	60mm	60mm	6.0°	60mm	6.0°
z50	50mm	75mm	75mm	7.5°	75mm	7.5°
z60	60mm	90mm	90mm	9.0°	90mm	9.0°
z80	80mm	120mm	120mm	12°	120mm	12°
z100	100mm	150mm	150mm	15°	150mm	15°
z150	150mm	225mm	225mm	23°	225mm	23°
z200	200mm	300mm	300mm	30°	300mm	30°

例如，如下程序，可实现在单击示教器中的单步运行按钮（见图 3-127）时，机器人均会准确走到每个点的位置，如图 3-128 中的点。但单击示教器中的启动运行按钮连续运行时，机器人实际的轨迹如图 3-128 所示，即机器人会在目标点的 20mm 半径范围内向下一个点圆滑过渡，提高机器人轨迹的流畅性。

```
MoveL p3000,v50,fine,MyTool\WObj:=Workobject_1;
MoveL p3001,v50,z20,MyTool\WObj:=Workobject_1;
MoveL p3002,v50,z20,MyTool\WObj:=Workobject_1;
MoveL p3003,v50,z20,MyTool\WObj:=Workobject_1;
```

向后运
行一行

向前运
行一行

图 3-127　示教器中的单步运行按钮

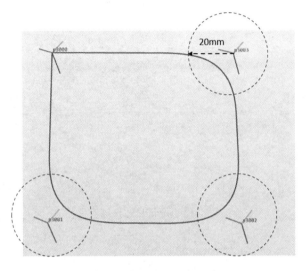

图 3-128　转弯半径 z20 的效果

在 RobotStudio 工作站创建完离线轨迹或者将 RAPID 中的轨迹"同步"到工作站时，均可单击图 3-129 中的"查看"—"显示各区域"，即可图形化地查看当前轨迹各转弯半径的效果，如图 3-130 所示。对于需要批量修改转弯半径的轨迹，也可单击图 3-131 中的"修改指令"—"区域"进行批量修改。

图 3-129　单击"查看"—"显示各区域"

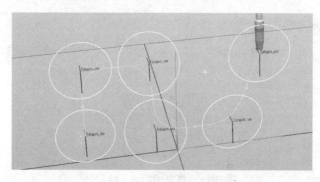

图 3-130　转弯半径 z100 的可视化效果

图 3-131　批量修改区域数据

3.12.3　转角路径故障及处理

机器人执行运动轨迹程序时，经常会出现如图 3-132 所示的警告信息（注：该警告信息不影响机器人的正常运行）。出现该警告的原因是当机器人的运动指令中使用 z10 等转弯半径参数时，机器人为了能够做出圆滑转角的效果，需要预读下一句运动语句。如果运动语句为最后一句指令，且没有使用 fine（使用了 z10 等转弯半径），此时由于机器人无法读取到下一条运动指令，不能计算转弯效果，即出现上述警告。机器人会以 fine 效果走到最后一句运动指令。

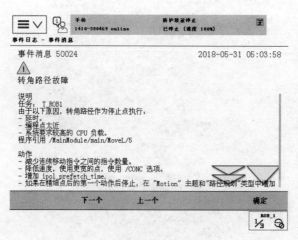

图 3-132　转角路径故障警告

若不希望出现如图 3-132 所示的警告信息，可以在示教器中插入图 3-133 中的 "CornerPathWarning FALSE" 指令。运行该指令后，机器人不会再出现如图 3-132 所示的警告信息。

图 3-133　设置"转角路径故障"不提示

3.12.4　阻止预读

在执行程序时，可以在示教器中看到两个图标（见图 3-134）。其中，机器人形状的图标称为运动指针（Motion Pointer，MP），箭头形状的图标称为程序指针（Program Pointer，PP）。

程序指针表示当前程序已经读取/执行到某一行；运动指针表示当前机器人实际在哪一行运动。图 3-134 中的 PP 和 MP 不在同一行，PP 领先于 MP。

出现图 3-134 中的情况是因为程序第 110 行使用了 z20（转弯半径数据）。此时由于程序指针已经到 112 行，所以 111 行的 set DO10_1 也被执行。此时会发生机器人还没有走到 p3001 点，DO 信号已经被置为 "1"，与预期不一致。

为阻止程序指针的预读，可以在移动指令里将转弯半径参数使用 fine，如图 3-135 所示。此时程序指钋会等运动指针走完 110 行后一起往下进行，即会在机器人走到 p3001 后再对 DO10_1 信号置 "1"。

图 3-134　程序指针与运动指针

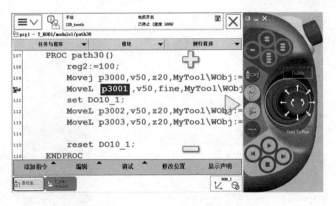

图 3-135　110 行使用 fine 参数

也可以使用"Waittimt\Inpos,0"指令阻止预读，或者在运动语句中增加"\Inpos"可选参数，具体如下：

```
MoveL p3001,v50,z20,MyTool\WObj:=Workobject_1;
        WaitTime\InPos,0;
        !使用 WaitTime 0 不能阻止预读
        !使用 WaitTime\Inpos, 0 可以阻止预读，即等机器人走到收敛域内再往下读取新的指令
        set DO10_1;
```

```
MoveL p3001,v50,z20\Inpos:=inpos20,MyTool\WObj:=Workobject_1;
!使用 stoppointdata 参数 inpos20，此参数会代替语句中的 v20
 set DO10_1;
```

3.12.5　短距离报警

现场生产中，有时会在很短的移动轨迹内加入较多编程点，此时运行程序则会出现如图 3-136 所示的警告信息，该警告其实是由于设置的编程点和上一次设置的位置距离太小导致的。机器人最小移动距离阀值的设置是为了避免 CPU 运算负荷太高，避免频繁发送命令导致机器人运行的抖动。

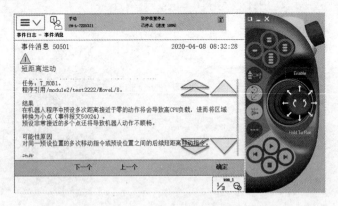

图 3-136　短距离运动警告

若现场确实需要连续短距离移动机器人，可以进入"配置"—"Motion"—"Motion Planner"（见图 3-137），调整笛卡儿空间（线性移动）Cartesian threshold for short segments、Threshold for short segments in rad 和 Threshold for short segments in m（见图 3-138）。

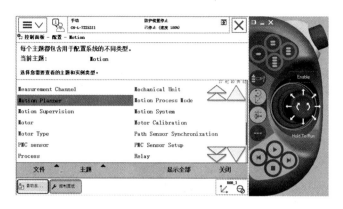

图 3-137　Motion Planner

图 3-138　修改短距离移动报警阈值

3.12.6　机器人停止距离可视化

工业机器人的现场运动速度较快。按照相关标准，机器人必须配置 "0 类停止" 和 "1 类停止" 功能（见表 3-15）。0 类停止通常又被称为 "紧急停止"（Emergency Stop）。图 3-139 为 ABB 工业机器人基于 ISO 10218-1 标准的机器人 "0 类停止" 和 "1 类停止" 距离的相关手册，手册中所述的停止距离均为机器人单轴全速运动时的停止距离。

表 3-15　0 类停止与 1 类停止

0 类停止	如 IEC 60204 所述，0 类停止指通过马上切断机器执行机构电源停止，即不受控停止。在 IRC5 中，马上切断驱动装置电源即可
1 类停止	如 IEC 60204 所述，1 类停止指在机器执行机构通电的情况下停止然后再断电的受控停止。在 IRC5 中，在使用伺服器使机器停止 1s 左右后切断驱动装置电源即可

从 RobotStudio 2020 版本开始，在 "信号分析器" 界面中可以添加实时记录机器人各轴基于 "0 类停止" 与 "1 类停止" 的停止位置、停止距离和停止时间（见图 3-140）。停止距离表示在当前速度和位置下，需要的停止距离（均为单轴角度，单位为 rad）；停止位

置表示在当前速度和位置下，机器人实际停止后所在的位置（均为单轴角度，单位为 rad）；停止时间表示在当前速度和位置下，机器人实际停止需要的时间。在图 3-140 所示的界面中配置完相关设置并勾选"启用"和"信号设置"，则可以通过信号分析器实时查看各轴的停止距离和停止时间。

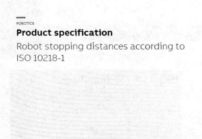

图 3-139　ABB 工业机器人停止距离的相关手册

从 RobotStudio 2020 版本开始，RS（RobotStudio）的 TCP 跟踪功能也提供实时显示"0 类停止"和"1 类停止"后机器人的轨迹，如图 3-141 所示为 TCP 跟踪中的"显示停止位置"。

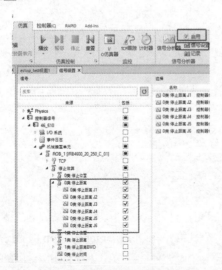

图 3-140　"信号分析器"界面

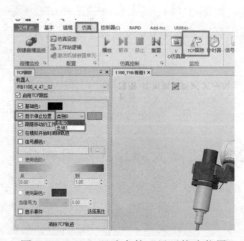

图 3-141　TCP 跟踪中的"显示停止位置"

编写机器人轨迹并单击"仿真启动"后，即可看到机器人的实时轨迹，以及基于当前轨迹和机器人速度的两类不同停止方式后的机器人位置，如图 3-142 所示。

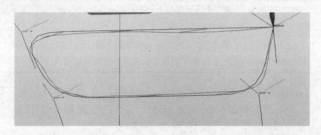

图 3-142　机器人轨迹与"0 类停止"发生时的位置轨迹

3.12.7   路径回归设置

机器人在运行轨迹时，若突然停止并离开原有路径（拍下急停造成机器人偏离轨迹或人为停止机器人运动后手动操纵机器人）。此时机器人为保证安全，会提示用户选择是否让机器人回归到原始路径，如图 3-143 所示。

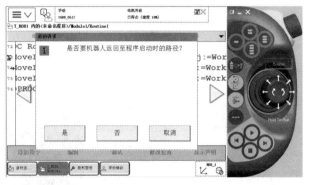

图 3-143   提示用户是否要返回程序启动时的路径

若机器人在折返路径范围内，则启动程序时，机器人会先自动回归到程序路径并继续运动；机器人的当前位置若超出自动折返路径范围，则会出现如图 3-143 所示的提示。

机器人的折返路径范围可以通过"配置"—"Controller"—"Path Return Region"进行修改，如图 3-144 和图 3-145 所示。Manual 表示手动状态下的允许偏差，即若机器人 TCP 偏离原有轨迹大于 0.05m，则会弹框提示是否要回归；若小于 0.05m，则直接回归原有路径。

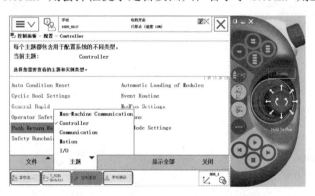

图 3-144   进入 Path Return Region

图 3-145   设置 Path Return Region

机器人停止运动后，若人为移动程序指针，机器人则直接走向下一目标点，不提示回归路径。

3.12.8　MoveLDO 与 MoveLSync

由转弯半径数据（zonedata）的概念及 3.12.4 节相关内容可知，若机器人执行图 3-146 中所示的代码，DO10_1 信号将不能在机器人走到 p3001 时置"1"。由于程序指针的预读，可能机器人在还没走到 p3000 时就已经对 DO10_1 信号置"1"了。

可以在运动语句中使用 fine 参数阻止预读。但此时机器人会在 p3001 点稍做停顿，使得机器人的整个运行时间（Cycle Time，CT）变长（注：使用转弯半径参数 z0 无法阻止预读）：

图 3-146　程序指针预读

```
MoveL p3000,v50,v20,MyTool\WObj:=Workobject_1;
    MoveL p3001,v50,fine,MyTool\WObj:=Workobject_1;
    Set DO10_1;
    MoveL p3002,v50,z20,MyTool\WObj:=Workobject_1;
    MoveL p3003,v50,z20,MyTool\WObj:=Workobject_1;
```

若使用转弯半径参数，机器人的 MoveLDO 轨迹及程序调用如图 3-147 所示，这样就可以很好地避免由于程序指针预读导致对信号控制时间不准确的问题。MoveJDO、MoveCDO、MoveJAO、MoveLAO、MoveCAO、MoveJGO、MoveLGO、MoveCGO 的使用方法和效果与 MoveLDO 类似：

```
MoveLDO p2, v1000, z30, tool2, do1,1;
!机器人走到离 p2 最近的位置时将 do1 信号置 1
```

MoveXDO 等指令只能在机器人运动到离编程点最近的位置时触发输出信号。可以使用 MoveLSync 指令在机器人运动到离编程点最近的位置时同时执行例行程序（程序内不能有运动指令），如图 3-148 所示。MoveJSync、MoveCSync 的使用方法和效果同 MoveLSync：

```
MoveLSync p2, v1000, z30, tool2, "my_proc";
!机器人走到离 p2 最近的位置时同时调用程序 my_proc
```

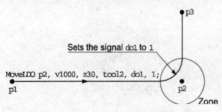

图 3-147　MoveLDO 轨迹与程序调用

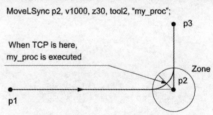

图 3-148　MoveLSync 轨迹与程序调用

3.12.9　Trigger 相关指令

1. 准确提前/延后触发

MoveLDO 与 MoveLSync 指令只能在机器人到达某个位置时触发信号或者调用程序。如果希望在编程点位置前（后）的某个位置（或机器人到达编程点前指定时间）准确触发信号或者调用程序，可以使用 Trigger 相关指令来实现。

使用 Trigger 功能通常包括设置语句（如 TriggIO 和 TriggEquip 等）和运动指令（TriggL、TriggJ、TriggC 等），示例代码如下：

```
VAR triggdata gunon;
TriggIO triggdo4, 200\DOp:=do4, 1;
!在基于目标点前 200mm 的位置处将 do4 设置为 1
!参数 200 表示距离，单位为 mm
!默认基于目标点的提前设置
TriggIO triggdo4, 0.2\Time\DOp:=do4, 1;
!在基于目标点前 0.2s 的位置处将 do4 设置为 1
!使用可选参数 Time 后，参数 0.2 表示时间，单位为 s
TriggIO triggdo4,10\Start\DOp:=DO10_1,1;
!基于本运动指令起点（上一运动语句目标点）后 10mm 的位置处将 do4 设置为 1
!使用可选参数 Start 后，基于上一运动指令的目标点，即本语句的起点
```

在使用 TriggL（TriggJ、TriggC 类似）等运动指令时，必须先运行过 TriggIO 等设置指令。运行以下代码，运行效果如图 3-149 所示。

```
VAR triggdata gunon;
TriggIO triggdo4, 200\DOp:=do4, 1;
MoveJ p1, v500, z50, tool1;
TriggL p2, v1000, triggdo4, z10, tool1;
```

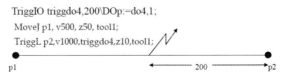

图 3-149　在 p2 点前 200mm 处设置 do4 信号为 1

运行以下代码，运行效果如图 3-150 所示。

```
VAR triggdata gunon;
TriggIO gunon, 0.2\Time\DOp:=gun, 1;
TriggL p1, v500, gunon, fine, gun1;
```

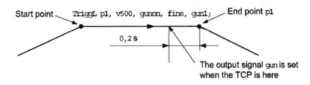

图 3-150　在 p1 点前 0.2s 处设置 gun1 信号为 1

TriggIO 仅能设置为基于距离或者基于时间。若希望先基于距离，再在距离基础上叠加时间，可以使用 TriggEquip 设置指令。示例代码如下，运行效果如图 3-151 所示。

```
VAR triggdata gunon;
TriggEquip gunon, 10, 0.1 \DOp:=gun, 1;
!基于目标点前 10mm，再往前 0.1s
TriggL p1, v500, gunon, z50, gun1;
```

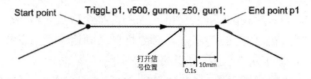

图 3-151　TriggEquip 指令的设置方法

注：如果目标点附近的 I/O 设置需要较高的精度，则应当始终使用 TriggIO（而非 TriggEquip）。

2．RobotStudio 中查看 Trigger 效果

为方便验证 Trigger 相关指令的效果，可以借助 RobotStudio 仿真中的 TCP 跟踪、显示信号及事件功能。编写如下代码，使用 DO10_1 信号，按照图 3-152 所示的设置，单击"仿真启动"，可以看到如图 3-153 所示的效果（图 3-153 中若信号选择模拟量，如 speed 等，则可以设置下面的色阶，即从 xx-yy 按照颜色变化）。

```
VAR triggdata triggOn;
VAR triggdata triggOff;
    TriggIO triggOn,5\DOp:=DO10_1,1;
    TriggIO triggOff,5\DOp:=DO10_1,0;
    MoveL p3000,v50,fine,MyTool\WObj:=wobj0;
    TriggL p3001,v50,triggOn,z10,MyTool\WObj:=wobj0;
    !距离目标点前 5mm 打开信号 DO10_1
    TriggL p3002,v50,triggOff,z10,MyTool\WObj:=wobj0;
    !距离目标点前 5mm 关闭信号 DO10_1
    MoveL p3003,v50,z10,MyTool\WObj:=wobj0;
    MoveL p3000,v50,fine,MyTool\WObj:=wobj0;
```

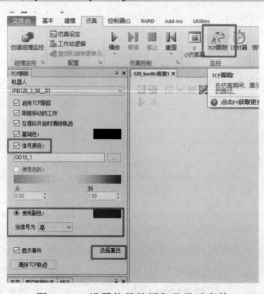

图 3-152　设置信号的颜色及显示事件

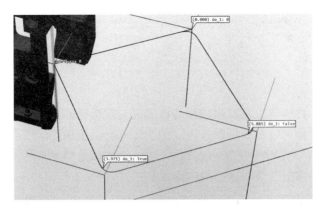

图 3-153　RS 查看 TriggL 效果

3．定长距离触发

希望机器人在执行一条运动语句时，定长（如每 10mm）开（或关）信号，如图 3-154 所示为间隔 10m 输出信号（途中数字为触发的时间），则可以借助 TriggL 语句实现。

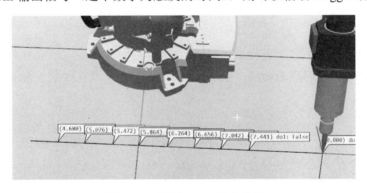

图 3-154　间隔 10mm 输出信号

在一条 TriggL 语句中，可以添加可选参数"\T2""\T3"等，以便添加多个 triggdata。在一条 TriggL 语句中，最多可以使用到可选参数"\T8"。示例代码如下：

```
TriggL p3001,v50,trigg1\T2:=trigg2\T3:=trigg3,z10,MyTool\WObj:=Workobject_1;
```

对于要实现图 3-154 所示的效果，也可以以 triggdata 数组的形式来实现（注：triggdata 数组内最多 25 个元素）。示例代码如下：

```
VAR triggdata trigg1{25};
!声明 25 个元素的 triggdata 数组
  PROC idis()
        reg1:=10;
        FOR i FROM 1 TO 10 DO
            TriggIO trigg1{2*i-1},(2*i-1)*reg1\Start\DOp:=do1,1;
            !以起点作为参考，在 10mm、30mm 等处打开 do1
            TriggIO trigg1{2*i},2*i*reg1\Start\DOp:=do1,0;
            !以起点作为参考，在 20mm、40mm 等处关闭 do1
        ENDFOR
        MoveL p100,v100,fine,MyTool\WObj:=wobj0;
```

```
        TriggL p200,v100,trigg1,fine,MyTool\WObj:=wobj0;
        !使用 trigg1 数组
ENDPROC
```

4．TriggSpeed

在涂胶工艺中，往往要求实时出胶量与机器人当前运行的速度成正比，即机器人速度快，出胶量也大，这样可以保证机器人速度的变化不会影响最终涂胶胶型的粗细。

可以使用 TriggSpeed 指令设置 triggdata，将一个模拟量输出信号与当前速度关联并输出，也可以设置模拟输出信号与速度的倍率关系：

```
TriggSpeed TriggData Distance ScaleLag AOp ScaleValue [\DipLag]
```

其中：

1）TriggData

数据类型：triggdata。

从该指令返回用于储存 triggdata 的变量。随后，将此类 triggdata 用于 TriggL、TriggC 或 TriggJ 指令。

2）Distance

数据类型：num。

定义路径上的位置，以改变模拟信号的输出值。

定义为距移动路径终点的距离，以 mm 计（正值）（未设置参数"\Start"时适用）。

3）ScaleLag

数据类型：num。

指定距离再往前提早的时间（单位为 s）。

4）AOp（Analog Output）

数据类型：signalao。

模拟输出信号的名称。

5）ScaleValue

数据类型：num。

模拟输出信号的刻度值。

逻辑输出值=刻度值*实际 TCP 速度，以 mm/s 计。

6）[\DipLag]

数据类型：num。

该参数值意味着模拟输出信号由 TCP 速度出现下降前一指定时间的机械臂来设置。

创建模拟输出信号 glue_ao，运行以下代码，可以得到如图 3-155 所示的效果。

```
VAR triggdata glueflow;
TriggSpeed glueflow, 0, 0.05, glue_ao, 0.8\DipLag:=0.04 ;
TriggL p1, v500, glueflow, z50, gun1;
TriggSpeed glueflow, 10, 0.05, glue_ao, 1;
TriggL p2, v500, glueflow, z10, gun1;
TriggSpeed glueflow, 0, 0.05, glue_ao, 0;
TriggL p3, v500, glueflow, z50, gun1;

!当 TCP 位于点 p1 前 0.05s 时，启用胶流（模拟输出信号 glue_ao），以及刻度值 0.8
```

!当 TCP 位于点 p2 前 10mm 加 0.05s 时，启用新胶流刻度值 1
!当 TCP 位于点 p3 前 0.05s 时，启用胶流终点（刻度值 0）
!对机械臂的速度下降进行时间补偿，以致模拟输出信号 glue_ao 在实际 TCP 速度出现下降前 0.04s
!就开始反映规划 TCP 的速度变化

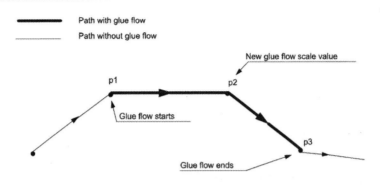

图 3-155　TriggSpeed 时序运行结果

3.12.10　获取机器人运动轨迹距离

在较新版本的 RobotWare 版本中，其提供了记录实际机器人 TCP 运行轨迹长度的指令和函数，包括 PathLengthReset（轨迹记录清零）、PathLengthStart（开始记录轨迹长度）、PathLengthStop（停止记录轨迹长度）和 PathLengthGet（获取记录的轨迹长度）。示例代码如下：

```
PathLengthReset;
PathLengthStart;
MoveJ p10, v1000, z50, L10tip;
MoveL p40, v1000, fine, L10tip;
PathLengthStop;
reg1:=PathLengthGet();
```

3.12.11　单轴运动总距离和时间

可以通过获取机器人/导轨/变位机各轴的运行总距离（单位：°或者 m），以及运行总时间（单位：h）来估计机器人当前的使用情况，及时告知维保人员机器人的状态。

可以通过函数 GetAxisMoveTime(ROB_1,1)获取机器人 1 轴的总运行时间（注：返回数据为 dnum 型数据）；可以通过函数 GetAxisDistance(ROB_1,1)获取机器人 1 轴的总运行距离（注：返回数据为 dnum 型数据）。

可以通过指令"ResetAxisDistance ROB_1,1"对机器人 1 轴的距离记录清零；可以通过指令"ResetAxisMoveTime ROB_1,1"对机器人 1 轴的运行时间记录清零。运行以下代码，可以得到如图 3-156 所示的效果。

```
ResetAxisDistance ROB_1,1;
ResetAxisMoveTime ROB_1,1;
path30;
TPWrite "a1 time is "\Dnum:=GetAxisMoveTime(ROB_1,1);
TPWrite "a1 distance is "\Dnum:=GetAxisDistance(ROB_1,1);
```

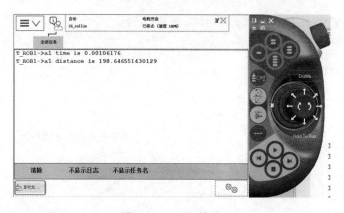

图 3-156　运行效果

3.12.12　准确记录机器人指令时间

在执行机器人代码时,可以准确记录各指令执行的进入时间和离开时间(精确到毫秒),以便后期分析现场问题。

指令 SpyStart 启动相关记录,使用该指令后,会将后续运行指令的执行时间记录在某日志文件,如 spy1.log,指令 SpyStop 停止记录。

运行以下代码后,打开 HOME 文件夹下的 spy1.log 文件,即可看到如图 3-157 所示的记录内容。

```
PROC Routine2()
        SpyStart "HOME:/spy1.log";
          !开始记录,并将内容存储到 HOME 文件夹下的 spy1.log 文件
        MoveL p70,v100,fine,tool0\WObj:=wobj1;
        TPWrite "test";
        MoveL p80,v100,fine,tool0\WObj:=wobj1;
        MoveL p90,v100,fine,tool0\WObj:=wobj1;
        !MoveC p80, p90, v100, z10, tool0\WObj:=wobj1;
        WaitTime 0.2;
        MoveL p70,v100,fine,tool0\WObj:=wobj1;
        SpyStop;
        !停止记录
ENDPROC
```

TASK	INSTRUCTION	In	STATUS	OUT
T_ROB1	MoveL p70,v100,fine,tool0\WObj:=wobj1;	255044	:WAIT	:255044
T_ROB1	MoveL p70,v100,fine,tool0\WObj:=wobj1;	255072	:READY	:255072
T_ROB1	TPWrite "test";	255072	:READY	:255072
T_ROB1	MoveL p80,v100,fine,tool0\WObj:=wobj1;	255072	:WAIT	:255072
T_ROB1	MoveL p80,v100,fine,tool0\WObj:=wobj1;	256024	:READY	:256024
T_ROB1	MoveL p90,v100,fine,tool0\WObj:=wobj1;	256024	:WAIT	:256024
T_ROB1	MoveL p90,v100,fine,tool0\WObj:=wobj1;	256704	:READY	:256704
T_ROB1	!	256704	:READY	:256704
T_ROB1	WaitTime 0.2;	256704	:WAIT	:256704
T_ROB1	WaitTime 0.2;	256904	:READY	:256904
T_ROB1	MoveL p70,v100,fine,tool0\WObj:=wobj1;	256904	:WAIT	:256904
T_ROB1	MoveL p70,v100,fine,tool0\WObj:=wobj1;	258040	:READY	:258040
T_ROB1	SpyStop;	258040	:	

图 3-157　spy1.log 文件中的内容

图 3-157 中 "In" 表示程序进入该指令的时间，单位为 ms；"Out" 表示程序离开该指令的时间，单位为 ms；"STATUS" 表示离开该指令时的状态，其中 "WAIT" 表示还在等待执行完毕，"READY" 表示指令已经执行完毕。

从图 3-157 中可以看出，机器人进入 "MoveL p80" 语句的时间为 255072ms，离开时的时间为 256024ms，耗时 952ms。

3.13　运动搜索指令

机器人在沿直线（或者圆弧）运动时，若收到信号，希望立即停止或者记录收到信号的位置（见图 3-158，机器人向下搜索，当传感器输出信号时，机器人记录位置并尽快停止，记录的位置就是产品的高度），此时，可以使用运动搜索指令 SearchL（对于圆弧运动使用 SearchC）来实现。示例代码如下，其中 SearchX 相关指令可以在 "示教器"—"程序编辑器" 的 "MotionProc" 分组中找到，如图 3-159 所示。

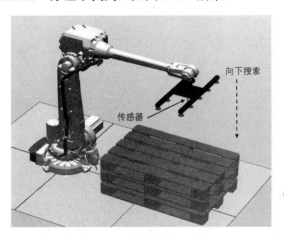

图 3-158　SearchL 指令的应用

```
CONST robtarget p10:=*;
VAR robtarget sp;
SearchL di1, sp, p10, v100, probe;
            ! 以 v100 的速度，使 probe 的 TCP 沿直线朝位置 p10 移动
            ! 当信号 di1 的值由 0 变为 1 时，将位置储存在 sp 中

            SearchL \Stop, di2, sp, p10, v100, probe;
            ! 将 probe 的 TCP 沿直线朝位置 p10 移动
            !当信号 di2 的数值由 0 变为 1 时，将位置储存在 sp 中，且机械臂立即停止

SearchL\Stop,di3\Flanks,sp,p10,v100,probe;
            ! 将 probe 的 TCP 沿直线朝位置 p10 移动
            !当信号 di3 的数值变化时（可以为从 0 变为 1 的上升沿，也可以为从 1 变为 0 的下降沿）
            !将位置储存在 sp 中，且机械臂立即停止
```

为提高记录信号改变时位置的准确性，通常 Search 语句的运动速度不能超过 v100。实质上，为了位置记录的准确性，较多情况会将搜索速度控制在 v30 以内。

机器人在使用 Search 语句时，添加可选参数 "\Stop" 时，当机器人收到信号时，其会尽快停止。由于从运动变为停止需要时间，机器人实际的停止位置与收到信号时的位置有差异。使用如下代码，机器人收到信号时的位置与实际停止时的位置的差异如图 3-160 所示。

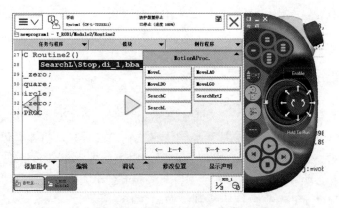

图 3-159　插入 SearchL 指令

```
MoveL pStart,v1000,fine,MyTool\WObj:=wobj0;
SearchL\Stop,DI10_1,ptmp_sensor, offs(pStart ,0,0,-100),v100,MyTool;
!收到信号变化时的位置记录在 ptmp_sensor
!使用 v100 搜索，机器人停止位置将离收到信号位置更远
waittime\InPos,0.5;
ptmp_stop:=CRobT();
    !记录机器人当前位置，即机器人实际停止位置
MoveL offs(ptmp_sensor,0,0,50),v100,fine,MyTool\WObj:=wobj0;
    !走回收到信号位置上方 50mm
TPWrite "sensor pos:"\Pos:=ptmp_sensor.trans;
TPWrite "stop pos:"\Pos:=ptmp_stop.trans;
```

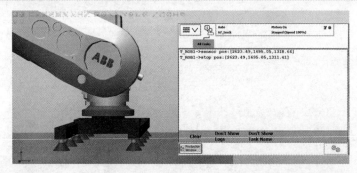

图 3-160　SearchL 收到信号时的位置与实际停止位置的差异

3.14　RAPID 配套指令

3.14.1　获取系统信息

可以通过"示教器"—"系统信息"查看当前机器人的系统信息，如图 3-161 所示。

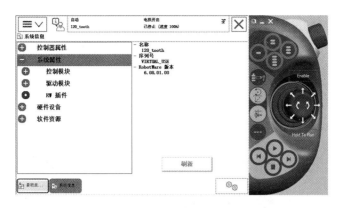

图 3-161　查看当前机器人的系统信息

也可通过 RAPID 函数 GetSysInfo( )获取包括机器人序列号、软件版本、机器人型号、WAN 口 IP、系统名称等信息。示列代码如下：

```
VAR string serial;
VAR string version;
VAR string versionname;
VAR string rtype;
VAR string cid;
VAR string lanip;
VAR string clang;
VAR string sysname;
PROC test_sysinfo()
    serial:=GetSysInfo(\SerialNo);
    !获取当前机器人序列号
    version:=GetSysInfo(\SWVersion);
    !获取当前机器人软件版本
    versionname:=GetSysInfo(\SWVersionName);
    !获取当前机器人软件名
    rtype:=GctSysInfo(\RobotTypc);
    !获取当前机器人型号
    cid:=GetSysInfo(\CtrlId);
    !获取当前机器人 Control ID
    !如果是虚拟系统，返回 VC
    lanip:=GetSysInfo(\LanIp);
    !获取当前机器人 WAN 口 IP
    !如果是虚拟系统，返回 VC
    clang:=GetSysInfo(\CtrlLang);
    !获取当前机器人示教器语言
    sysname:=GetSysInfo(\SystemName);
    !获取当前机器人系统名称
    TPWrite "serial number: "+serial;
    TPWrite "version: "+version;
    TPWrite "version name: "+versionname;
    TPWrite "robot type: "+rtype;
    TPWrite "controlID: "+cid;
    TPWrite "wan IP: "+lanip;
    TPWrite "language: "+clang;
ENDPROC
```

执行以上代码可以得如图 3-162 所示的结果。

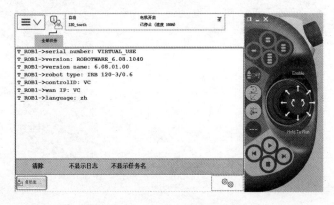

图 3-162　写屏输出系统信息

3.14.2　时间相关指令

RAPID 编程中与时间相关的数据类型为 clock。如表 3-16 所示，其为 RAPID 编程中与时间相关的指令的解释。

表 3-16　RAPID 编程中与时间相关的指令的解释

指　　令	解　　释
ClkReset	重置用于定时的时钟
ClkStart	启用用于定时的时钟
ClkStop	停用用于定时的时钟
ClkRead	读取用于定时的时钟
CDate	把当前日期视作字符串
CTime	把当前时间视作字符串

示例代码如下：

```
VAR clock clock1;
ClkReset clock1;
!对 clock1 复位
ClkStart clock1;
!启动 clock1
!主程序
ClkStop clock1;
!停止 clock1
reg1:=ClkRead(clock1);
!读取 clock1 的时钟，单位为 s，分辨率为 0.001s
reg1:=ClkRead(clock1\HighRes);
!使用可选参数 HighRes，分辨率为 0.000001s
TPWrite "today is "+CDate();
!写屏输出当前日期
TPWrite "curr time is "+CTime();
!写屏输出当前时间
```

运行以上代码，可以得到如图 3-163 所示的结果。

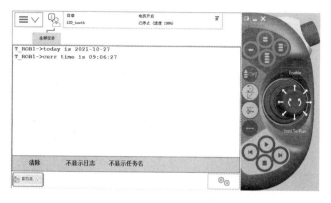

图 3-163　示例代码的运行结果

3.14.3　获取与设置系统数据

　　GetSysData 指令可以获取当前机器人正在使用的工具名字及工具数据、工件坐标系名字及工件坐标系数据，以及 Loaddata 名字和 Loaddata 数据。

　　GetSysData 指令根据其后面的数据类型（如是工具数据 tooldata），获取当前对应的工具/工件坐标系/Loaddata 数据并存储。示例代码如下：

```
PERS string toolname:="MyTool";
PERS string wobjname:="Workobject_1";
PERS string loadname:="load0";
PERS tooldata curr_tool:=[TRUE,[[31.7926,0,229.639],[0.945519,0,0.325568,0]],[1,[0,0,1],[1,0,0,0],0,0,0]];
PERS wobjdata curr_wobj:=[FALSE,TRUE,"",[[403.379,94.0396,300],[0.970959,0,0,-0.239244]],[[0,0,0],
[1,0,0,0]]];
PERS loaddata curr_load:=[0.001,[0,0,0.001],[1,0,0,0],0,0,0];

PROC test_sys()
    GetSysData curr_tool\ObjectName:=toolname;
    !将当前的工具数据存入 curr_tool，将当前的工具名字存入 toolname
    GetSysData curr_wobj\ObjectName:=wobjname;
    !将当前的工件坐标系数据存入 curr_wobj，将当前的工件坐标系名字存入 wobjname
    GetSysData curr_load\ObjectName:=loadname;
    !将当前的 loaddata 数据存入 curr_load，将当前的 loaddata 名字存入 loadname
    TPWrite "curr tool: "+ toolname;
    TPWrite "curr wobj: "+ wobjname;
    TPWrite "curr load: "+ loadname;
ENDPROC
```

　　运行以上代码，可以得到如图 3-164 所示的结果。

　　SetSysData 指令可以改变机器人当前使用的工具为指定的 tooldata、改变机器人当前正在使用的工件坐标系为指定 wobjdata、改变机器人当前正在使用的 Loaddata 为指定的 loaddata。示例代码如下：

```
    SetSysData tool0;
    !设定当前使用的工具为 tool0
    SetSysData wobj0;
```

```
!设定当前使用的工件坐标系为 wobj0
SetSysData load0;
!设定当前使用的 Loaddata 为 load0
```

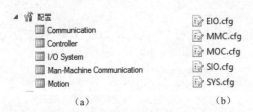

图 3-164　GetSysData 指令的运行结果

3.14.4　读取机器人各轴上下限

在 RobotStudio 的"控制器"—"配置"下［见图 3-165（a）］，可以为 ABB 工业机器人的常用配置设置区域。针对带有工艺包的机器人（如点焊/弧焊等），其还会有 PROC 配置区域。保存这些文件，即可获得 ABB 工业机器人相应的配置文件，如图 3-165（b）所示。它们的对应关系如表 3-17 所示。

（a）　　　　　　（b）

图 3-165　ABB 工业机器人的配置文件

表 3-17　配置主题与配置文件名之间的对应关系

Communication	SIO.cfg
Controller	SYS.cfg
I/O System	EIO.cfg
Man-Machine Communication	MMC.cfg
Motion	MOC.cfg

可以通过指令 ReadCfgData 获取系统配置中的相关数据。例如，以下代码可以获取机器人 1 轴的上下限（注：旋转轴上下限的单位为 rad）：

```
var num upper;
    var num lower;
    ReadCfgData "/MOC/ARM/rob1_1","upper_joint_bound",upper;
    !1 轴的上限数据位于 MOC 的 Arm 域下的 rob1_1，如图 3-166 所示
    !参数名称为 upper_joint_bound
```

```
!获取的结果存入 upper 变量中，上限数据的单位为 rad
ReadCfgData "/MOC/ARM/rob1_1","lower_joint_bound",lower;
TPWrite "joint1 upper bound "+ValToStr(upper/pi*180)+" deg";
!写屏输出 1 轴的上限数据，将弧度转化为角度
TPWrite "joint1 lower bound "+ValToStr(lower/pi*180)+" deg";
```

图 3-166　1 轴上限数据的路径

运行以上代码，可以得到如图 3-167 所示的结果。

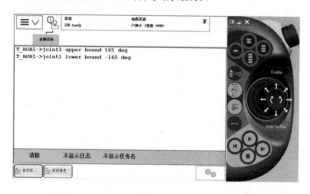

图 3-167　ReadCfgData 指令的运行结果

也可以通过 ReadCfgData 指令读取机器人配置文件中的其他参数。示例代码如下：

```
VAR num offset1;
ReadCfgData "/MOC/MOTOR_CALIB/rob1_1","cal_offset",offset1;
!读取 1 轴电机的电机偏移值并将其存入变量 offset1 中
VAR string io_device;
ReadCfgData "/EIO/EIO_SIGNAL/do1","Device",io_device;
!读取 do1 信号所属设备的名字并将其存入 io_device 变量中
```

3.14.5　修改机器人各轴上下限与重启

可以通过指令 WriteCfgData 修改系统配置中的相关数据。例如，以下代码可以修改机器人 1 轴的上限数据为 140°。修改完配置文件需要重启机器人后才能生效，可以在 RAPID 编程中使用 WarmStart 指令重启机器人。

```
upper:=140;
                WriteCfgData "/MOC/ARM/rob1_1","upper_joint_bound",upper/180*pi;
    WarmStart;
```

也可通过 WriteCfgData 指令修改其他配置域中的各项参数，如输送链跟踪的 Base 坐标系、外轴转台的 Base 坐标系等。

3.15　搜索数据与读写文件

3.15.1　批量获取数据

有一些名字有规律的点位（如 p5100、p5010、p5102 等），希望将这些点位的数值赋值到一个数组内，可以使用指令"GetDataVal'A', B"（其中，A 为字符串类型的数据名称，B 为和 A 数据类型一致的数据，指令将 A 中的数据存入数据 B 中）来实现。

以下示例代码将点位 p5100、p5101、p5102、p5103、p5104 的数据存入数组 pArray 中的 1～5 元素内，GetDataVal 可以根据数据名称（字符串类型表示）获取任意类型的数据并将其存入第二个数据中：

```
CONST robtarget p5100:=[[1,0,0],[1,0,0,0],[0,0,0,0],[9E9,9E9,9E9,9E9,9E9,9E9]];
CONST robtarget p5101:=[[2,0,0],[1,0,0,0],[0,0,0,0],[9E9,9E9,9E9,9E9,9E9,9E9]];
CONST robtarget p5102:=[[3,0,0],[1,0,0,0],[0,0,0,0],[9E9,9E9,9E9,9E9,9E9,9E9]];
CONST robtarget p5103:=[[4,0,0],[1,0,0,0],[0,0,0,0],[9E9,9E9,9E9,9E9,9E9,9E9]];
CONST robtarget p5104:=[[5,0,0],[1,0,0,0],[0,0,0,0],[9E9,9E9,9E9,9E9,9E9,9E9]];
VAR robtarget pArray{5};
PROC test_sys()
    FOR i FROM 1 TO 5 DO
        GetDataVal "p"+ValToStr(5100+i-1),pArray{i};
        !拼接字符串，获得字符串"p5100","p5101","p5102","p5103","p5104"
    ENDFOR
ENDPROC
```

3.15.2　批量设置数据

对一些名字有规律的数据批量赋值，可使用指令"SetDataVal'A', B"（其中，A 为字符串类型的数据名称，B 为和 A 数据类型一致的数据，将 B 的值存入对应"A"的数据中。B 数据的存储类型必须是 VAR）来实现。

以下示例代码可以实现将数组 arr1 中的 4 个元素的值分别存入 a200、a201、a202 和 a203 中。其中，SetDataVal 可以将任意数据类型的数据存入第一个字符串对应的数据中。

```
VAR num arr1{4}:=[1,2,3,4];
PERS num a200;
PERS num a201;
PERS num a202;
PERS num a203;

PROC test_sys()
    FOR i FROM 1 TO 4 DO
        SetDataVal "a"+ValToStr(199+i),arr1{i};
        !将 arr1{1}中的数值存入 a200 中
        ! 将 arr1{2}中的数值存入 a201 中
        !"SetDataVal xx , yy"中的 yy 必须是 VAR 存储类型的数据
    ENDFOR
ENDPROC
```

3.15.3　搜索数据

要显示系统/任务中某种数据类型的所有数据，此时就需要用到指令 SetDataSearch（设置搜索数据指令）及函数 GetNextSym（获取下一个匹配的数据）。

1．SetDataSearch Type [\TypeMod] [\Object] [\PersSym] [\VarSym][\ConstSym] [\InTask] | [\InMod] [\InRout][\GlobalSym] | [\LocalSym]

其中：

1）Type

数据类型：string。

待检索数据对象数据类型的名称。

2）[\TypeMod]

数据类型：string。

使用用户定义的数据类型时，用以定义数据类型的模块名称。

3）[\Object]

数据类型：string。

使用正则表达式进行数据名称的匹配。例如，"abc"将仅匹配名为"abc"的数据。".*abc.*"将匹配数据名称包含字符"abc"的所有数据。

默认匹配所有存储类型的数据。可以通过指定 PersSym、VarSym 或 ConstSym 中之一或多个进行数据存储类型的限定匹配。

4）[\PersSym]

数据类型：switch。

接受永久变量（PERS）符号。

5）[\VarSym]

数据类型：switch。

接受变量（VAR）符号。

6）[\ConstSym]

数据类型：switch。

接受常量（CONST）符号。

InTask 与 InMod 为互斥参数，只能选择其中一个。

7）[\InTask]

数据类型：switch。

搜索任务级别的数据。如果在 GetNextSym 中设置\Recursive 标记，则对该任务下的所有模块进行搜索。

8）[\InMod]

数据类型：string。

指定搜索的模块。

如果在 GetNextSym 中设置\Recursive 标记，则会对该模块内的所有数据（包括定义在例行程序内的数据）进行搜索。

9）[\InRout]

数据类型：string。

仅以指定程序等级进行搜索。必须在参数\InMod 中指定程序的模块名称。

默认行为是匹配全局和局部变量，通过指定\GlobalSym 或\LocalSym 之一，限定搜索范围。

10）[\GlobalSym]

数据类型：switch。

仅搜索全局变量。

11）[\LocalSym]

数据类型：switch。

仅搜索 Local 变量。

2．GetNextSym (Object Block [\Recursive])

1）Object

数据类型：string。

存储搜索到数据的名字（VAR 或 PERS）。

2）Block

数据类型：datapos。

对象的封闭块，即由 SetDataSearch 指令设置的搜索范围。

3）[\Recursive]

数据类型：switch。

将强制进入搜索封闭块内的下一级，如设置 InTask，将搜索 Task 下的所有 Module 和 Routine 内容；设置 InMod，将搜索该 Module 内及其包含的所有 Routine。

例如，要显示 module5 模块内所有名字开头为 p5 的 robtarget 类型的数据，可以使用如下代码来实现，其运行结果如图 3-168 所示。虽然模块内有 7 个 robtarget 类型的数据（不包括定义在 test_sys 例行程序中的 p2），但符合名称开头为 p5 的 robtarget 类型数据只有 5 个。

```
Module module5
    PERS robtarget p5100:=[[1,0,0],[1,0,0,0],[0,0,0,0],[9E9,9E9,9E9,9E9,9E9,9E9]];
    PERS robtarget p5101:=[[2,0,0],[1,0,0,0],[0,0,0,0],[9E9,9E9,9E9,9E9,9E9,9E9]];
    PERS robtarget p5102:=[[3,0,0],[1,0,0,0],[0,0,0,0],[9E9,9E9,9E9,9E9,9E9,9E9]];
    PERS robtarget p5103:=[[4,0,0],[1,0,0,0],[0,0,0,0],[9E9,9E9,9E9,9E9,9E9,9E9]];
    PERS robtarget p5104:=[[5,0,0],[1,0,0,0],[0,0,0,0],[9E9,9E9,9E9,9E9,9E9,9E9]];
    VAR robtarget ptmp_stop;
    VAR robtarget ptmp_sensor;
    VAR string name1;
PROC test_sys()
        VAR robtarget p2:=[[0,0,0],[1,0,0,0],[0,0,0,0],[9E9,9E9,9E9,9E9,9E9,9E9]];
    TPErase;
    reg1:=0;
    SetDataSearch "robtarget"\Object:="p5.*"\InMod:="module5";
    !搜索模块 module5 内所有名称开头为 p5 的 robtarget 类型的数据
    WHILE GetNextSym(name1,block) DO
```

　　　　　!未添加\Recursive 参数，仅搜索 module5 模块内的数据，不搜索 module5 模块下一级（如 test_sys 例行程序）内的数据

　　　　　　　　!对 SetDataSearch 设置的搜索范围进行搜索，并依次返回符合匹配项的数据名称

　　　　　　　　!将数据名称存入 name1

　　　　　　　　TPWrite name1;

　　　　　　　　Incr reg1;

　　　　　ENDWHILE

　　　　　TPWrite "total name start with p5* robtarget: "\Num:=reg1;

ENDPROC
ENDMODULE

图 3-168　显示 module5 模块内所有名字开头为 p5 的 robtarget 类型的数据

　　例如，以下代码可以实现显示 module5 模块内所有 robtarget 类型的数据（GetNextSym 函数添加了\Recursive 参数），其运行结果如图 3-169 所示。其中，模块内有 9 个 robtarget 类型的数据（包括定义在 test_sys 内的 p2，以及定义在 test111 例行程序内的参数 p1）。

```
Module module5
    PERS robtarget p5100:=[[1,0,0],[1,0,0,0],[0,0,0,0],[9E9,9E9,9E9,9E9,9E9,9E9]];
    PERS robtarget p5101:=[[2,0,0],[1,0,0,0],[0,0,0,0],[9E9,9E9,9E9,9E9,9E9,9E9]];
    PERS robtarget p5102:=[[3,0,0],[1,0,0,0],[0,0,0,0],[9E9,9E9,9E9,9E9,9E9,9E9]];
    PERS robtarget p5103:=[[4,0,0],[1,0,0,0],[0,0,0,0],[9E9,9E9,9E9,9E9,9E9,9E9]];
    PERS robtarget p5104:=[[5,0,0],[1,0,0,0],[0,0,0,0],[9E9,9E9,9E9,9E9,9E9,9E9]];
    VAR robtarget ptmp_stop;
    VAR robtarget ptmp_sensor;
    VAR string name1;
  PROC test_sys()
        VAR robtarget p2:=[[0,0,0],[1,0,0,0],[0,0,0,0],[9E9,9E9,9E9,9E9,9E9,9E9]];
      TPErase;
      reg1:=0;
      SetDataSearch "robtarget"\ InMod:="module5";
      !搜索模块 module5 内所有 robtarget 类型的数据
      WHILE GetNextSym(name1,block\Recursive) DO
      !添加\Recursive 参数，搜索包括 module5 下一级（如 test_sys 例行程序）内的数据
      !对 SetDataSearch 设置的搜索范围进行搜索，并依次返回符合匹配项的数据名称
      !将数据名称存入 name1
        TPWrite name1;
        Incr reg1;
      ENDWHILE
      TPWrite "total name start with p5* robtarget: "\Num:=reg1;
  ENDPROC
```

```
    PROC test111(robtarget p1,inout tooldata t2)
        !p1 为 test111 程序的参数
    ENDPROC
ENDMODULE
```

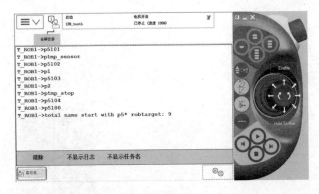

图 3-169　显示 module5 模块内所有 robtarget 类型的数据

图 3-170 显示了机器人当前任务中所有工具数据（tooldata）的名称（包括所有模块和例行程序内的参数）。运行以下代码，可以得到如图 3-170 所示的结果。

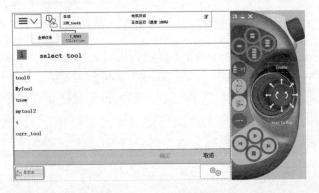

图 3-170　显示机器人当前任务中所有工具数据的名称

```
PROC show_tool()
        VAR num counter;
        VAR listitem list_tool{250};
        VAR string name_tool;
        VAR datapos block;
        VAR num defIndex;
        VAR num list_item_tool;
        VAR btnres answer;
        counter:=1;
        SetDataSearch "tooldata"\InTask\GlobalSym;
        WHILE GetNextSym(name_tool,block\Recursive) DO
            !获取所有 tooldata 数据，并把 tooldata 数据的名字赋值给字符串 name_tool
            list_tool{counter}:=["",name_tool];
            !将名字存入 listitem 数据中
            counter:=counter+1;
        ENDWHILE
        !弹窗显示
```

```
        list_item_tool:=UIListView(\Result:=answer\Header:="select
tool",list_tool\Buttons:=btnOKCancel\Icon:=iconInfo\DefaultIndex:=defIndex);
        IF answer=resOK tpwrite "you select "+list_tool{list_item_tool}.text;
    ENDPROC
```

3.15.4　读写文件

RAPID 编程中关于文件的读写涉及指令 OPEN、CLOSE、WRITE 等，对文件的操作涉及数据类型 iodev。

例如，以下代码实现了读取机器人 HOME:/docs 文件夹下的 test.txt 文件，并将其内容存储到字符串数组 stmpArray 中。RAPID 编程中对读写文件的后缀名无限制。

```
VAR iodev iodev1;
!创建 iodev 类型的数据
    VAR string stmp;
    VAR string stmpArray{10};

    PROC testfile()
        reg1:=1;
        Open "HOME:/docs"\File:="test.txt",iodev1\Read;
        !打开 HOME 文件夹下的 docs 文件夹下的 test.txt 文件
        !以读取方式打开
        !若 test.txt 文件不存在，程序会出错
        stmp:=ReadStr(iodev1);
        !读取 test.txt 文件中的一行字符串内容并将其存入字符串数据 stmp 中
        WHILE stmp<>EOF DO
            !如果读取的文件不是文件的结尾 EOF(End of File)，一直循环
            stmpArray{reg1}:=stmp;
            !将之前读取的一行字符串存入 stmpArray 数组中
            Incr reg1;
            stmp:=ReadStr(iodev1);
            !读取新的一行文件内容
        ENDWHILE
        Close iodev1;
        !关闭文件
    ENDPROC
```

例如，以下代码实现了对机器人 HOME:/docs 文件夹下的 test2.txt 文件进行“写”操作。若 test2.txt 文件不存在，则会自动创建文件。其运行结果如图 3-171 所示。

```
VAR iodev iodev1;
!创建 iodev 类型的数据
    PROC testfile()
                Open "HOME:/docs"\File:="test2.txt",iodev1\Write;
                !以写入方式打开 test2.txt 文件
                !使用可选参数\Write 打开文件，若文件存在，则会先删除文件内容，再写入新内容
                !若 test2.txt 文件不存在，会自动在该路径下创建 test2.txt 文件
                !若使用可选参数\Append 打开文件，则在原有文件内容后继续写入新内容
                FOR i FROM 1 TO 10 DO
        Write iodev1,"line"+ValToStr(i);
                !写入一行内容
    ENDFOR
```

```
        Close iodev1;
    ENDPROC
```

例如，以下代码实现了在机器人的 HOME:/docs 文件夹下创建 test3.csv 文件，并对 test3.csv 文件进行“写”操作。CSV（Comma-Separated Values）文件便于数据处理，其可以由 Excel 等文件直接打开。写入的 test3.cvs 文件如图 3-172 所示。

```
VAR iodev iodev1;
!创建 iodev 类型的数据
PROC testfile()
        Open "HOME:/docs"\File:="test3.csv",iodev1\Write;
        !创建 test3.csv 文件
        Write iodev1,"x,y,z";
        FOR i FROM 1 TO 10 DO
            Write iodev1,ValToStr(i+1)+","+ValToStr(i+2)+","+ValToStr(i+3);
        ENDFOR
  ENDPROC
```

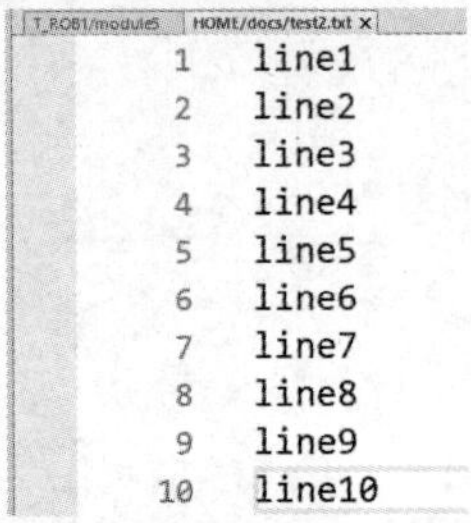

图 3-171　对文件的写操作结果

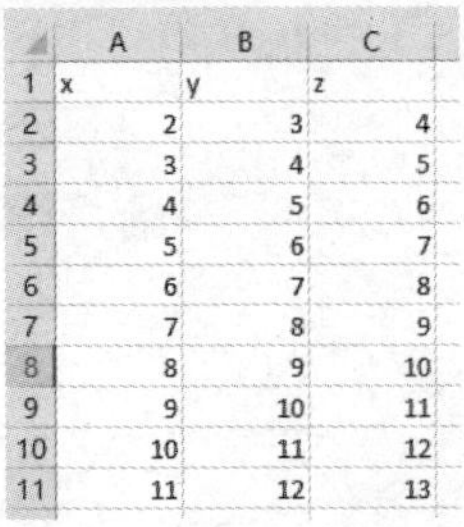

	A	B	C
1	x	y	z
2	2	3	4
3	3	4	5
4	4	5	6
5	5	6	7
6	6	7	8
7	7	8	9
8	8	9	10
9	9	10	11
10	10	11	12
11	11	12	13

图 3-172　写入的 test3.cvs 文件

对于如图 3-173 所示的由 Tab 分隔符分割数据的文件，可以使用函数 ReadNum(iodev1\Delim:= '\09')获取一组数据。其中，可选参数“\Delim”用于设置分割符。Tab 分隔符为不可见字符，其 ASCII 码为 09。运行以下代码，分别将图 3-173 中的 4 列数据存入 4 个数组中。

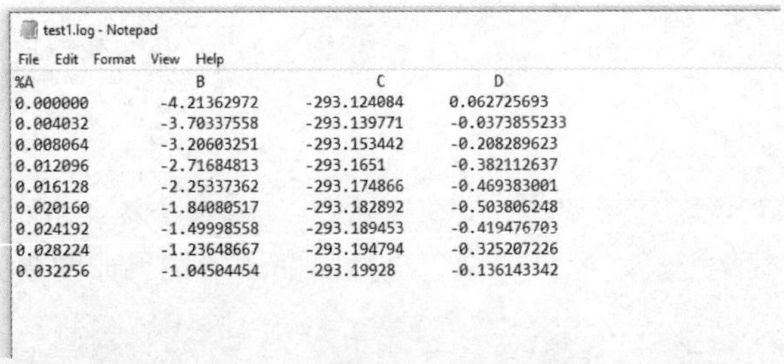

%A	B	C	D
0.000000	-4.21362972	-293.124084	0.062725693
0.004032	-3.70337558	-293.139771	-0.0373855233
0.008064	-3.20603251	-293.153442	-0.208289623
0.012096	-2.71684813	-293.1651	-0.382112637
0.016128	-2.25337362	-293.174866	-0.469383001
0.020160	-1.84080517	-293.182892	-0.503806248
0.024192	-1.49998558	-293.189453	-0.419476703
0.028224	-1.23648667	-293.194794	-0.325207226
0.032256	-1.04504454	-293.19928	-0.136143342

图 3-173　带 Tab 分隔符的文件

```
    VAR iodev iodev1;
    VAR num a{20};
    VAR num b{20};
    VAR num c{20};
    VAR num d{20};
VAR num count;
VAR string s_tmp;

    PROC testfile()
```

```
        count:=1;
        Open "HOME:/docs"\File:="test1.log",iodev1\Read;
        s_tmp:=ReadStr(iodev1);
        !读取第一行
        WHILE TRUE DO
            a{count}:=ReadNum(iodev1\Delim:="\09");
            !读取第一个数据，以 Tab 作为分隔符
            IF a{count}>EOF_NUM THEN
                !如果到文件尾，跳出
                a{count}:=0;
                GOTO end;
            ENDIF
            !use TAB to seperate data, TAB ASCII is \09
            b{count}:=ReadNum(iodev1\Delim:="\09");
            c{count}:=ReadNum(iodev1\Delim:="\09");
            d{count}:=ReadNum(iodev1\Delim:="\09");
            Incr count;
        ENDWHILE
        end:
        Close iodev1;
        TPWrite "total count "\Num:=count-1;
ENDPROC
```

对于路径（文件夹）的操作指令，以及对于单个文件的操作（重命名、删除、复制）指令见表 3-18。

表 3-18　文件与路径操作指令

指　　令	用　　途
MakeDir	创建新文件夹
RemoveDir	删除文件夹
OpenDir	打开文件夹，以做进一步调查
CloseDir	关闭与 OpenDir 相当的目录
RemoveFile	删除文件
RenameFile	重命名文件
CopyFile	复制文件

以下代码可以实现搜索某个文件夹内的所有文件：

```
PROC testfile()
    searchdir "HOME:/docs";
ENDPROC

PROC searchdir(string dirname)
    VAR dir directory;
    VAR string filename;
    IF IsFile(dirname\Directory) THEN
        !判断 dirname 是否为一个路径
        OpenDir directory,dirname;
        !打开 dirname 路径下的文件
```

```
        WHILE ReadDir(directory,filename) DO
            !读取该路径下的所有文件，并将路径名字赋值到 filename 字符串
            ！ ..代表文件夹的父路径
            ！. 代表文件夹内的下一级子路径
            IF filename<>".." and filename<>"." THEN
                TPWrite dirname+"/"+filename;
                    !写屏输出结果
            ENDIF
        ENDWHILE
        CloseDir directory;
            !关闭路径
    ENDIF
ENDPROC
```

3.16　多任务

3.16.1　概念介绍

ABB 工业机器人通常为单任务，如图 3-174 中的 T_ROB1，机器人的运动指令与其他指令均在 T_ROB1 任务中的各个模块内。

图 3-174　T_ROB1 任务

对于具有选项 623-1 Multitasking 的 ABB 工业机器人控制系统，RAPID 可进行多任务编程。

一个机械装置（组）对应一个运动任务（Motion Task）。创建的其他任务均为非运动任务，即不能在非运动任务中执行运动指令。

最多可以同时创建 20 个任务。非运动任务运行于后台，可以执行循环扫描（当作软 PLC 使用），但不能完全代替 PLC。

在具有 623-1 Multitasking 选项的机器人系统上，可以通过"控制面板"—"配置"—"Controller"下的"Task"（见图 3-175）新建任务。

任务的类型包括 Normal、Static 及 Semistatic。

（1）Normal：可以手动启动和停止该任务程序（如通过 FlexPendant 示教器启动和停止）。紧急停止时系统会停止该任务。

（2）Static：系统启动后即自动运行该任务。重启时该任务程序会从所处位置继续执行。

不论是 FlexPendant 示教器还是紧急停止，都通常不会停止该任务程序。

图 3-175　新建任务

（3）Semistatic：系统启动后即自动运行该任务。重启时该任务程序会从程序起点处重启。不论是 FlexPendant 示教器还是紧急停止，通常都不会停止该任务程序。

在图 3-176 所示的位置修改任务的类型。对于需要修改/编程的任务，需要先将任务设置为 Normal 类型并重启后才生效。待程序测试完毕无误后，再修改任务的类型为 Semistatic 或者 Static 类型并重启，此时任务开启自动启动。

注："Task in Foreground" 通常留空，若写入对应 Task 的名字，则当前任务需要在前台任务空闲时才执行。

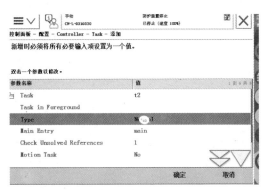

图 3-176　修改任务的类型

3.16.2　任务间共享数据

任务之间的数据支持共享（同步）。要共享的数据应在希望共享的所有任务内创建，存储类型为 PERS，数据的类型名和数据名一致。例如，要在 T_ROB1 和 t2 任务中共享数据 a1，声明格式如图 3-177 所示。若不希望存储类型为 PERS 的数据与其他任务内的数据共享，则可以在数据声明前加入 task（该数据只在该任务内有效）。例如，在图 3-177 中，t2 任务内的数据 a2 具有关键字 task，则该数据不会与 T_ROB1 任务内的 a2 共享数据。

如图 3-177 中的代码，在任一任务修改 a1 值，另一任务的 a1 值会被同步修改。也可以在图 3-178 中的"程序数据"界面中修改/同步多任务之间的数据。

注：选择数据时，注意数据所在的任务名。

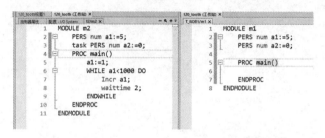

图 3-177　任务间数据共享

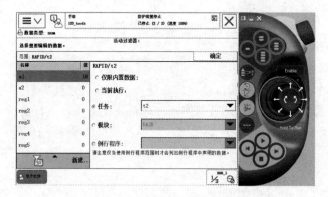

图 3-178　在"程序数据"界面中修改数据

第 4 章　MultiMove

4.1　介绍与配置

MultiMove（多机械装置运动）的用途在于让一个控制器（只有第一个控制柜中有控制器，其余控制柜只有驱动器）操作数个机械臂，这不仅能节约硬件成本，还能对不同机械臂和其他机械单元之间进行前进协调。

使用 MultiMove，可以让一个控制器控制多个机械臂各自运动，就好像每个机械臂有独立控制柜一样，如图 4-1 中两个机器人各自独立完成作业而互不影响。使用 MultiMove，也可以让多个机械臂对同一对象开展工作，如图 4-2 中机器人 A 和机器人 B 分别同时从 p11 点和 p21 点开始运动，但不同时结束。使用 MultiMove 也可以让数个机械臂进行合作来举升重物，如图 4-3 所示。

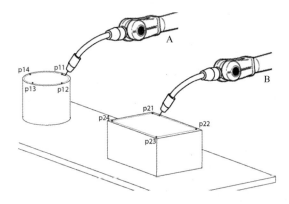

图 4-1　MultiMove 双机器人独立运动

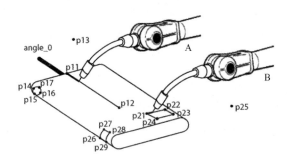

图 4-2　MultiMove 双机器人半联动运动

MultiMove 最多能让 7 项任务作为运动任务（具备移动指令的任务）。由于可采用的驱动模块不超出 4 个，因此一个控制器最多可以操作 4 个机械臂。然而，单独任务（总数最多为 7 项运动任务）可以操作附加轴。

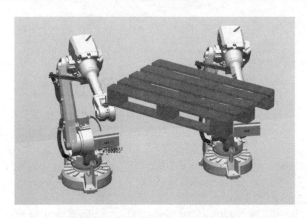

图 4-3　双机器人协同运动

要实现多机器人在一个坐标系中协同运动（图 4-3 中右边机器人在左边机器人的法兰盘坐标系下跟随），需要增加 604-1 MultiMove Coordinated 选项。若多机器人各自独立运动或者只是实现半联动（不同机器人等同一个标志位后同时开始），需要选项 604-2 MultiMove Independent。

图 4-4 为 MultiMove 系统控制柜的连接示意图，左边为主控制柜（带机器人控制器），右边为驱动柜（无机器人控制器，只有驱动器、轴计算机及其他附件）。

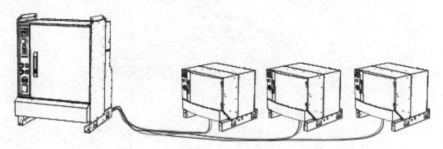

图 4-4　MultiMove 系统控制柜的连接示意图

图 4-5 为 MultiMove 系统主控制柜示意图。其中，B（见图 4-6 中的右侧部件）为机器人控制器，A（见图 4-6 中的左侧部件）为 DSQC1007 (3HAC045976-001)交换机，该交换机为 MultiMove 系统的专用交换机，其各网口的 IP 地址固定。

使用 MultiMove 系统时，需要将图 4-6 中机器人控制器的 X9（AXC）连接至交换机的 5 口，然后再将交换机的 1 口连接至主控制柜内的轴计算机板（见图 4-5 中的 D）的 X2 口。将交换机的 2 口连接至第二台控制柜轴计算机板的 X2 口。若有第三和第四台控制柜，依次连接。若机器人控制系统有 MultiMove 选项，即使只有一台机器人，也需要该交换机，否则系统会报错。

将主控制柜安全面板（见图 4-5 中的 D，放大图见图 4-7）的 X8 连接至第二台控制柜内接触器板（A43，见图 4-8）的 X1 口。若有第三和第四台控制柜，则将主控制柜安全面板的 X14 和 X17 分别连接至第三和第四台控制柜内接触器板（A43）的 X1 口。

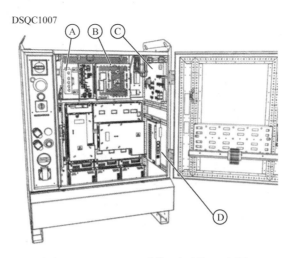

图 4-5　MultiMove 系统主控制柜示意图

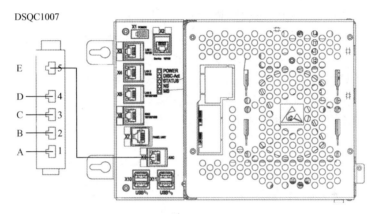

图 4-6　机器人控制器与 DSQC1007 交换机

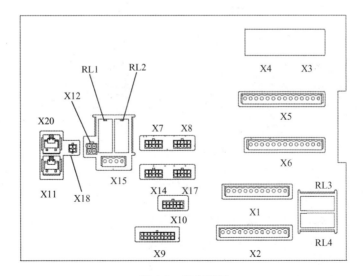

图 4-7　安全面板

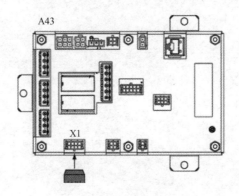

图 4-8　A43 接触器板

4.2　校准

MultiMove 控制系统中的所有机械装置（机器人、变位机等），均使用同一个世界坐标系（World 坐标系），如图 4-9 中的 B。可以通过修改各机器人基坐标系（Base 坐标系，见图 4-9 中的 A 和 C）相对于 World 坐标系的关系，得到多个机器人之间的关系。即使采用 MultiMove 系统的两台机器人执行独立运动（采用 604-2 MultiMove Independent 选项），但各自创建的工件坐标系等均基于相同的工件坐标系（wobj0），为使得轨迹数据与现场一致，也建议设置两台机器人 Base 坐标系相对 World 坐标系的关系。

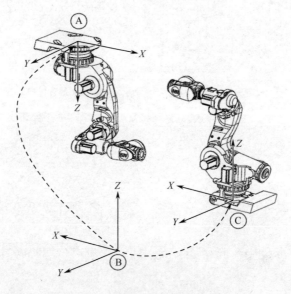

图 4-9　MultiMove 机器人坐标系

对于双机器人系统，一般建议 1#机器人的 Base 坐标系保持与 wobj0 一致（不调整 1#机器人的 Base 坐标系），修改 2#机器人的 Base 坐标系即可，如图 4-10 所示。

对于图 4-10 所示的 2#机器人，可以通过"五点法"，计算得到 2#机器人的 Base 坐标系。

首先需要为 1#和 2#机器人各自创建准确的 TCP，并使用创建后的 TCP（见图 4-10 中的焊枪末端）。分别移动 1#和 2#机器人，使得两台机器人的 TCP 接触，如图 4-11 所示。

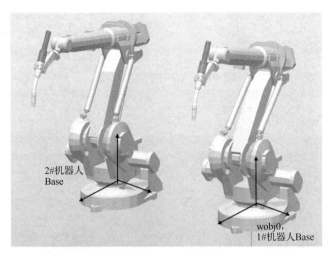

图 4-10　1#机器人的 Base 坐标系与 wobj0 一致

图 4-11　两台机器人的 TCP 接触

　　进入示教器"校准"界面，选择 2#机器人，并选择"基座"中的"相对 n 点…"，如图 4-12 所示。确认使用的 TCP 准确后，单击图 4-13 中的"修改位置"。

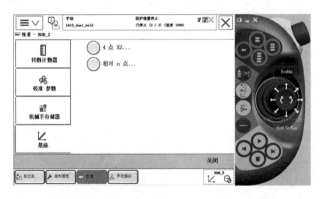

图 4-12　选择"基座"中的"相对 n 点…"

　　再次移动两台机器人，使得两台机器人的 TCP 在另一个位置以另一种姿态接触，并在图 4-13 中记录点 2，之后依次完成 5 个点的记录。最后单击图 4-13 中的"确定"，示教器将显示计算结果，并根据提示选择"保存"和"重启"。计算结果保存在图 4-14 中的位置（"配置"—"Motion"—"Robot"—"ROB_2"—"Base"，长度单位为 m）。

　　对于图 4-15 中有 3 个机械装置的情况，均以 1#机器人作为参考，即 2#机器人的 Base 坐标系基于 1#机器人的 Base 坐标系，变位机的 Base 坐标系基于 1#机器人的 Base 坐标系。严禁使用图 4-16 所示的串联式校准，因为这样会大大增加误差。

　　对于图 4-15 中的变位机校准，可以进入示教器"校准"界面，选择变位机，选择参考 ROB_1，再按照图 4-17 进行校准。关于变位机的校准，可以参考《ABB 工业机器人实用配置指南》一书。

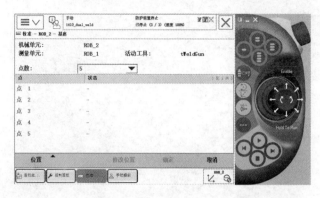

图 4-13　记录 5 个位置

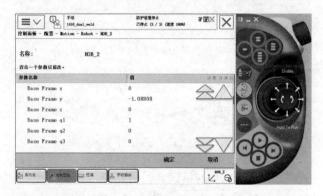

图 4-14　2#机器人的 Base 坐标系

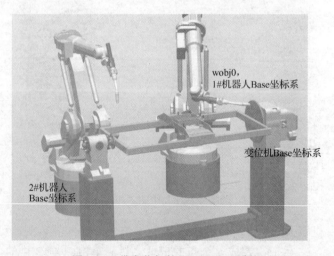

图 4-15　带变位机的 MultiMove 系统

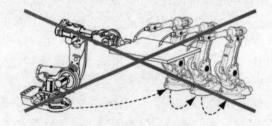

图 4-16　错误的 MultiMove 系统校准链（串联式校准）

图 4-17　校准变位机

变位机校准后，可以在 1#机器人和 2#机器人下建立 wobj1 和 wobj2 工件坐标系，工件坐标系由变位机驱动，其设置如图 4-18 所示（ufprog 为 FALSE 表示 uframe 不能由用户编程，ufmec 为 "STN1" 表示 uframe 坐标系由 STN1 机械装置驱动）。

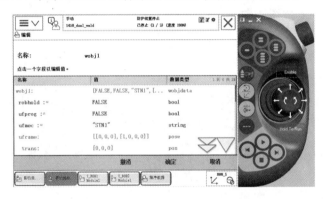

图 4-18　设置由变位机驱动的坐标系

若变位机的 Base 坐标系校准正确，则 1#机器人的手动操纵设置如图 4-19 所示（坐标系选择工件坐标，工件坐标系选择 wobj1，wobj1 之前已经设定为由 STN1 驱动）。如图 4-20 所示，当机械装置切换 STN1 时，则可以看到 ROB_1 和 STN1 的机械装置图标都被选中（表示 ROB_1 和 STN1 联动）。此时移动变位机，可以看到 1#机器人的 TCP 会跟随变位机移动，且机器人的 TCP 相对变位机的位置不变。

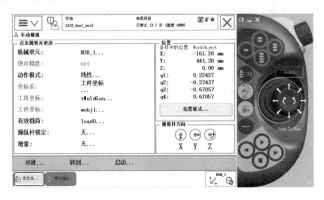

图 4-19　1#机器人的手动操纵设置

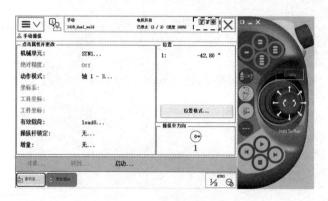

图 4-20　1#机器人与变位机联动

4.3　双机器人+变位机半联动编程

在实际生产中，类似图 4-21 中的配置与工艺很多，即双机器人+单轴变位机。待变位机旋转到位后，1#机器人和 2#机器人同时焊接。两台机器人均焊接完成并离开变位机区域后，变位机转动到下料位置下料。

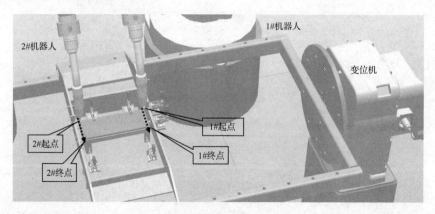

图 4-21　双机器人+单轴变位机

对于图 4-21 所示的系统，使用 MultiMove 系统非常合适。若在 RobotStudio 中建立仿真站，则在导入两个机器人模型和一个变位机模型生成系统时，会默认选择 604-1 MultiMove Coordinated 选项，并且把两台机器人和一个变位机放到 3 个运动任务中（见图 4-22），对于真实机器人系统也是如此。

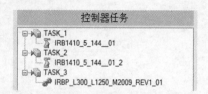

图 4-22　3 个运动任务的 MultiMove 系统

对于真实的机器人控制柜，在 1#机器人的控制柜内安装 ADU（外部轴驱动控制变位机，见图 4-23），第二台控制柜内无机器人控制器。

图 4-23　主控制柜及外部轴驱动

要实现图 4-21 所示的工作步骤，即变位机转到位后两台机器人同时启动前往准备位置，待两台机器人都到了准备位置后再一起开始焊接等，需要用到多程序等待同步指令 WaitSyncTask 来实现。

WaitSyncTask 用于在多任务程序中的一特殊点处同步若干任务，即各任务中的程序指针进入等待，直至所有任务中的程序指针均达到命名相同的同步点。

"WaitSyncTask syncID,tasks" 表示直到各任务中的程序指针均走到 syncID 这一行后，程序指针继续。具体的示例代码如下所示。

1．T_ROB1 任务

```
PERS tasks all_tasks{3}:=[["T_ROB1"],["T_ROB2"],["T_POS1"]];
!创建需要同步的任务名，每个任务内都需要创建，存储类型为 PERS
VAR syncident sync1;
 !同步标识
PROC Path_10()
    MoveJ pHome1,v1000,fine,tWeldGun\WObj:=wobj0;
    WaitSyncTask sync1,all_tasks;
    !直到 T_ROB2 和 T_POS1 任务中的程序指针也到达 "WaitSyncTask sync1,all_tasks" 这一行才继续
    !若本任务程序指针先到达，需要等待其他任务的程序指针
ENDPROC
```

2．T_ROB2 任务

```
PERS tasks all_tasks{3}:=[["T_ROB1"],["T_ROB2"],["T_POS1"]];
!创建需要同步的任务名，每个任务内都需要创建，存储类型为 PERS
VAR syncident sync1;
 !同步标识
PROC Path_10()
    MoveJ pHome2,v1000,fine,tWeldGun\WObj:=wobj0;
    WaitSyncTask sync1,all_tasks;
    !直到 T_ROB1 和 T_POS1 任务中的程序指针也到达 "WaitSyncTask sync1,all_tasks" 这一行才继续
    !若本任务程序指针先到达，需要等待其他任务的程序指针
ENDPROC
```

3. T_POS1 任务

```
PERS tasks all_tasks{3}:=[["T_ROB1"],["T_ROB2"],["T_POS1"]];
!创建需要同步的任务名，每个任务内都需要创建，存储类型为 PERS
VAR syncident sync1;
 !同步标识
PROC Path_10()
    MoveExtJ pWork,vrot50,fine;
    WaitSyncTask sync1,all_tasks;
    !直到 T_ROB1 和 T_ROB2 任务中的程序指针也到达 "WaitSyncTask sync1,all_tasks" 这一行才继续
    !若本任务程序指针先到达，需要等待其他任务的程序指针
ENDPROC
```

图 4-21 所示的工序如下所示。

（1）1#机器人、2#机器人与变位机均回到各自的 Home 位置。

（2）两台机器人等变位机转到 pWork 位置后，一起移动到各自的 pReady 位置。

（3）待两台机器人各自走到轨迹的起点处后，两台机器人同时开始焊接移动。

（4）待两台机器人均完成焊接轨迹后，一起回到各自的 Home 位置。

（5）待两台机器人均回到各自的 Home 位置后，变位机转到变位机的 Home 位置，结束整个工序。

两台机器人及变位机的代码如下。

（1）1#机器人代码（任务 T_ROB1）：

```
MODULE Module1
  CONST   robtarget   pHome:=[[806.318054074,0,847.919423179],[0.069756481,0,0.99756405,0],[0,0,0,0],
[9E+09,9E+09,9E+09,9E+09,9E+09,9E+09]];
  CONST   robtarget   pReady:=[[143.20,34.75,535.38],[0.434125,-0.434125,-0.558153,0.558153],[-1,-2,1,0],
[9E+09,9E+09,9E+09,9E+09,9E+09,9E+09]];
   CONST robtarget Target_10:=[[109.17,-1.08,535.38],[0.434126,-0.434125,-0.558153,0.558153],[-1,-2,1,0],
[9E+09,9E+09,9E+09,9E+09,9E+09,9E+09]];
    CONST robtarget Target_20:=[[109.17,-73.08,535.38],[0.434125,-0.434125,-0.558153,0.558153],[-1,-2,1,0],
[9E+09,9E+09,9E+09,9E+09,9E+09,9E+09]];
    VAR syncident sync1;
    !同步 ID
    VAR syncident sync2;
    VAR syncident sync3;
    VAR syncident sync4;
    PERS tasks all_tasks{3}:=[["T_ROB1"],["T_ROB2"],["T_POS1"]];
    !需要同步的任务名
    PERS wobjdata wobj1:=[FALSE,false,"STN1",[[0,0,0],[1,0,0,0]],[[0,0,0],[1,0,0,0]]];

    PROC   main()
        MoveJ pHome,v1000,fine,tWeldGun\WObj:=wobj0;
        WaitSyncTask sync1,all_tasks;
         !等待变位机到达 pWork 位置
        MoveJ pReady,v1000,fine,tWeldGun\WObj:=wobj1;
        MoveL Target_10,v1000,fine,tWeldGun\WObj:=wobj1;
        WaitSyncTask sync2,all_tasks;
         !等待 2#机器人到达焊接开始位置
        MoveL Target_20,v50,fine,tWeldGun\WObj:=wobj1;
```

```
        MoveL pReady,v1000,fine,tWeldGun\WObj:=wobj1;
        WaitSyncTask sync3,all_tasks;
          !等待 2#机器人回到 Ready 位置后一起回到 Home 位置
        MoveJ pHome,v1000,fine,tWeldGun\WObj:=wobj0;
        WaitSyncTask sync4,all_tasks;
          !等待 2#机器人回到 Home 位置
    ENDPROC
    ENDMODULE
```

（2）2#机器人代码（任务 T_ROB2）：

```
MODULE Module1
    CONST robtarget pHome:=[[938.654977018,-1088.083832521,847.919435694],[0.0697565,0, 0.997564048,0],
[0,-1,0,0],[9E+09,9E+09,9E+09,9E+09,9E+09,9E+09]];
    CONST  robtarget  pReady:=[[150.78,-1.08,714.57],[0.64847,-0.135949,-0.690325,0.290615],[0,0,-1,0],[9E+09,
9E+09,9E+09,9E+09,9E+09,9E+09]];
    CONST robtarget Target_10:=[[109.17,-1.08,714.58],[0.64847,-0.135949,-0.690325,0.290615],[0,0,-1,0],[9E+09,
9E+09,9E+09,9E+09,9E+09,9E+09]];
    CONST  robtarget  Target_20:=[[104.17,-73.08,714.58],[0.64847,-0.135949,-0.690325,0.290615],[0,0,-1,0],
[9E+09,9E+09,9E+09,9E+09,9E+09,9E+09]];
    VAR syncident sync1;
    !同步 ID
    VAR syncident sync2;
    VAR syncident sync3;
    VAR syncident sync4;
    PERS wobjdata wobj2:=[FALSE,false,"STN1",[[0,0,0],[1,0,0,0]],[[0,0,0],[1,0,0,0]]];
    PERS tasks all_tasks{3}:=[["T_ROB1"],["T_ROB2"],["T_POS1"]];
    !需要同步的任务名

    PROC main()
        MoveJ pHome,v1000,z100,tWeldGun\WObj:=wobj0;
        WaitSyncTask sync1,all_tasks;
        !等待变位机到达 pWork 位置
        MoveJ pReady,v1000,z100,tWeldGun\WObj:=wobj2;
        MoveL Target_10,v1000,z100,tWeldGun\WObj:=wobj2;
        !等待 1#机器人到达焊接开始位置
        WaitSyncTask sync2,all_tasks;
        MoveL Target_20,v50,z100,tWeldGun\WObj:=wobj2;
        MoveL pReady,v1000,fine,tWeldGun\WObj:=wobj2;
        WaitSyncTask sync3,all_tasks;
        !等待 1#机器人回到 Ready 位置后一起回到 Home 位置
        MoveJ pHome,v1000,z100,tWeldGun\WObj:=wobj0;
        WaitSyncTask sync4,all_tasks;
        !等待 1#机器人回到 Home 位置
    ENDPROC
ENDMODULE
```

（3）变位机代码（任务 T_POS1）：

```
MODULE Module1
    CONST jointtarget pHome:=[[0,0,0,0,0,0],[9E+09,9E+09,9E+09,9E+09,-45,9E+09]];
    CONST jointtarget pWork:=[[0,0,0,0,0,0],[9E+09,9E+09,9E+09,9E+09,0,9E+09]];
    VAR syncident sync1;
```

```
!同步 ID
VAR syncident sync2;
VAR syncident sync3;
VAR syncident sync4;
PERS tasks all_tasks{3}:=[["T_ROB1"],["T_ROB2"],["T_POS1"]];
!需要同步的任务名

PROC main()
    ActUnit STN1;
    !激活外轴
    MoveExtJ pHome,vrot50,fine;
    !单独旋转外轴指令
    MoveExtJ pWork,vrot50,fine;
    WaitSyncTask sync1,all_tasks;
    !移动到 pWork 位置后告知 2 台机器人
    WaitSyncTask sync2,all_tasks;
    WaitSyncTask sync3,all_tasks;
    WaitSyncTask sync4,all_tasks;
    !等待 2 台机器人均回到各自的 Home 位置后，变位机启动旋转
    MoveExtJ pHome,vrot50,fine;
ENDPROC
ENDMODULE
```

4.4　YUMI 机器人左右手联动

　　YUMI 机器人（见图 4-24）就是典型的 MultiMove 系统，其整个系统由两个 7 轴机械臂构成。

图 4-24　YUMI 机器人

　　要想实现移动机器人的左手时机器人的右手也跟随移动，可以在右手（ROB_R）中新建工件坐标系 wobj1，将坐标系中的 ufmec 设置为"ROB_L"（见图 4-25，即右手在左手的坐标系下）。如图 4-26 所示，设置右手的操作坐标系（使用工件坐标系模式，对应的工件坐标系为 wobj1）。此时切换手动操作为左手，如图 4-27 所示，可以看到示教器右上角的两个机械装置均被选中（右手与左手联动），移动左手，右手会跟随其移动（相对左手的 TCP 保持静止）。

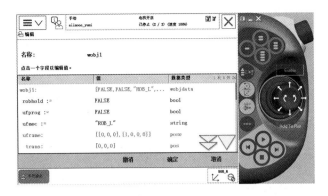

图 4-25　在右手中新建工作坐标系 wobj1，由左手驱动

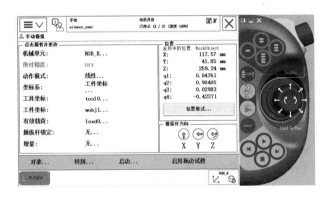

图 4-26　设置右手的操作坐标系

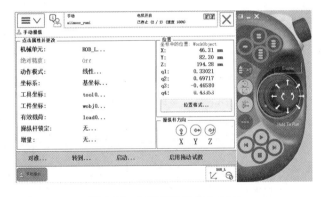

图 4-27　切换手动操作为左手

　　若希望通过 RAPID 编程实现右手跟随左手运动，则需要用到指令 "SyncMoveOn syncID,all_tasks"，即开启联动运动模式，此后各个任务内的运动语句会完全协同运动，如右手运动指令的点位不变，但右手运动指令的坐标系由左手驱动，此时右手会跟随左手运动。实现的具体代码如下。

　　（1）左手代码（任务 T_ROB_L）：

```
MODULE Module1
    CONST  robtarget  pHome:=[[46.31,82.30,194.28],[0.330206,0.697169,-0.465799,0.433533],[-1,-1,1,4],
[174.053,9E+9,9E+9,9E+9,9E+9,9E+9]];
    CONST  robtarget  pstart:=[[46.31,82.30,194.28],[0.330206,0.697169,-0.465799,0.433533],[-1,-1,1,4],
```

```
[174.053,9E+9,9E+9,9E+9,9E+9,9E+9]];
    VAR syncident sync1;
    VAR syncident sync2;
    VAR syncident sync3;
     !同步 ID
    PERS tasks all_tasks{2}:=[["T_ROB_L"],["T_ROB_R"]];
     !同步的任务名
    PROC main()
        reg1:=30;
        MoveJ pHome,v100,fine,tool0\WObj:=wobj0;
        WaitSyncTask sync1,all_tasks;
        !等右手也到达 Home 位置
        MoveJ pstart,v100,fine,tool0\WObj:=wobj0;
        SyncMoveOn sync2,all_tasks;
        !等右手也到达开始位置，开启联动模式
        MoveL offs(pstart,reg1,0,0)\ID:=10,v100,fine,tool0\WObj:=wobj0;
        !两个任务间的运动语句，使用相同 ID 的，如此处的 10
        !表示这两句语句同时开始、同时结束
        MoveL offs(pstart,reg1,reg1,0)\ID:=20,v100,fine,tool0\WObj:=wobj0;
        MoveL offs(pstart,0,reg1,0)\ID:=30,v100,fine,tool0\WObj:=wobj0;
        MoveL offs(pstart,0,0,0)\ID:=40,v100,fine,tool0\WObj:=wobj0;
        SyncMoveOff sync3;
        !关闭联动模式
        MoveJ pHome,v100,fine,tool0\WObj:=wobj0;
    ENDPROC
ENDMODULE
```

（2）右手代码（任务 T_ROB_R，右手跟随左手运动）：

```
MODULE Module1
    TASK PERS wobjdata wobj1:=[FALSE,FALSE,"ROB_L",[[0,0,0],[1,0,0,0]],[[0,0,0],[1,0,0,0]]];
    !协同时的右手坐标系由左手驱动
    CONST robtarget pHome:=[[106.46,-199.02,198.63],[0.416968,-0.516147,-0.675008,-0.322636],[0,-1,1,4],
[-106.952,9E+9,9E+9,9E+9,9E+9,9E+9]];
    CONST  robtarget  pstart:=[[106.46,-199.02,198.63],[0.416968,-0.516147,-0.675008,-0.322636],[0,-1,1,4],
[-106.952,9E+9,9E+9,9E+9,9E+9,9E+9]];
    CONST  robtarget  pstart1:=[[117.57,41.85,259.24],[0.0476114,0.904054,0.029834,-0.423709],[0,-1,1,4],
[-106.952,9E+9,9E+9,9E+9,9E+9,9E+9]];
    VAR syncident sync1;
    VAR syncident sync2;
    VAR syncident sync3;
    !同步 ID
    PERS tasks all_tasks{2}:=[["T_ROB_L"],["T_ROB_R"]];
    !同步的任务名

    PROC main()
        MoveJ pHome,v100,fine,tool0\WObj:=wobj0;
        WaitSyncTask sync1,all_tasks;
        !等左手到达 Home 位置
        MoveJ pstart,v100,fine,tool0\WObj:=wobj0;
        SyncMoveOn sync2,all_tasks;
        !等左手到达开始位置，开启协同运动
        !协同时的坐标系 wobj1 由左手驱动
```

```
      MoveL pstart1\ID:=10,v100,fine,tool0\WObj:=wobj1;
      !两个任务间的运动语句, 使用相同 ID 的, 如此处的 10
      !表示这两句语句同时开始、同时结束
      MoveL pstart1\ID:=20,v100,fine,tool0\WObj:=wobj1;
      MoveL pstart1\ID:=30,v100,fine,tool0\WObj:=wobj1;
      MoveL pstart1\ID:=40,v100,fine,tool0\WObj:=wobj1;
      SyncMoveOff sync3;
      MoveJ pHome,v100,fine,tool0\WObj:=wobj0;
   ENDPROC
ENDMODULE
```

4.5 MultiMove 自动轨迹

如图 4-28 所示, 1#机器人手持工件, 2#机器人手持工具。2#机器人需要在 1#机器人的产品上完成轨迹, 且要求 2#机器人工具 TCP 的 X 方向与轨迹的前进方向一致。若 1#机器人不动, 2#机器人就会由于轨迹姿态变化太大而无法完成轨迹。

要实现以上功能, 可以人为调整 1#机器人的轨迹, 但非常麻烦。

1#机器人和 2#机器人共有 12 轴, 它们的插补给轨迹的实现带来了非常多的可能。RobotStudio 提供了 MultiMove 系统自动轨迹功能, 且可以人为增加约束来优化轨迹。为使用 RobotStudio 的 MultiMove 自动轨迹功能, 需要将 RobotStudio 语言调整为英语（中文模式, 在最后创建轨迹时会出错）。

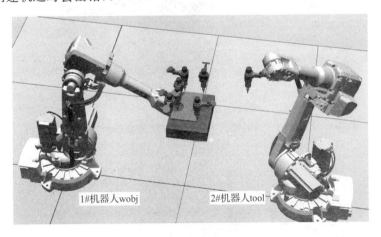

图 4-28　双机器人协同

在 RobotStudio 中分别导入图 4-28 中的 1#机器人和 2#机器人（此处均为 IRB2600 机器人）。导入产品并安装到 1#机器人（称 1#机器人为 wobj 机器人）, 导入工具并安装到 2#机器人（称 2#机器人为 tool 机器人）。同时, 在 2#机器人系统下建立工件坐标系 Workobject_1, 修改 Workobject_1 由 1#机器人驱动, 如图 4-29 所示, 即 2#机器人的轨迹在 Workobject_1 坐标系下, 且该坐标系由 1#机器人驱动。

在 2#机器人系统下, 使用工具 MyTool 及工件坐标系 Workobject_1, 使用自动轨迹功能（见图 4-30）, 生成轨迹 Path_10。由于默认自动轨迹为 TCP 的 X 方向和轨迹前进方向一致（见图 4-31 中的左图）, 所以会导致轨迹中的部分点位不可达（见图 4-31 中的右图）。

图 4-29　修改 Workobject_1 由 1#机器人驱动

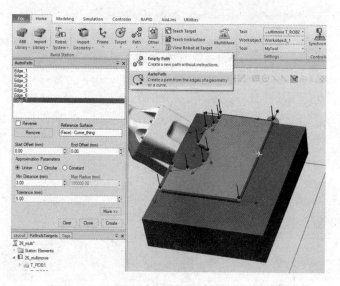

图 4-30　2#机器人的自动轨迹（AutoPath）功能

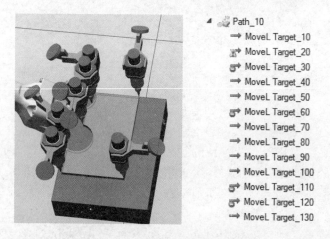

图 4-31　Path_10 自动轨迹及可达性

　　单击图 4-32 中的 "MultiMove" 图标，在图 4-33 中确认手持工具和手持工件机器人是否正确，以及确认使用的轨迹是否正确。

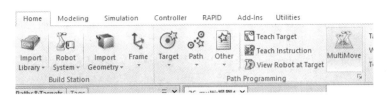

图 4-32 MultiMove 功能

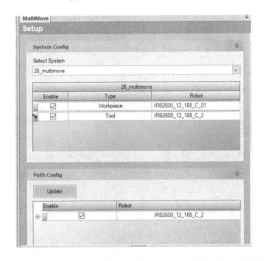

图 4-33 确认手持工件机器人和手持工具机器人及轨迹

调整手持工件的 1#机器人的位置，并将其作为 1#机器人的起始位置。在图 4-34 中选择 1#机器人（1#机器人不动，其他机器人会自动走到轨迹的起点处），此时 2#机器人会自动走到轨迹的起点处（由于轨迹所在的 Workobject_1 由 1#机器人驱动），如图 4-35 所示。

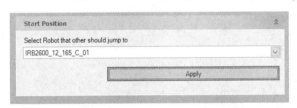

图 4-34 选择 1#机器人（位置不变的机器人）

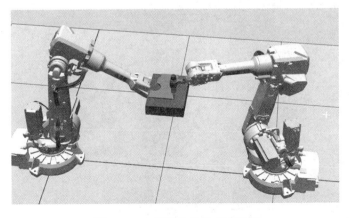

图 4-35 2#机器人自动走到起点

可以在图 4-36 所示的界面中设置机器人的运动表现约束（默认可以不设，此时机器人均以各自最小的运动计算轨迹）。由于双机器人有 12 轴，自由度非常高，所以可以人为增加约束进行轨迹优化。例如，此处设置 2#机器人 tool 的 2～6 轴锁定（2#机器人只有 1 轴参与运动）。

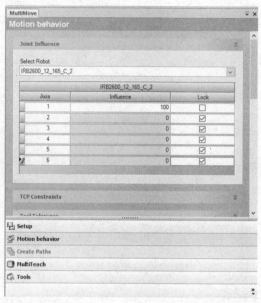

图 4-36　设置机器人的运动表现约束

设置完毕后，单击图 4-37 所示界面中的"Play"，两台机器人会根据前面的设置自动计算 MultiMove 轨迹。计算成功后，则图 4-37 中会出现"Calculation OK"的字样，此时两台机器人完成的最终轨迹如图 4-38 所示。

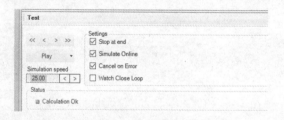

图 4-37　自动计算轨迹

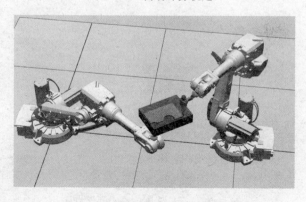

图 4-38　两台机器人完成的最终轨迹

此时可以单击图 4-39 中的"Create Paths"，生成两台机器人的协同轨迹（一定要把 RobotStudio 的语言设置为英语，使用中文版创建估计会报错）。若创建成功，可在两台机器人中均看到新建的 mmPath_1 轨迹，如图 4-40 所示，同时也生成对应 mmPath_1 的点位。

将两台机器人的轨迹同步到 RAPID，即完成全部 MultiMove 轨迹的制作。以上方法同样适用于多台机器人或者机器人与变位机（变位机处于另一个运动任务）联动轨迹的自动产生。

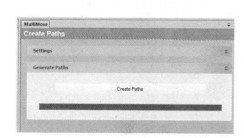

图 4-39　创建轨迹

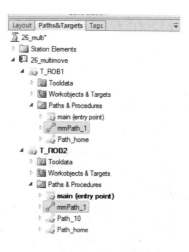

图 4-40　轨迹完成

第 5 章　RobotStudio 在线编程

5.1　点位在不同坐标系转化

例如，机器人当前使用工具 tWeldGun 和工件坐标系 Workobject_1 记录点位，即记录的点位是当前工具 TCP 在工件坐标系 Workobject_1 下的位姿。

例如，若直接将图 5-1 中第 13 行代码的工具修改为 tool0，由于 Target_10 数据没有修改，机器人则会以图 5-2（b）的形式走到 Target_10 点。

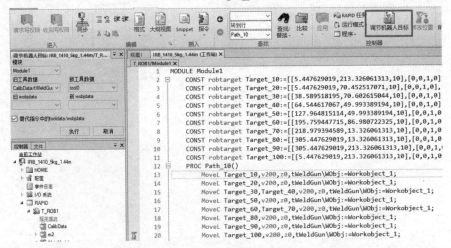

图 5-1　调节机器人目标（1）

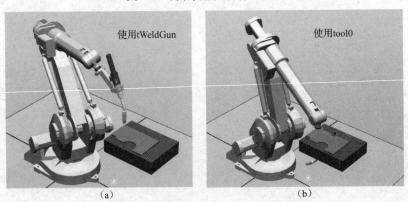

图 5-2　不同 tool 执行同一 robtarget

若希望图 5-1 中的代码均使用 tool0 工具，机器人实际还能完成图 5-2 所示的轨迹效果，那么可以使用图 5-1 中的"调节机器人目标"工具。例如，在图 5-1 中选择"旧工具数据"为"tWeldGun"，新工具数据为"tool0"，同时勾选"替代指令中的 tooldata/wobjdata"，单击"执行"按钮，则 Module1 模块内所有指令的工具将被替换，涉及的点位也将自动重算（见图 5-3）。

同理，也可设置点位在不同工件坐标系下的转化。

```
MODULE Module1
    CONST robtarget Target_10:=[[-225.425312238,213.326061313,350.02095203],[0.438
    CONST robtarget Target_20:=[[-225.425312238,70.452517071,350.02095203],[0.4383
    CONST robtarget Target_30:=[[-192.283423062,70.602615044,350.02095203],[0.4383
    CONST robtarget Target_40:=[[-166.32832419,49.993389194,350.02095203],[0.43837
    CONST robtarget Target_50:=[[-102.908126143,49.993389194,350.02095203],[0.4383
    CONST robtarget Target_60:=[[-35.113493542,86.980722325,350.02095203],[0.43837
    CONST robtarget Target_70:=[[-11.893546668,13.326061313,350.02095203],[0.43837
    CONST robtarget Target_80:=[[74.574687762,13.326061313,350.02095203],[0.438371
    CONST robtarget Target_90:=[[74.574687762,213.326061313,350.02095203],[0.43837
    CONST robtarget Target_100:=[[-225.425312238,213.326061313,350.02095203],[0.43
    PROC Path_10()
        MoveL Target_10,v200,z0,tool0\WObj:=Workobject_1;
        MoveL Target_20,v200,z0,tool0\WObj:=Workobject_1;
        MoveC Target_30,Target_40,v200,z0,tool0\WObj:=Workobject_1;
        MoveL Target_50,v200,z0,tool0\WObj:=Workobject_1;
        MoveC Target_60,Target_70,v200,z0,tool0\WObj:=Workobject_1;
        MoveL Target_80,v200,z0,tool0\WObj:=Workobject_1;
        MoveL Target_90,v200,z0,tool0\WObj:=Workobject_1;
        MoveL Target_100,v200,z0,tool0\WObj:=Workobject_1;
    ENDPROC
    PROC main()
```

图 5-3　调节机器人目标（2）

5.2　在线图形化修改轨迹

RAPID 编程中使用的点位数据，可以通过示教器中的 HotEdit 功能在线批量调整（见图 5-4）。HotEdit 允许按照"工具/工件坐标系"线性、重定位等调节模式对点位进行批量调整。单击"应用"后点位数据（包括存储类型为 CONST 的数据）即被修改。

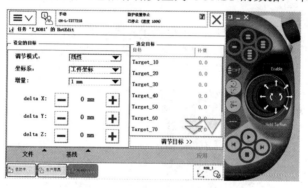

图 5-4　示教器中的 HotEdit 功能

如图 5-5 所示，在 RobotStudio 的"RAPID"界面中，也可对真实机器人的点位进行批量化调节，而且是图形化的。

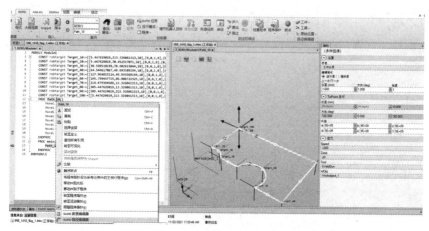

图 5-5　"RAPID"界面

在图 5-5 所示的界面中，单击鼠标右键，打开"路径编辑器"，可以按照单个或者批量点位进行基于"工具/工件坐标系"的线性/重定位调整，也可以在图形化窗口中拖动或者在右侧窗口中输入具体的调整值。

为提高可视化效果，可以在图 5-6 所示的界面中选择显示"工具"和"工件"。

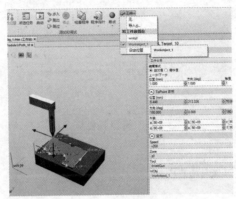

图 5-6　显示"工具"和"工件"

5.3　RAPID 数据编辑器

RAPID 编程中点位的姿态采用四元数表示。若希望查看当前机器人姿态的欧拉角表示，可以通过"示教器"—"手动操纵"—"位置格式"—"方向格式"选择"欧拉角"（见图 5-7）。

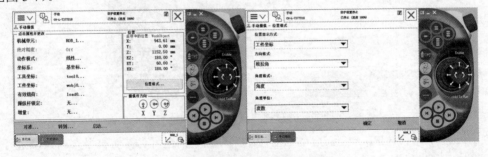

图 5-7　显示当前机器人位姿的欧拉角

对于 RAPID 程序中的大量点位，则可以通过数据编辑器（见图 5-8）批量查看点位的欧拉角，也可以新建或者部分批量修改数据。修改后的数据需要单击"RAPID"下的"应用"才会生效。

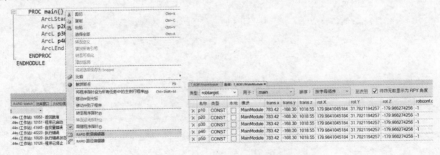

图 5-8　数据编辑器

5.4　RobotStudio 中修改位置

要修改机器人的点位（Robtarget）位置，通常在"示教器"—"程序编辑器"中单击"修改位置"来实现。也可以使用 RobotStudio 中"RAPID"下的"修改位置"图标（见图 5-9）记录机器人当前的位置，该方法对仿真机器人和真实机器人均有效。

对于仿真工作站，可以通过"RobotStudio"—"基本"—"Freehand"下的"手动线性"或"手动重定位"配合"自动捕捉端点"功能，快速移动机器人到要求的位置（见图 5-10）。在"RAPID"下，选中要修改的点位数据（移动指令中），单击图 5-9 中的"修改位置"图标，即可将机器人当前的位置记录到该数据中。

对于真实的机器人控制系统，在 RobotStudio 中获得机器人权限后，也可通过"修改位置"图标将机器人当前的位置记录到移动指令中的点位数据内。

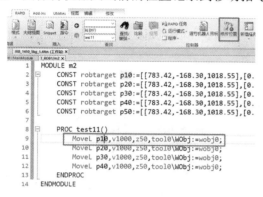

图 5-9　"修改位置"

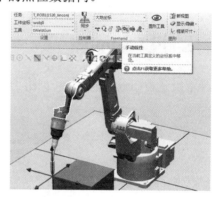

图 5-10　仿真快速移动机器人到要求的位置

5.5　代码格式化

通过 RobotStudio 编写程序时，可能会出现如图 5-11 所示的格式混乱的代码。

虽然 RAPID 格式不齐不影响代码运行，但合理的空格和缩进，以及格式化的代码均可以提高代码的易读性。

单击"RAPID"—"格式"—"对文档进行格式化"（见图 5-12），则可实现自动调整代码的格式和缩进。

图 5-11　格式混乱的代码

图 5-12　自动调整代码的格式和缩进

RAPID 编程中，指令及数据不区分大小写，即图 5-13（a）形式的代码可以执行，但不够美观。对于一些规范命名的变量，也不能方便阅读。单击"RAPID"—"格式"—"调整案件"，RobotStudio 会根据变量或指令定义时的字符大小写自动调整程序段中对应文字的大小写。

```
PROC main()
    mOVeL p10,v1000,z50,tool0\WObj:=wobj0;
    MoveL P10,V1000,z50,tOOl0\WObj:=wobj0;
    wHIlE reg1<6 DO
        !hello
        !hi
        reg1:=reg1+1;
    ENDWHILE
ENDPROC
ENDMODULE
```
（a）

```
PROC main()
    MoveL p10,v1000,z50,tool0\WObj:=wobj0;
    MoveL p10,v1000,z50,tool0\WObj:=wobj0;
    WHILE reg1<6 DO
        !hello
        !hi
        reg1:=reg1+1;
    ENDWHILE
ENDPROC
ENDMODULE
```
（b）

图 5-13　自动调整字符大小写

5.6　程序段 Snippet

经常反复被插入的程序段（见图 5-14 中的 18 和 19 行），其可以被做成 Snippet 后一键插入。

```
13    MoveJ pLathe_10,v1000,z10,toolGrip1\WObj:=wobjLathe;
14    MoveL pLathe_20,v200,z0,toolGrip1\WObj:=wobjLathe;
15    MoveL pLathe_30,v200,fine,toolGrip1\WObj:=wobjLathe;
16    MoveL pLathe_10,v200,z0,toolGrip1\WObj:=wobjLathe;
17    MoveJ pHome,v2000,fine,toolGrip1\WObj:=wobj0;
18    setdo doCloseGripper_1,0;
19    waitdi diGripper_1_Closed,0;
20
```

图 5-14　反复被插入的程序段

选中图 5-14 中的 18 行和 19 行代码，单击"RobotStudio"—"RAPID"—"Snippet"—"将所选项保存为 Snippet"（见图 5-15），设置 Snippet 的名字（如 aa）。此时，Snippet 中会出现自定义的 aa 程序段。

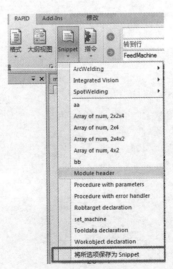

图 5-15　将所选项保存为 Snippet

再次需要使用程序段 aa 时，直接单击“Snippet”下的“aa”即可将对应程序段插入机器人程序中。

5.7　自动补全

在 RAPID 编程中新建变量时，往往需要输入数据的初值，不同数据类型的初值格式不同。可以在输入完数据的存储格式和数据类型后（如“CONST robtarget”），按下键盘中的“Tab”键，此时 RobotStudio 会自动将数据的初值内容补全，如图 5-16 中“robtarget”后的初值。

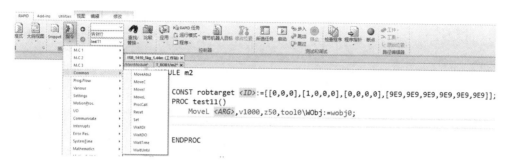

图 5-16　“Tab”键自动补全

对于类似 robtarget 类型的数据，也可单击图 5-16 中“Snippet”下的“Robtarget declaration”插入数据模板。对于数组数据，可单击图 5-16 中“Snippet”下的“Array of num”插入数组数据模板。

在程序中，输入指令后（如输入“MoveL”），按下键盘中的“Tab”键，RobotStudio 会将指令默认参数补全，如图 5-16 中的“MoveL”。也可单击图 5-16 中的“指令”，插入对应的指令模板。

5.8　监控变量

执行程序时，VAR 和 PERS 类型的数据会发生变化。在 RobotStudio 中，可以将鼠标放到数据上，此时会显示数据的当前值。也可通过图 5-17 中的“RAPID Watch”对变量进行监控（只需要输入变量名或者直接将指令中的变量拖到 RAPID Watch 中）。

图 5-17　RAPID Watch

5.9　传输文件

机器人控制器内 HOME 文件夹及其他文件夹内的文件，均可通过“RobotStudio”—“控制器”—“文件传送”与 PC 进行传送（见图 5-18），该功能仅针对真实的机器人控制器。

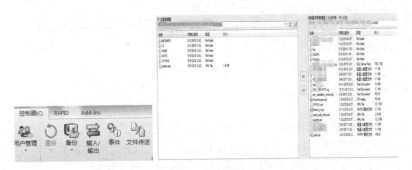

图 5-18　文件传送

5.10　比较

　　现场机器人的代码/配置有很多版本，经常需要对不同版本的文件内容进行比较，此时可以通过使用"RobotStudio"—"RAPID"下的"比较"功能实现。例如，单击"RAPID"下的"比较"（见图 5-19），选中要比较的文本/文件，此时即可对比较的两个文件中的不同部分进行高亮显示，或者只显示不同部分。

图 5-19　文本/文件的比较

5.11　信号分析器

　　现场调试时，图形化地监控与机器人相关的信号（包括速度、I/O 信号、能耗、理论最大停止距离等）可对问题排查、程序优化、轨迹优化带来极大便利。

　　RobotStudio 中的"信号分析器"对仿真机器人系统和真实机器人系统均可适用。对于仿真机器人系统，可以勾选图 5-20（a）"仿真"下的"信号设置"进行设置，勾选"启用"，单击"信号分析器"打开相关界面。对于真实机器人系统，单击图 5-20（b）"控制器"下的"在线信号分析器"可进行相关设置并启用。

（a）　　　　　　　　　　　　　　　　　　（b）

图 5-20　信号分析器

例如，监测机器人实时的 TCP 速度和机器人经过编程点的情况，可以按照图 5-21（a）设置。机器人运动时，可以观察到图 5-22 所示的效果。按照图 5-21（b）设置，可以监控 I/O 信号的变化，效果如图 5-23 所示。单击图 5-23 右上角的"保存"按钮，可以将数据储存为.xls 格式的文件，以便后续处理。

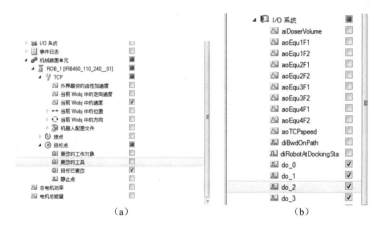

（a）　　　　　　　　　　　　　　　　　　（b）

图 5-21　配置监控机器人的 TCP 速度及对应的编程点

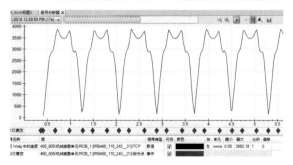

图 5-22　实时显示机器人的 TCP 速度

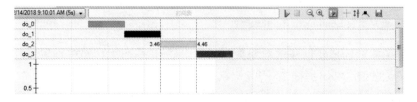

图 5-23　实时监测信号

第6章 RobotStudio 仿真与数字孪生

6.1 Equipment Builder

希望在 RobotStudio 工作站中快速创建围栏（见图 6-1 所示的效果）或者带 TCP 的工具抓手时，可以借助 RobotStudio 中的 Equipment Builder 插件实现。

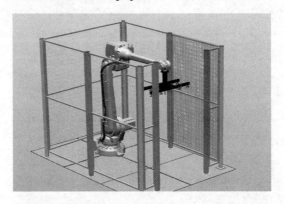

图 6-1 使用 Equipment Builder 插件创建的围栏

在 RobotStudio 的"Add-Ins"下下载并安装 Equipment Builder 插件（见图 6-2）。重启 RobotStudio 后，即可在"建模"下看到"Equipment Builder"图标（见图 6-3）。

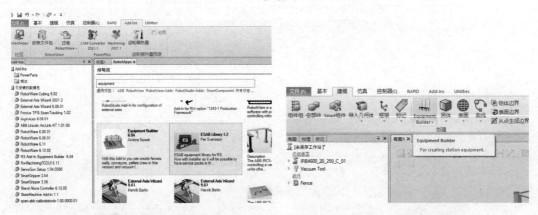

图 6-2 下载并安装 Equipment Builder 插件　　　　图 6-3 "Equipment Builder"图标

可以在图 6-4 中选择要创建的对象类型（如围栏），并在工作站中设置围栏和参数，此时即可方便创建不同形状的围栏体。

选择对象类型为输送链，输入长度等参数，这样就可以自动生成不同规格的输送链模型；选择对象类型为吸盘抓手（Vacuum），设置对应 TCP 数据、法兰盘直径、吸盘框架长宽、横梁数量等参数（见图 6-5），这样就可以自动生成带 TCP 的抓手（rslib 格式）。将库文件直接安装到机器人上即可使用。

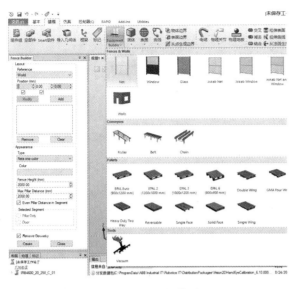

图 6-4　选择模型

图 6-5　输入工具参数

6.2　RobotStudio 模型缩放功能

如图 6-6 所示，RobotStudio 支持简单的建模，但数模创建后不能修改其大小。从 RobotStudio 2019 开始，软件增加了缩放已创建模型的功能。

鼠标右键单击已经创建好的模型（见图 6-7），在"修改"—"缩放"中设置缩放因子（见图 6-8）。此时可以缩放模型。

图 6-6　RobotStudio 支持简单的建模

图 6-7　鼠标右键单击已创建好的模型

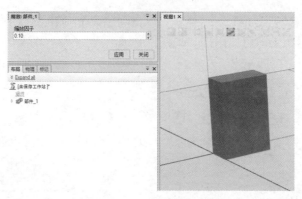

图 6-8　设置缩放因子

6.3　不使用 Smart 组件实现抓取动作

要实现图 6-9 中机器人的抓取与放置功能，通常要通过 Smart 组件来完成，这是因为要在创建的 Smart 组件里对传感器、Attacher、Detacher 和信号等进行设置。

除了 Smart 组件的方式，RobotStudio 还提供了一种基于事件的快速抓取方式，该方式不需要配置 Smart 组件。

例如，在图 6-9 中，当机器人到达抓取位置时，会将信号 doGrip 置为 1 以完成抓取，可以通过"事件管理器"来关联该信号对应的事件，实现的具体步骤如下所示。

（1）如图 6-9 所示，单击"仿真"—配置右下角的三角图标，进入事件管理器。

（2）单击图 6-9 中的"添加"按钮。

（3）在图 6-10 中，将"启动"项选择"开"（发生事件时触发对应动作），"事件触发类型"选择"I/O 信号已更改"；配置信号 doGrip 为 1 时的动作。

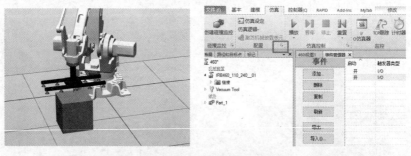

图 6-9　机器人的抓取与放置示例

图 6-10　配置信号 doGrip 为 1 时的动作（1）

（4）在图 6-11 中，"附加对象"表示抓取产品（Attach）；选择"附加对象"为"<查找最接近 TCP 的对象>"；"安装到"选择被安装的工具对象；选择"保持位置"（若选择更新位置，则会将最接近 TCP 对象的本地原点与安装工具的本地原点重合），最后单击"完成"按钮。

同理，如图 6-12 和图 6-13 所示，设置信号 doGrip 为 0 时的动作。图 6-13 中的"提取对象"为 Detach，即放下产品。

图 6-11　配置信号 doGrip 为 1 时的动作（2）

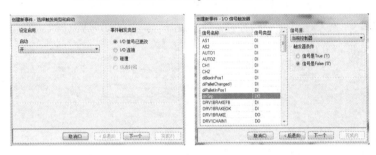

图 6-12　配置信号 doGrip 为 0 时的动作（1）

图 6-13　配置信号 doGrip 为 0 时的动作（2）

6.4　涂胶轨迹

可以通过图 6-14（a）所示的那样打开仿真下的 TCP 跟踪，但 TCP 跟踪的显示只是一根线，对于要实现图 6-14（b）所示的涂胶仿真效果，需要制作 Smart 组件来实现。

图 6-14（b）所示的为典型的涂胶应用，即机器人手持工件，工具（TCP）固定。在图 6-15 所示的界面中，创建固定 TCP 及工件坐标系。

注：固定 TCP 的"机器人握住工具"设置为 Fasle，对应工件坐标系的"机器人握住工件"为 True。

使用自动轨迹,即可完成图 6-14(b)所示的轨迹。在 RAPID 编程中,通过 DO 信号 do_glue 控制胶枪的开关。

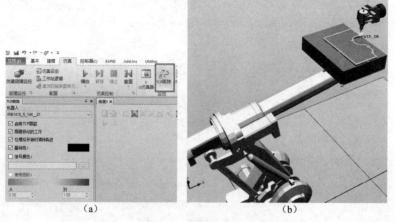

(a)　　　　　　　　　　　　　(b)

图 6-14　固定工具涂胶

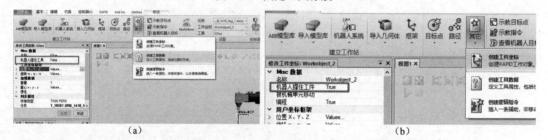

(a)　　　　　　　　　　　　　(b)

图 6-15　创建固定 TCP 和工件坐标系 wobj

使用"RobotStudio"—"建模",创建一个球型模型(半径假设为 2mm,球心在胶枪末端的位置,见图 6-16 左图)。新建 Smart 组件,插入 Source 组件(复制模型)、Timer(定时器,设置 Interval 为 0.005s)、LogicalGate(非门,对输入信号取反)和 Attacher 组件(安装功能)。当 Smart 组件的输入信号由 0 变为 1 时,由于信号经过非门(1 变 0),触发 Timer 复位;当 Smart 组件的输入信号为 1 时,开启 Timer(Timer 每 0.005s 发出一个脉冲)。Source 组件的 Source 为创建的"球",Source 组件的 Copy 传递给 Attacher 的 Child。Attacher 组件的 Parent 为安装到机器人上的产品,即当 Smart 组件的输入信号为 1 时,该组件会每 0.005s 复制一个"胶球"并安装到机器人产品上[具体配置见图 6-16(b)]。

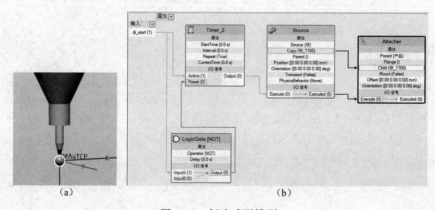

(a)　　　　　　　　　　　　　(b)

图 6-16　创建球型模型

在"RobotStudio"—"仿真"—"工作站逻辑"中，将机器人的控制器信号与 Smart 组件的信号关联［见图 6-17（a）］。单击"仿真"，可以得到如图 6-17（b）所示的涂胶仿真效果。

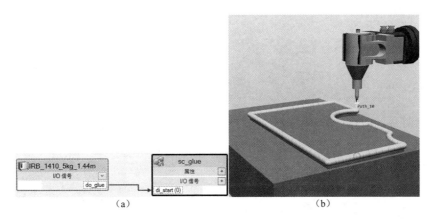

（a）　　　　　　　　　　　　　　（b）

图 6-17　涂胶仿真

6.5　WorldZones 查看器

机器人 608-1 World Zones 选项可以实时监测机器人当前 TCP 的位置及各关节的位置，并根据设置的区域和信号进行相关动作（输出信号或者停止机器人）。

World Zones 需要通过 RAPID 代码进行配置，配置后的 World Zones 可以通过 RobotStudio 的一个 Add-Ins 进行可视化查看。

在"RobotStudio"—"Add-Ins"里搜索"World Zones"并下载安装，如图 6-18 所示。

重启 RobotStudio 后，单击"Utilities"下的"Visualize Zones"（见图 6-19），即可查看 RAPID 代码中设置的 World Zones 区域（见图 6-20）。

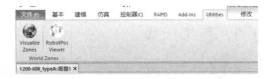

图 6-18　下载并安装 World Zones 查看器　　　图 6-19　单击"Utilities"下的"Visualize Zones"

若希望配置图 6-20 中的斜向 World Zones 区域，则可以根据机器人的 Base 坐标系与 wobj0 坐标系的旋转关系，修改图 6-21 中机器人的 Base 坐标系数据。

注：World Zones 设置的区域均参考 wobj0 坐标系。

单击图 6-22 中的"RobotPos Viewer"，可查看机器人的实时位置（若 RobotStudio 连接的是真实的机器人控制系统，也可查看真实机器人的实时位置）。

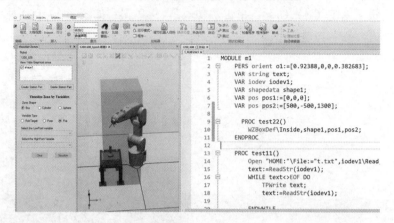

图 6-20　World Zones 区域

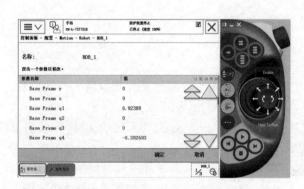

图 6-21　修改机器人的 Base 坐标系

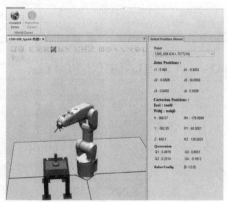

图 6-22　查看机器人的实时位置

6.6　物理特性仿真

从 RobotStudio 6.05 开始，RobotStudio 增加了物理特征功能。使用物理特征功能可将物理仿真和传统机器人仿真/编程工具结合到一起。将物理行为运用到关节、缆线和零件等不同的 RobotStudio 物件上时，在仿真期间，这些物件将遵循物理规则。

6.6.1　重力仿真

多米诺骨牌（Domino）是一种用木制、骨制或塑料制成的长方体骨牌，其起源于中国北宋时期，由意大利传教士等带往欧洲。玩时将骨牌按一定间距排列成行，轻轻碰倒第一枚骨牌，其余的骨牌就会产生连锁反应，依次倒下。利用 RobotStudio 的物理特性，就可以实现多米诺骨牌的仿真（见图 6-23）。

创建"矩形体"（多米诺骨牌）并设置其"物理"—"行为"属性为"动态"（见图 6-24）。

对于一圈多个多米诺骨牌的创建，可以借助 Smart 组件中的 CircularRepeater 组件来实现。添加 Smart 组件，选择"CircularRepeater"（见图 6-25）。按照图 6-26（a）所示的设置

"CircularRepeater"的属性："Source"选择之前创建的第一个多米诺骨牌；"Count"为 100；"DeltaAngle（deg）"为 3.60。

单击"仿真启动"播放按钮，选择拖曳（见图 6-26 右图）功能。移动 100 个多米诺骨牌中的一个部件，其余部件会由于物理属性依次倒下。

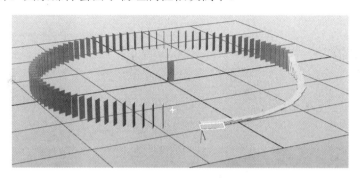

图 6-23　多米诺骨牌的仿真

图 6-24　创建矩形体并设置其"物理"—"行为"属性为"动态"

图 6-25　选择"CircularRepeater"

（a）　　　　　　　　　　　　　（b）

图 6-26　设置"CircularRepeater"的属性

6.6.2　物理关节仿真

RobotStudio 中的物理特性也支持物理关节的仿真如图 6-27（a）中的钟摆，推动其中一个小球，小球会绕着线缆的固定位置晃动。当撞击到其他小球时，其他小球也会进行钟摆运动［见图 6-27（b）］。

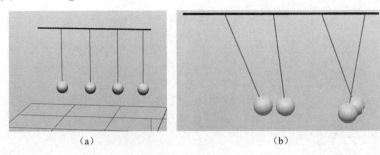

图 6-27　钟摆

在 RobotStudio 中创建顶部支架模型、小球和摆绳模型（小球和摆绳为一个组件组，见图 6-28），并将各部件移动到对应位置［见图 6-27（a）］。

鼠标右键单击"支架"，修改其物理属性为"固定"（见图 6-29），"钟摆"的物理属性为"动态"

图 6-28　小球和摆绳为一个组件组　　　　图 6-29　修改支架的物理属性为固定

如图 6-30（a）所示，单击"建模"下的"物理关节"—"球关节"。如图 6-30（b）所示，"球关节"的"第一部分"为"支架"，"第二部分"为"钟摆"，"关节位置"设定在"钟摆"的顶点。

完成以上设置后，单击"仿真"—"播放"，选择"拖曳"［见图 6-26（b）］，移动一个摆锤，其他摆锤撞击后均会进行钟摆运动。

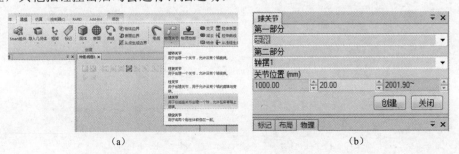

图 6-30　球关节的创建与设置

6.6.3　管线包仿真

RobotStudio 中的物理特性仿真也支持管线包的仿真（见图 6-31）。

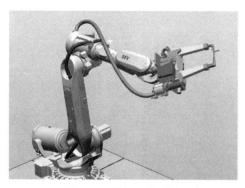

图 6-31　管线包的仿真

如图 6-32 所示，单击"建模"下的"电缆"。根据提示，添加起点、终点和中间控制点（见图 6-33），并设置相关管线参数和系数。最后单击"创建"，可以得到如图 6-31 所示的效果。

图 6-32　单击"建模"下的"电缆"

图 6-33　添加起点、终点和中间控制点

6.7　高级照明与导出工作站 CAD 文件

RobotStudio 为了增强仿真的真实还原度，引入了"高级照明"功能。单击"基本"下的"图形工具"，就可以看到如图 6-34 所示的设置界面。

图 6-34　启动高级照明功能

在图 6-34 中，单击"高级照明"图标，可以启动高级照明功能，单击"创建光线"，可以创建聚光、点光等光源（可以设置光源颜色、效果、位置和角度等参数），效果如图 6-35（a）所示。也可单击图 6-35（b）中的"代表"，选择显示模型的方式，如图 6-35（b）所示为"所有"的效果（类似卡通效果）。

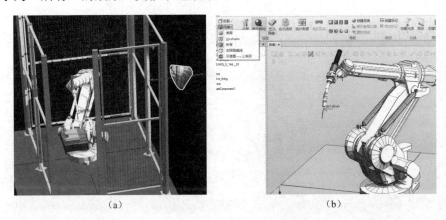

（a）　　　　　　　　　　　　　　　（b）

图 6-35　选择显示模型的方式

对于整体工作站，可以在 RobotStudio 下的"基本"—"布局"下鼠标右键单击工作站（见图 6-36），选择"导出几何体…"，设置导出的格式（如 DXF 格式）导出 CAD 布局图。

图 6-36　导出 CAD 布局图

6.8　增强现实与虚拟现实

增强现实（Augmented Reality，AR）技术是一种实时计算摄影机影像的位置及角度并加上相应图像的技术，是一种将真实世界中的信息和虚拟世界中的信息"无缝"集成的新技术，这种技术的目标是在屏幕上将虚拟世界应用在现实世界并进行互动。

为了让用户很直观地了解机器人实际的大小和状态，让用户在机器人还没到达工厂时就能了解机器人解决方案在真实工厂中的样子，ABB 工业机器人开发了 RobotStudio AR Viewer［可以通过 iOS AppStore、GooglePlay、HuaWei 应用商城等下载，见图 6-37（a）和图 6-37（b）］。

手机在安装完对应应用后，单击图 6-37（b）中的 Robots，此时就可以看到所有的 ABB 工业机器人模型。根据应用提示，选择合适平面后，就可以将机器人模型通过 AR 技术放置到真实环境内，如图 6-37（c）所示，此时移动手机对着屏幕内的机器人环视一周，仿佛就像在真实环境里已经摆放了机器人一样。

对于 RobotStudio 已经制作好的完整仿真站，也可以通过 RobotStudio AR Viewer，将机器人工作站运行在"真实"环境内。

通过 RobotStudio（需 RobotStudio 2019 以上版本）的"仿真"—"播放"—"录制视图"导出.glb 格式的文件（见图 6-38），并将该文件传输到手机。在图 6-37（b）的"My Solution"内选择手机中.glb 格式的文件，此时就可看到虚拟机器人工作站在真实工厂环境里运行，如图 6-37（d）所示。

(a)　　　　　　　(b)　　　　　　　(c)　　　　　　　(d)

图 6-37　RobotStudio AR Viewer

图 6-38　导出 glb 格式的文件

虚拟现实（Virtual Reality，VR）技术是 20 世纪发展起来的一项全新的实用技术，其囊括计算机、电子信息、仿真技术。虚拟现实技术的基本实现方式是计算机模拟虚拟环境从而给人以环境沉浸感。随着社会生产力和科学技术的不断发展，各行各业对 VR 技术的需求日益旺盛，其也取得了巨大进步，并逐步成为一个新的科学技术领域。

RobotStudio 中也加入了 VR 技术，让用户能够通过 VR 眼镜和配套设备在虚拟环境中控制/调试机器人，甚至让技术团队在世界各地一起通过 RobotStudio 进行在线基于 VR 的

...

会议和远程虚拟调试（见图 6-39）。

图 6-39　VR 技术的应用

RobotStudio 目前支持 HTC VIVE、HTC VIVE Cosmos、Oculus Rift、Oculus Rift S，以及 Samsung HMD Odyssey 等 VR 设备。将这些 VR 设备接入 PC 后，单击 "RobotStudio" —"基本" — "图形工具" — "虚拟现实"，即可打开 RobotStudio 的虚拟现实功能。

6.9　基于 OPCUA 的数字孪生

ABB 工业机器人在 2020 年推出了 OPC UA Server 功能，即在 PC 端部署一个 OPC UA Server 获取相关机器人数据，OPC UA Client 可以访问该 Server 并进行相关信息的读写。要使用 OPC UA Server 功能，RobotWare 6.10 以上版本的机器人控制系统需要有 616-1 PC Interface 选项和 1582-1 IoT Data Gateway/OPC UA Server 选项；RobotWare 7 机器人系统需要有 3154-1 IoT Data Gateway 选项。

可以通过网址 https://developercenter.robotstudio.com/下载并安装 IRC5 OPC UA Server/IoT Gateway 软件。关于 OPC UA Server 的配置及使用，参见《ABB 工业机器人二次开发与应用》一书中的第 3 章内容。

使用 IRC5 OPC UA Server Config Tool 或者 IoT Gateway Config 连接并配置一台虚拟机器人控制器或者真实机器人控制柜，并复制 OPC UA Server 的 URL，图 6-40 所示为 IRC5 OPC UA Server Configuration 软件中的 "Logs" 界面。

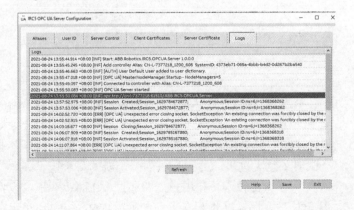

图 6-40　IRC5 OPC UA Server Configuration 软件中的 "Logs" 界面

新版 RobotStudio 中，新增了"OpcUaClient"Smart 组件（见图 6-41）。RobotStudio 通过该组件可以读写真实机器人 OPC UA Server 中的数据，使得当前工作站（无虚拟机器人控制器）中的机器人与其他外设模型动作均能与实际生产同步，即实现数字孪生功能。

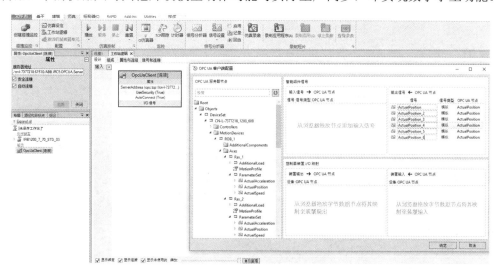

图 6-41　"OpcUaClient"Smart 组件

以下举例如何在 RobotStudio 中实现机器人模型与真实机器人控制器的数字孪生。

（1）在 RobotStudio 中新建一个空的工作站。在工作站内导入与真实（或者另一个仿真系统）机器人系统一致的机器人数模，包括周边设备（围栏、手抓、焊枪）等。

（2）进入"RobotStudio"—"仿真"—"工作站逻辑"，新建"OpcUaClient"Smart 组件。在组件的"服务器地址"中输入图 6-40 中复制的 OPC UA Server URL（见图 6-41），鼠标右键单击 Smart 组件，单击"连接"。

（3）OpcUaClient 与 OPC UA Server 第一次连接会报错，这是因为 OPC UA Server 未认证 RobotStudio 中的 OpcUaClient。进入 OPC UA Server 配置软件，在"Client Certificates"界面中单击"Refresh"按钮，然后单击"Trust"按钮（见图 6-42）。回到 RobotStudio，再次用鼠标右键单击 OpcUaClient，并单击"连接"。

（4）鼠标右键单击 OpcUaClient 组件，单击"配置"，将图 6-41 中的"Axes"—"Rax_1"—"ParameterSet"—"ActualPosition"拖入右侧，作为该 Smart 组件的一个输出。同理配置机器人其他轴数据。配置完毕，Smart 组件的输出会显示当前机器人各轴的数据（单位为 deg，见图 6-43）。

（5）在"工作站逻辑"中插入一个 JointMover 组件（见图 6-44），选择"Mechanism"为当前工作站的机器人模型。

（6）将图 6-43 中 Smart 组件各轴的输出数据与图 6-44 中 JointMover 组件各轴的输入数据连接，此时即可通过 OPC UA Server 数据驱动工作站的机器人模型。

注：JointMover 组件显示的各轴单位是 deg，但实际需要输入对应的弧度，所以需要将图 6-43 中各轴的输出（deg）转为弧度（rad），之后再连接到图 6-44 中 JointMover 各轴的输入。

（7）在"工作站逻辑"中新建一个 Expression 组件（见图 6-45），在"Expression"中

输入"in*PI()/180"，单击"应用"按钮，此时该组件会自动新建一个输入"in"，并将输入从单位 deg 转为单位 rad。

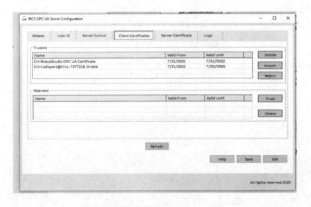

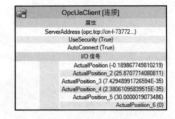

图 6-42　单击"Trust"按钮　　　　图 6-43　显示当前机器人各轴的数据

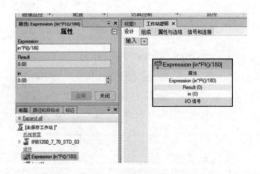

图 6-44　在"工作站逻辑"中插入　　　　图 6-45　在"工作站逻辑"中新建一个
一个 Joint Mover 智能组件　　　　　　　　　　Expression 组件

（8）复制图 6-45 中的若干组件，并将 OpcUaClient 的输出数据通过这些 Expression 组件与 JointMover 组件的输入连接（见图 6-46）。如果转化正确，OpcUaClient 输出的各轴数据应与 JointMover 各轴输入的数据相同。

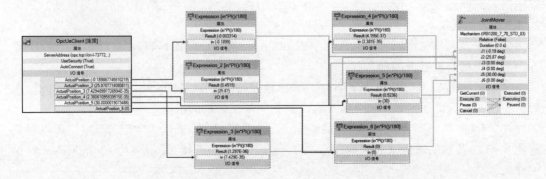

图 6-46　将 OpcUaClient 的输出数据通过 Expression 组件与 JointMover 组件的输入连接

（9）JointMover 组件需要定时触发"Execute"（上升沿）来移动机器人。在"工作站逻辑"中插入 Timer 组件（见图 6-47），定义"internal"参数为 0.1s，并将 Timer 组件的输出连接到 JointMover 的"Execute"。

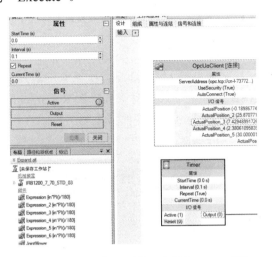

图 6-47　在"工作站逻辑"中插入 Timer 组件

（10）单击"RobotStudio"—"仿真"下的"播放"（Timer 组件只有在仿真启动后才会激活），此时就可看到工作站内的机器人模型（无机器人控制器）与真实机器人实时数字孪生了（见图 6-48）。

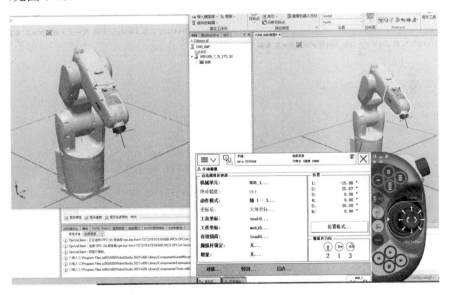

图 6-48　机器人模型与真实机器人实时数字孪生

第 7 章　RobotLoad 软件

RobotLoad 软件是 ABB 工业机器人提供的，方便计算机器人末端及手臂各侧负载是否有效的软件，其可以从 ABB 工业机器人官网下载。从 RobotStudio 2021 开始，也可以在 RobotStudio 的"Add-Ins"下载 RobotLoad 软件（见图 7-1）。

图 7-1　下载 RobotLoad 软件

如图 7-2 所示，打开 RobotLoad 软件，可以从中选择机器人的型号，并为其添加负载参数。在图 7-3 中，可以选择负载的种类并输入负载的重量、重心、惯性矩等参数，各负载的参考坐标系如图 7-4 所示。

图 7-2　添加负载参数

图 7-3　选择负载的种类并输入负载的重量、重心、惯性矩等参数

完成设置，单击图 7-2 中的"Calculate"图标，此时可以获得如图 7-5 所示的结果。图 7-5 中 THW 曲线为当前允许最大重心偏距；COG 为当前所有负载的重心位置。若出现"Not Approved"提示，说明当前负载超过机器人最大负载，需要调整设计。图 7-5 中的相关参数解释如表 7-1 所示。

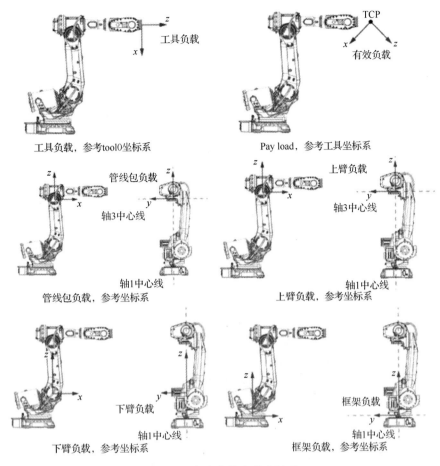

图 7-4　各负载的参考坐标系

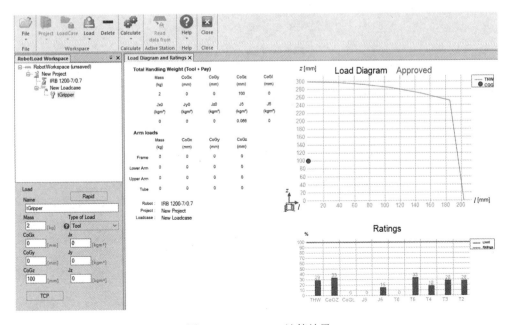

图 7-5　RobotLoad 计算结果

表 7-1　RobotLoad 相关参数解释

参 数 名	解　释
THW	Total Handling Weight，全部重量
CoGz	中心在负载图 z 方向的距离
CoGl	中心在负载图 l 方向的距离
J5	轴 5 全部转动惯量
J6	轴 6 全部转动惯量
T2～T6	轴 2～轴 6 的静态扭矩

第8章 ModBus/TCP 通信

ModBus 通信由 MODICON 公司于 1979 年开发，是一种工业现场总线协议标准（基于串口，又称 ModBus RTU）。1996 年，施耐德公司推出基于以太网 TCP/IP 的 ModBus 协议 ModBus/TCP，采用 Master/Slave 方式通信。

ABB 工业机器人并没有提供标准的 ModBus/TCP 相关函数，但 ModBus/TCP 基于以太网协议，ABB 工业机器人可以使用普通 TCP/IP 完成 ModBus/TCP 的通信。ABB 工业机器人可以使用 Socket 相关收发指令，结合 ModBus 的相关定义对数据进行预处理，完成与其他设备的 ModBus/TCP 通信。

要使用 Socket 相关语句，ABB 工业机器人需要有 616-1 PC Interface 选项。

设备与设备之间的 ModBus/TCP 通信，需要通过事先定义好的功能码来实现具体功能，ModBus/TCP 功能码如表 8-1 所示（使用十六进制表示）。

表 8-1　ModBus/TCP 功能码

功 能 码	中 文 名 称	寄存器 PLC 地址	位操作/字操作	操 作 数 量
01H	读线圈状态	00001~09999	位操作	单个或多个
02H	读离散输入状态	10001~19999	位操作	单个或多个
03H	读保持寄存器	40001~49999	字操作	单个或多个
04H	读输入寄存器	30001~39999	字操作	单个或多个
05H	写单个线圈	00001~09999	位操作	单个
06H	写单个保持寄存器	40001~49999	字操作	单个
0FH	写多个线圈	00001~09999	位操作	多个
10H	写多个保持寄存器	40001~49999	字操作	多个

ModBus/TCP 数据帧解释如表 8-2 所示。

表 8-2　ModBus/TCP 数据帧解释

事务处理标识	协议标识符	长　度	单元标识符	功　能　码	数　据
1 字节	1 字节	2 字节	1 字节	1 字节	N 字节

（1）事务处理标识：一般每次通信之后就要加 1 以去区别不同的通信数据报文。

（2）协议标识符：00 00 表示 ModBus/TCP 协议。

（3）长度：表示接下来的数据长度，单位为字节。

（4）单元标识符：设备地址。

根据以上 ModBus/TCP 定义，编写如下通用 ABB 工业机器人 ModBus/TCP 通信模块（机器人作为 Client 连接 Server）。其中，第一部分代码为用法示例，第二部分代码为完整实现方式。例如，执行"modtcp_WriteRegister 1,20,3,[0x0f,65534,7,0]"，可以看到如图 8-1 所示的效果。

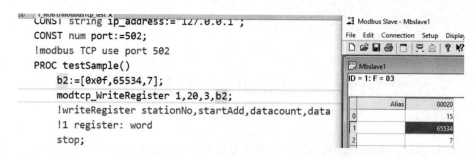

图 8-1　使用 Modbus Slave 软件测试

第一部分代码：

```
MODULE modbusTcp_test
    VAR num b2{4}:=[0,0,0,0];
    VAR socketdev socket_modbus;
    CONST string ip_address:="127.0.0.1";
    CONST num port:=502;
    !modbus TCP use port 502
    PROC testSample()
        b2:=[0x0f,65534,7,0];
        modtcp_WriteRegister 1,20,3,b2;
        !写入多个寄存器：站号，Start 地址，写入 3 个数据（从后续数组中提取前 3 个），数据数组
        !1 register: word
        stop;
        b2:=[0,0,0,0];
        modtcp_ReadRegister\Hold,1,20,2,b2;
        !readRegister \Hold|Input stationNo,startAdd,datacount,data
        !读取保持或者输入型寄存数据
        !选择保持（Hold）或者输入型（Input），站号，Start 地址，读取数据个数，读到的数据存储输
入组前 XX 个
        stop;
        modtcp_writecoil 1,20,16,0x0f;
        !write coil stationNo,startAdd,coilcount,data
        !写线圈
        !站号，起始地址，线圈数量，数据
        stop;
        b2:=[0,0,0,0];
            modtcp_readcoil\Hold, 1,20,16,b2;
        !read Hold coil stationNo,startAdd,coilcount,data
        !读保持型线圈
        !站号，起始地址，线圈数量，存储读到的数据
        stop;
        b2:=[0,0,0,0];
        modtcp_readcoil\Input,1,20,10,b2;
        !read Input coil stationNo,startAdd,coilcount,data
        !读输入型线圈
        !站号，起始地址，线圈数量，存储读到的数据
        stop;
    ENDPROC
ENDMODULE
```

第二部分代码：

```
MODULE ModBusTCP_App(SYSMODULE,NOSTEPIN)
    PROC modtcp_checkstatus()
        VAR socketstatus state;
        IF SocketGetStatus(socket_modbus)<>SOCKET_CONNECTED THEN
            SocketClose socket_modbus;
            WaitTime 0.3;
            SocketCreate socket_modbus;
            SocketConnect socket_modbus,ip_address,port;
        ENDIF
    ENDPROC

PROC Num2Word(num in,inout byte high,inout byte low)
    !将数据转为高低 2 个字节表示的 word
        VAR rawbytes rawbytes1;
        PackRawBytes in,rawbytes1,1\IntX:=UINT;
        UnpackRawBytes rawbytes1,2,High\Hex1;
        UnpackRawBytes rawbytes1,1,Low\Hex1;
    ENDPROC

FUNC num Word2Num(num high,num low)
    !将高低 2 个字节表示的数据合成为一个 num 型数据
        RETURN high*256+low;
    ENDFUNC

PROC modtcp_WriteRegister(num Station,num StartAddress,num Number,num data{*})
    !写入寄存器
        VAR byte b{30};
        VAR rawbytes sendrawdata;
        VAR rawbytes recvrawdata;
        VAR byte recvdata_count;
        !00 01 00 00 00 09 ,01 10, 00 00, 00 01, 02 00 0F
        b{1}:=0x00;
        b{2}:=0x01;
        b{3}:=0x00;
        b{4}:=0x00;
        b{7}:=Station;
        !function number
        !01    READ COIL STATUS
        !02    READ INPUT STATUS
        !03    READ HOLDING REGISTER
        !04    READ INPUT REGISTER
        !05    WRITE SINGLE COIL
        !06    WRITE SINGLE REGISTER
        !15    WRITE MULTIPLE COIL
        !16    WRITE MULTIPLE REGISTER
        b{8}:=0x10;
        !功能码
        Num2Word StartAddress,b{9},b{10};
        Num2Word Number,b{11},b{12};
        b{13}:=2*Number;
```

```
        !data byte count
        FOR i FROM 1 TO Number DO
            Num2Word data{i},b{13+2*i-1},b{13+2*i};
        ENDFOR
        !byte count from b{7}
        Num2Word 7+2*Number,b{5},b{6};
        FOR i FROM 1 TO 13+2*Number DO
            PackRawBytes b{i},sendrawdata,i\Hex1;
        ENDFOR
        modtcp_checkstatus;
        SocketSend socket_modbus\RawData:=sendrawdata;
        SocketReceive socket_modbus\RawData:=recvrawdata\Time:=2;
    ENDPROC

    PROC modtcp_ReadRegister(\Switch Input|Switch Hold,num Station,num StartAddress,num Number,inout
num data{*})
        VAR byte b{30};
        VAR rawbytes sendrawdata;
        VAR rawbytes recvrawdata;
        VAR byte recvdata_count;
        !00 01 00 00 00 06 01 03 00 00 00 03
        b{1}:=0x00;
        b{2}:=0x01;
        b{3}:=0x00;
        b{4}:=0x00;
         !b{5} b{6}存储从 b{7}开始的字节数
        b{5}:=0;
        b{6}:=0x06;
        b{7}:=Station;
        IF present(input) THEN
            b{8}:=0x04;
        ENDIF
        IF present(hold) THEN
            b{8}:=0x03;
        ENDIF
        !功能码
        Num2Word StartAddress,b{9},b{10};
        Num2Word Number,b{11},b{12};
        FOR i FROM 1 TO 12 DO
            PackRawBytes b{i},sendrawdata,i\Hex1;
        ENDFOR
        modtcp_checkstatus;
        SocketSend socket_modbus\RawData:=sendrawdata;
        SocketReceive socket_modbus\RawData:=recvrawdata\Time:=2;
        UnpackRawBytes recvrawdata,9,recvdata_count\Hex1;
        FOR i FROM 1 TO recvdata_count DO
            UnpackRawBytes recvrawdata,i+9,b{i}\Hex1;
        ENDFOR
        FOR i FROM 1 TO recvdata_count/2 DO
            data{i}:=Word2Num(b{2*i-1},b{2*i});
        ENDFOR
    ENDPROC
```

```
PROC modtcp_ReadCoil(\switch Input|switch Hold,num Station,num StartAddress,num Number,inout byte
data{*})
        VAR byte b{30};
        VAR rawbytes sendrawdata;
        VAR rawbytes recvrawdata;
        VAR byte recvdata_count;
        !0x00,0x01,0x00,0x00,0x00,0x06,0x01,0x01,0x00,0x14,0x00,0x13
        b{1}:=0x00;
        b{2}:=0x01;
        b{3}:=0x00;
        b{4}:=0x00;
        !byte count from b{7}
        b{5}:=0;
        b{6}:=0x06;
        b{7}:=Station;
        IF Present(Input) THEN
            b{8}:=0x02;
        ENDIF
        IF Present(Hold) THEN
            b{8}:=0x01;
        ENDIF
        Num2Word StartAddress,b{9},b{10};
        Num2Word Number,b{11},b{12};
        FOR i FROM 1 TO 12 DO
            PackRawBytes b{i},sendrawdata,i\Hex1;
        ENDFOR
        modtcp_checkstatus;
        SocketSend socket_modbus\RawData:=sendrawdata;
        SocketReceive socket_modbus\RawData:=recvrawdata\Time:=2;
        UnpackRawBytes recvrawdata,9,recvdata_count\Hex1;
        FOR i FROM 1 TO recvdata_count DO
            UnpackRawBytes recvrawdata,i+9,data{i}\Hex1;
        ENDFOR
    ENDPROC

    PROC modtcp_writecoil(num Station,num StartAddress,num Number,num data)
        VAR byte b{30};
        VAR rawbytes sendrawdata;
        VAR rawbytes recvrawdata;
        VAR num recvdata_count;
        !0x00,0x01,0x00,0x00,0x00,0x09,0x01(station),0x0F(write),0x00,0x14(start add),0x00,0x0A(coil count),
0x02(left byte count),0xFF,0x03
        b{1}:=0x00;
        b{2}:=0x01;
        b{3}:=0x00;
        b{4}:=0x00;
        b{7}:=Station;
        b{8}:=0x0F;
        Num2Word StartAddress,b{9},b{10};
        Num2Word Number,b{11},b{12};
        b{13}:=0;
```

```
        IF Number<9 THEN
            b{14}:=data;
            b{13}:=1;
        ELSEIF Number<17 THEN
            Num2Word data,b{15},b{14};
            !b{14}:=data;
            b{13}:=2;
        ELSE
            ErrWrite "Input DATA too BIG","Input DATA too BIG";
            stop;
        ENDIF
        !byte count from b{7}
        b{5}:=0;
        b{6}:=0x07+b{13};
        FOR i FROM 1 TO b{6}+6 DO
            PackRawBytes b{i},sendrawdata,i\Hex1;
        ENDFOR
        modtcp_checkstatus;
        SocketSend socket_modbus\RawData:=sendrawdata;
        SocketReceive socket_modbus\RawData:=recvrawdata\Time:=2;
    ENDPROC
ENDMODULE
```

第 9 章　弧焊

弧焊作为工业机器人最常见的应用，随着人工成本的日益增加，工业机器人弧焊（Arc）应用越发广泛。

ABB 工业机器人提供了丰富的弧焊应用包，包括弧焊基础应用包（633-4 Arc）、基于 I/O 信号的焊缝起始点寻位功能（657-1 SmarTac IO version）、基于 WeldGuide 硬件的电弧跟踪及多层多道（815-2 WeldGuide MultiPass）、基于焊机总线反馈的电弧跟踪与多层多道（1553-1 Tracking Interface，始于 RobotWare6.07）及基于激光的焊缝跟踪（660-1 Optical Tracking Arc）。对于主流焊机，如福尼斯（Fronius）、林肯（Lincoln）等，ABB 已经制作了相应功能包和示教器使用界面供用户直接使用。

9.1　通用焊机配置

使用焊接基础包（633-4 Arc），可以完成常规起弧、焊接、收弧等动作。其中，可以通过机器人 I/O 板、总线等方式，向焊机发送焊接电流、电压、程序号等参数。

9.1.1　Arc 信号解释

机器人安装 633-4 选项后，机器人系统会在"配置"—"主题"—"Process"下创建相关 Arc 配置内容（见图 9-1）。其中，Arc Equipment Digital/Group/Analog Inputs/Outputs 为机器人与焊机交互的配置参数。创建对应类型的信号后，在以上位置处进行关联，即可通过机器人控制焊机。Arc Equipment Digital/Group/Analog Inputs/Outputs 参数的解释如表 9-1～表 9-5 所示。完整的参数解释参见 ABB 工业机器人手册 *Application Manual - Arc and Arc Sensor*。

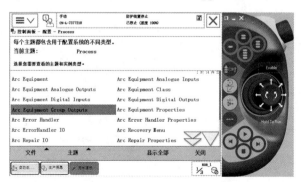

图 9-1　Arc 的 Process 参数

表 9-1　弧焊数字输出信号中的参数解释

参　　数	解　　释
AWError	焊接出错时信号为 1

续表

参　数	解　释
GasOn	焊机开启保护气
WeldOn	开始焊接（此参数必须设置）
FeedOn	正向送丝
FeedOnBwd	反向送丝
ProcessStopped	过程停止，包括焊接出错引发的停止和正常停止
SupervArc	焊接出错
SupervVolt	焊接电压出错信号
SupervCurrent	焊接电流出错信号
SupervWater	冷却水出错信号
SupervGas	保护气出错信号
SupervFeed	送丝出错信号
SupervGun	焊枪出错信号

表 9-2　弧焊数字输入信号中的参数解释

参　数	解　释
ArcEst	焊机起弧成功信号（此信号必须配置）
VoltageOk	监测焊接电压良好
CurrentOk	监测焊接电流良好
GasOk	监测焊接气良好

表 9-3　弧焊模拟输出信号中的参数解释

参　数	解　释
VoltReference	焊接电压（配置该信号后，WeldData 会出现 Voltage 参数）
FeedReference	焊接送丝速度（配置该信号后，WeldData 会出现 Wire_feed 参数）
CurrentReference	焊接电流（配置该信号后，WeldData 会出现 Current 参数）

表 9-4　弧焊组输出信号中的参数解释

参　数	解　释
SchedulePort	机器人发送给焊机的程序号
ModePort	机器人发送给焊机的模式号

表 9-5　弧焊组输出信号的解释

信 号 名	类　型	Process 参数
do_weld	DO	Arc Equipment Digital Output:WeldOn
do_gas	DO	Arc Equipment Digital Output:GasOn
do_wirefwd	DO	Arc Equipment Digital Output:FeedOn

续表

信　号　名	类　　型	Process 参数
do_wirebwd	DO	Arc Equipment Digital Output:FeedOnBwd
di_est	DI	Arc Equipment Digital Input:ArcEst
ao_curr	AO	Arc Equipment Analog Output:CurrentReference
ao_vol	AO	Arc Equipment Analog Output: VoltReference

9.1.2　配置信号

例如，机器人使用 D651（2 个模拟量输出信号，8 个 DI 信号，8 个 DO 信号）板。假设焊机的电流为 30~500A，电压为 12~40V，则在 D651 上的模拟量配置如图 9-2 所示。若使用 DSQC1030+1032 配置模拟量，则图 9-2 中的"Maximum Bit Value"为 4095（12bit）。其他创建信号相关介绍参见《ABB 工业机器人实用配置指南》第 3 章内容。

名称	值		名称	值
Name	ao_curr		Name	ao_vol
Type of Signal	Analog Output		Type of Signal	Analog Output
Assigned to Device	d651		Assigned to Device	d651
Signal Identification Label			Signal Identification Label	
Device Mapping	0-15		Device Mapping	16-31
Category			Category	
Access Level	Default		Access Level	Default
Default Value	30		Default Value	12
Analog Encoding Type	Unsigned		Analog Encoding Type	Unsigned
Maximum Logical Value	500		Maximum Logical Value	40
Maximum Physical Value	0		Maximum Physical Value	10
Maximum Physical Value Limit	0		Maximum Physical Value Limit	10
Maximum Bit Value	65535		Maximum Bit Value	65535
Minimum Logical Value	30		Minimum Logical Value	12
Minimum Physical Value	0		Minimum Physical Value	0
Minimum Physical Value Limit	0		Minimum Physical Value Limit	0
Minimum Bit Value	0		Minimum Bit Value	0
Safe Level	DefaultSafeLevel		Safe Level	DefaultSafeLevel

图 9-2　在 D651 上的模拟量配置

由于在 Process 参数中关联了 CurrentReference 及 VoltReference，所以在示教器的 weld1（welddata）中会出现电压（voltage）和电流（current）的设定界面，如图 9-3 所示。

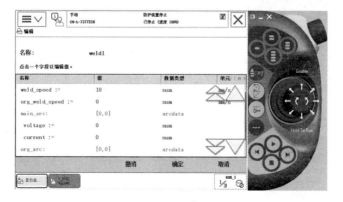

图 9-3　weld1（welddata）中出现电压（voltage）和电流（current）

若现场焊机反馈起弧信号不稳定（机器人不能在发出起弧信号 0.9s 内收到反馈信号），则会出现如图 9-4（a）所示的错误。此时，确认焊机是否异常，或者修改起弧信号超时报警时长［见图 9-4（b），"配置"—"Process"—"Arc Equipment Properties"—"Ignition TimeOut"］。

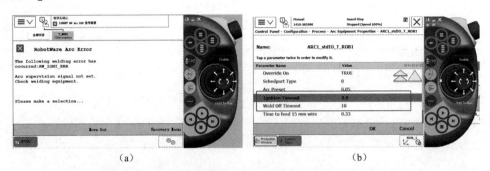

（a）　　　　　　　　　　　　　　　　（b）

图 9-4　起弧信号超时报警及修改

9.2　林肯焊机配置

ArcLink 为林肯（Lincoln）焊机推出的焊接协议。机器人可以与林肯焊机通过 ArcLink/XT 进行基于以太网的通信。此时，林肯焊机需要有如图 9-5 所示的网口支持，需要 ABB 工业机器人的 RobotWare 版本为 6.0 及以上，以及图 9-6 中所示的选项和 RW Add-in Loaded Welder 选项。

- IRC5 robot controller with main computer DSQC1000 or newer
- RobotWare 6.0 or higher with the following options:
  - [616-1] PC Interface (this is necessary for *Socket Messaging*)
  - [812-1] Production Manager (optional)
  - [637-1] Production Screen
  - [633-1] *RobotWare Arc*

图 9-5　林肯焊接 RJ45 接口　　　图 9-6　机器人与林肯焊机基于 ArcLink 通信时需要的选项

机器人具有以上选项后，可以通过重做机器人系统来添加 RW Lincoln ArcLink-XT 插件（见图 9-7）。如图 9-8 所示，可以通过"RobotStudio"—"Add-Ins"下载 RW Lincoln ArcLink-XT 插件。

控制器	经添加的产品					
	名称	版本	发行方	类型	状态	创建日期
产品	RobotWare	6.12.02.00	ABB	RobotWare	已添加	2021-06-07
授权	▼ LincolnArcLink-XT	1.01.00.00	ABB	AddIn	已添加	2020-01-30
选项						

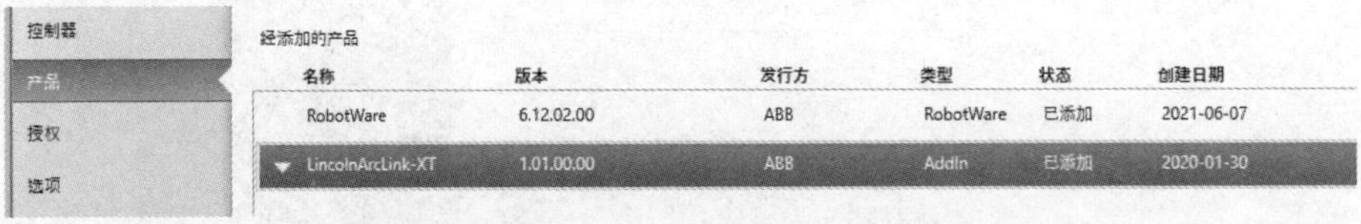

图 9-7　机器人系统添加 RW Lincoln ArcLink-XT 插件

机器人系统修改/增加完产品后，需重启机器人控制器。将控制器的 X4（LAN2）口与林肯焊机的网口通过网线连接，此时可以在示教器中看到如图 9-9 所示的林肯焊机专用界面。

ABB 工业机器人默认将林肯焊机的 IP 地址设置为"192.168.125.151"，也可通过"RobotStudio"—"Add-Ins"下载图 9-8 中的 Lincoln Robotstudio Add-In 插件，通过该插件可以修改/配置焊机相关参数（见图 9-10）。

图 9-8　下载 RW Lincoln ArcLink-XT 插件

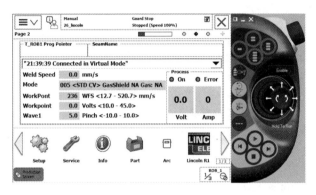

图 9-9　林肯焊机专用界面

图 9-10　修改/配置焊机相关参数

更多 ABB 工业机器人与林肯焊机基于 ArcLink 的应用可参考 ABB 工业机器人手册 *Application Manual- Lincoln ArcLink Interface and Weld Editor*。

9.3　福尼斯焊机配置

ABB 工业机器人与福尼斯（Fronius）焊机有很多联合开发的功能包。其中，福尼斯焊机支持多种通信方式，包括 DeviceNet、PROFINET、Ethernet/IP 等。

针对福尼斯 TPS 320i/400i/500i/600i 等焊机，ABB 工业机器人推出了 Fronius TPSi 专用 RobotWare 插件及 RobotStudio 插件（在图 9-11 所示的位置下载）。使用该插件的机器人需要有图 9-12 中所示的选项。

Robot system prerequisites:
- IRC5 robot controller with main computer DSQC1000 or above
- RobotWare version 6.05 or higher with the following options:
  - [633-4] RobotWare Arc
  - [637-1] Production Screen
- One of the following Industrial Networks:
  - [709-1] DeviceNet Master/Slave
  - [841-1] EtherNet/IP Scanner/Adapter
  - [888-2] PROFINET Controller/Device
  - [969-1] PROFIBUS Controller
- The following option is recommended in order to use the "*Partdata*" concept within the welddata editor:
  - [812-1] Production Manager

图 9-11　Fronius TPSi 插件　　　　图 9-12　使用 Fronius TPSi 插件时机器人需要的选项

下文将举例机器人与福尼斯焊机如何使用 Ethernet/IP 通信（机器人需要有 841-1 Ethernet/IP Scanner/Adapter 选项）。

（1）将机器人控制器的 X4（LAN2）口与福尼斯焊机的网口通过网线连接。

（2）如图 9-13 所示，关闭福尼斯焊机上的 DHCP 功能，设置固定的 IP 地址。

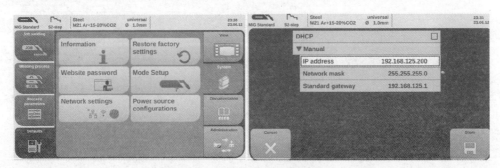

图 9-13　福尼斯焊机设置界面

（3）通过 RobotStudio 对机器人添加下载的 Fronius TPSi 插件（见图 9-14），在图 9-15 所示的界面中勾选"RW Add-In loaded Welder"，在图 9-16 所示的界面中勾选"Fronius TPS/i 下的 EtherNet/IP"。

（4）重启机器人系统，此时可以在示教器中看到福尼斯专用界面（见图 9-17）。

（5）Fronius TPSi 插件默认使用 Job 模式（见图 9-18），即机器人侧不能设置具体的焊接参数。若希望使用 Program 模式（在机器人侧可以设置焊接电流、电压等参数），如图 9-19 所示，进入"控制面板"—"配置"—"主题"—"Process"—"Fronius TPSi Arc Equipment Property"，修改 Mode 参数为"Program mode"（见图 9-20）。若要分别设置起弧和收弧参数，将图 9-20 中的 Ignition on 和 Fill on 参数设为"TRUE"。重启机器人控制器，此时可以看到如图 9-21 所示的效果（可以设置焊接速度、焊接送丝速度、弧长修正等参数）。也可选择焊接最优曲线（Synergic Line，见图 9-22）。Synergic Line 参数的含义为参数号、焊丝粗细、气体、焊丝材质、焊接方式。

图 9-14　添加 Fronius TPSi 插件

图 9-15　勾选"RW Add-In loaded Welder"

图 9-16　勾选"Fronius TPS/i 下的 EtherNet/IP"

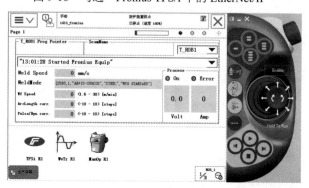

图 9-17　福尼斯专用界面

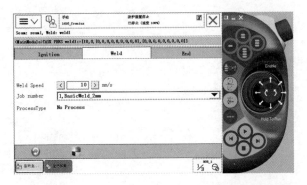

图 9-18　Fronius TPSi 默认使用 Job 模式

图 9-19　Fronius TPSi Arc Equipment Property

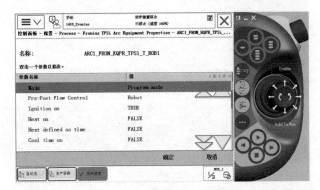

图 9-20　修改 Mode 参数

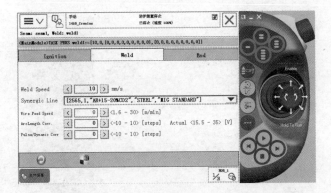

图 9-21　TPSi Welddata 出现在焊接参数界面中

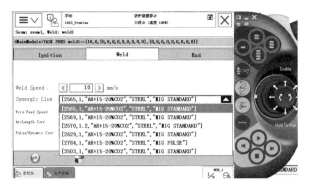

图 9-22　选择焊接 Synergic Line

（6）若希望增加更多的 Synergic Line（如更多的焊丝粗细等参数），可以通过"RobotStudio"—"Add-Ins"—"Fronius TPS/i"进行设置（见图 9-23）。

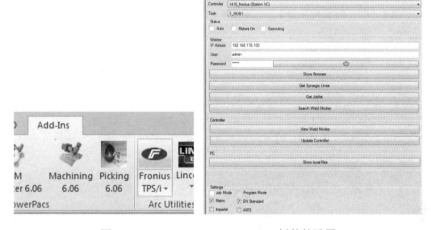

图 9-23　RobotStudio Fronius TPS/i 插件的设置

（7）单击图 9-23 中的"Search Weld Modes"按钮，设置并搜索相关筛选参数（见图 9-24），将需要添加的新 Synergic Line 传输到图 9-24 的右侧，并单击图 9-25 中的"Update Controller"按钮。

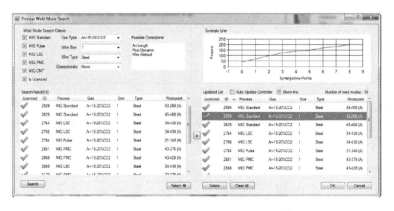

图 9-24　设置并搜索相关筛选参数

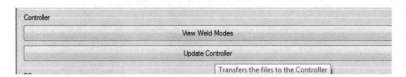

图 9-25　单击"Update Controller"按钮

9.4　焊接语句

焊接语句主要包括 ArcLStart/ArcCStart（直线起弧/圆弧起弧）、ArcL/ArcC（直线/圆弧焊接语句）、ArcLEnd/ArcCEnd（直线收弧/圆弧收弧）等。焊接语句中的主要参数包括起弧参数和收弧参数（数据类型为 seamdata）以及焊接速度和焊接工艺等参数（数据类型为 welddata）。其中，起弧和收弧参数，以及焊接速度和焊接工艺等参数 WeldData 中均包含纯焊接工艺参数（数据类型为 arcdata）。以上参数在示教器中显示的内容会因为其在 Process 中配置的不同而不同，具体参见 9.1.2 节内容。以下为焊接过程中常见的指令，其对应的焊接过程如图 9-26 所示。

```
MoveJ p1, v100, z10, gun1;
MoveJ p2, v100, fine, gun1;
ArcLStart p3, v100, seam1, weld1, fine, gun1;
!到 p3 点开始起弧，使用 seam1 内的起弧参数
ArcL p4, v100, seam1, weld2 , z10, gun1;
! 以直线运动方式往 p4 点焊接，使用 weld2 焊接工艺
ArcLEnd p5, v100, seam1,weld3 , fine, gun1;
! 以直线运动方式往 p5 点焊接，使用 weld3 焊接工艺，使用 seam1 中的收弧参数
MoveJ p6, v100, z10, gun1;
```

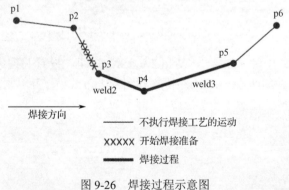

图 9-26　焊接过程示意图

焊接参数 weld2（见图 9-27）主要包括焊接速度（weld_speed，单位为 mm/s）和 main_arc（根据配置，包括电流、电压或者程序号）。可以通过图 9-28 开启/关闭与焊接相关的工艺，如若不勾选"焊接启动"，则机器人执行 ArcXX 语句时不会发出起弧信号；若不勾选"使用焊接速度"，则机器人执行 ArcXX 语句时使用的是语句中的速度而不是 weld2 中的速度。

焊接参数中以 org（original）开头的参数为参考初始值。机器人执行时直接使用非 **org** 开头的参数。可以实时调整焊接参数（见图 9-29），其中调节量是基于 org 参数的，机器人使用调整后的当前值。单击图 9-29 中的"复原"按钮，此时即可将当前值复位成 org 参数，

也可单击"更新原点"按钮修正 org 参数。

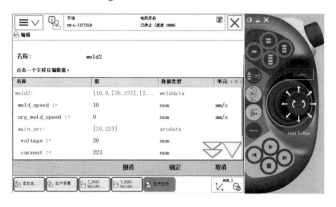

图 9-27　焊接参数 weld2

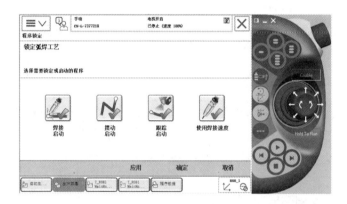

图 9-28　开启/关闭与焊接相关的工艺

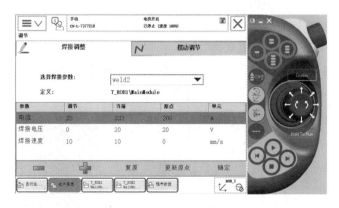

图 9-29　实时调整焊接参数

图 9-30（a）所示为默认的起弧/收弧参数，其包括预吹气时间和焊接完成后吹气时间等。若希望能单独设置起弧和收弧电压，需要在"配置"—"主题"—"Process"—"Arc Equipment Properties"中（见图 9-31）将"Ignition On"（起弧）设置为 TRUE，将"Fill On"（收弧）设置为 TRUE。若要设置回烧功能（Burnback），将"Burnback On"等参数设为 TRUE。设置完以上参数后重启机器人控制器，此时可以在图 9-30（b）中看到起弧和收弧参数设置界面。

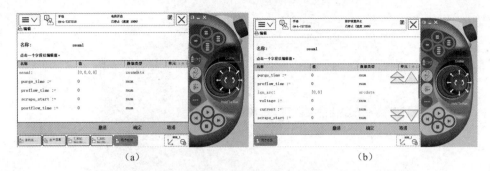

图 9-30　起弧和收弧参数

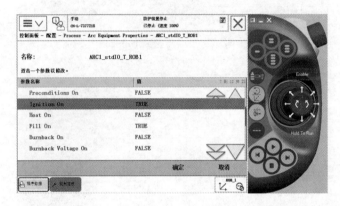

图 9-31　开启起弧和收弧参数的设置

9.5　摆动焊接参数

对于焊缝较宽的焊接应用，可以在焊接时使用摆动功能（机器人在执行原有轨迹时，同时按照设定进行摆动）。

要使用焊接摆动功能，需要在焊接指令中使用可选参数"\Weave"。摆动的数据类型为 weavedata（见图 9-32），数据中各参数的解释如下。

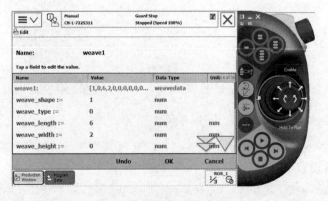

图 9-32　摆动的数据类型

（1）weave_shape 的解释如图 9-33 所示。

（2）weave_type 中，0 表示机器人的 6 个轴均参与摆动；1 表示仅机器人的 5 轴和 6

轴参与摆动；2 表示仅机器人的 1～3 轴参与摆动；3 表示仅机器人的 4～6 轴参与摆动。

（3）weave_length 表示一个摆动周期机器人前进的距离：

$$freq=weld\_speed/weave\_length（频率建议不超过 2Hz）$$

（4）weave_width 表示摆动的宽度（从焊缝一侧到另一侧的距离）。

（5）weave_height 表示摆动的高度。

（6）dwell_left 表示左侧停留的距离（图 9-34 中，X_W 为轨迹的前进方向，DL 表示摆动时在左侧停留的距离）。

（7）dwell_center 表示中间停留的距离。

（8）dwell_right 表示右侧停留的距离。

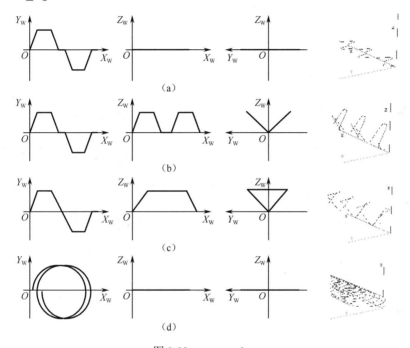

图 9-33　weave_shape

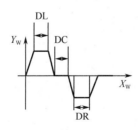

图 9-34　dwell 参数的解释

9.6　SmarTac 寻位

实际焊接中，工件产品由于存在一致性问题，常常会导致实际需要焊接的产品起点与理论示教起点（或离线轨迹起点）发生偏差（见图 9-35）。最经济的方式就是通过焊丝/焊枪去触碰工件，寻找到起点的偏差并补偿给后续机器人的轨迹。这样寻找焊缝起点位置偏差的功能通常称为焊缝起点寻位（始端检出），ABB 工业机器人也提供了这样的功能，即 SmarTac。使用 SmarTac 功能时，机器人需要有 657-1 SmarTac IO version 选项。

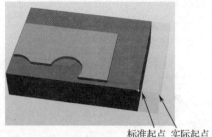

标准起点 实际起点

图 9-35　焊接起点偏移

机器人安装完 SmarTac 功能后，需要在"配置"—"主题"—"Process"—"SmarTac"—"Standard Signals"里关联相关的碰触信号，如图 9-36 所示。

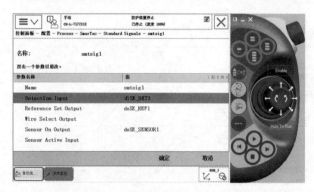

图 9-36　关联相关的碰触信号

SmarTac 功能的主要指令为 Search_1D。例如，以下代码假设产品如图 9-35 所示，仅存在一维线性偏差：

```
PERS pose peOffset:=[[0,0,0],[1,0,0,0]];
PROC test1()
        Search_1D peOffset,p1,p2,v100,tWeldGun;
        !机器人走到起点 p1
        !然后以直线方式往 p2 方向走，p2 是标准位置
        !过程中如果收到接触信号，机器人会将收到信号时的位置与 p2 的偏差记录到 peOffset 里（pose 类型的数据）。然后沿原路径后退
        PDispSet peOffset;
        !将 peOffset 运用于后续轨迹
         path_10;
        PDispOff;
         !关闭位移坐标系
ENDPROC
```

若产品存在 X、Y、Z 三个方向的平移偏差，可以使用如下代码实现起点寻位：

```
PROC Routine1()
        PDispOff;
        !关闭位移坐标系
```

```
    peOffset:=[[0,0,0],[1,0,0,0]];
    peOffset2:=[[0,0,0],[1,0,0,0]];
    peOffset3:=[[0,0,0],[1,0,0,0]];

    MoveL p1,v100,fine,tweldgun;
    Search_1D peOffset,p1,p2,v100,tWeldGun;
    !从 p1 往 p2 方向走（第一个方向），搜寻实际接触点与 p2 的偏差，并将其存储到 peOffset

    MoveL p3,v100,fine,tweldgun;
    Search_1D peOffset2,p3,p4,v100,tWeldGun\PrePDisp:=peOffset;
    !指令内部执行时，实际的起点 p3′和目标点 p4′均已采用 peOffset 位移坐标系偏移
    !从 p3′往 p4′方向走（第二个方向），搜寻实际接触点与原始 p4 的偏差，并将其存储到 peOffset2

    MoveL p5,v100,fine,tweldgun;
    Search_1D peOffset3,p5,p6,v100,tWeldGun\PrePDisp:=peOffset2;
    !指令内部执行时，实际的起点 p5′和目标点 p6′均已采用 peOffset2 位移坐标系偏移
    !从 p5′往 p6′方向走（第三个方向），搜寻实际接触点与原始 p6 的偏差，并将其存储到 peOffset3

    PDispSet peOffset3;
    path_10;
    PDispOff;
  ENDPROC
```

若产品存在旋转和平移，可以参考上述代码，分别对产品表面上 3 个特征点（图 9-37 中的 Refp1、Refp2 和 Refp3）的偏差进行搜索，然后使用 3 个特征点的偏差（pe1、pe2 和 pe3）通过函数 OframeChange 构建的一个偏差坐标系：

```
  PERS wobjdata obREF:=[FALSE, TRUE, "",[[0, 0, 0],[1, 0, 0, 0]],[[0,0,0],[1,0,0,0]]];
  PERS wobjdata obNEW:=[FALSE, TRUE, "",[[0, 0, 0],[1, 0, 0, 0]],[[0,0,0],[1,0,0,0]]];
PROC test2()
  obNEW:=OframeChange(obREF, Refp1,Refp2,Refp3, pe1, pe2, pe3);
  !obNEW 的 uframe 等于 obREF 坐标系的 uframe
  !将通过 Refp1、Refp2、Refp3 和偏差 pe1、pe2、pe3 构建的新坐标系赋值到 obNEW 的 oframe 中
ENDPROC
```

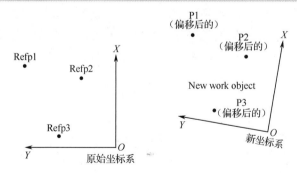

图 9-37　OframeChange 函数示意图

9.7　电弧跟踪与多层多道

机器人在焊接中厚板时，通常产品的焊缝一致性不好，且焊接过程由于热变形，焊缝

会产生形变。使用 SmarTac 功能仅能找到起点的偏差，而无法实时跟踪纠偏。

如图 9-38（a）所示，机器人在摆动焊接时（从 A 到 B 来回摆动），焊丝与工件之间的电弧会发生变化。通过电弧的变化（实际通过电流等参数体现），实时找寻真实的焊缝位置并进行补偿。机器人电弧跟踪的前提是使用摆动焊接。

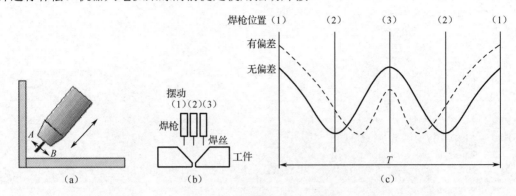

图 9-38　电弧跟踪原理示意图

ABB 工业机器人在进行路径跟踪时，使用路径坐标系（见图 9-39 中的 $X_\mathrm{p}Y_\mathrm{p}Z_\mathrm{p}$ 坐标系）。路径坐标系的定义为：将路径前进的切线方向作为路径坐标系的 X 轴；根据路径坐标系的 X 轴和工具坐标系 Z 轴的叉积，推导出路径坐标系的 Y 轴；根据路径坐标系的 X 轴和路径坐标系 Y 轴的叉积，推导出路径坐标系的 Z 轴。

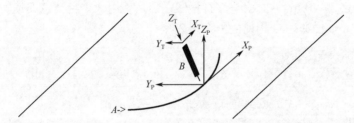

图 9-39　ABB 工业机器人的路径坐标系

有时由于所需的焊缝尺寸和焊高要求，焊道需要被多层焊接。机器人在焊接第一层焊缝时存储实际的跟踪路径，焊接第二层和第三层时只需要基于实际存储的跟踪路径进行偏移即可，这种机器人焊接技术被称为多层多道焊接，如图 9-40 所示。

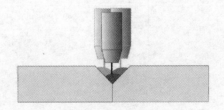

图 9-40　机器人的多层多道焊接

9.7.1　WELDGUIDE

WELDGUIDE 是一个为机器人焊接系统设计的跟踪传感器。WELDGUIDE IV 通过以太网与机器人控制器无缝集成（WELDGUIDE III 通过串口与机器人控制器通信），该系统提供了一个焊缝路径实时跟踪功能。WELDGUIDE 测量电弧的电流和电压，并将路径修正发送给机器人。WELDGUIDE IV 硬件与传感器如图 9-41 所示。机器人使用 WELDGUIDE 电弧跟踪功能时，需要有 815-2 WeldGuide MultiPass 选项。

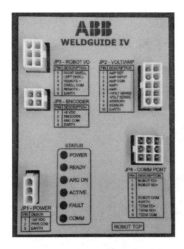

图 9-41　WELDGUIDE IV 硬件与传感器

使用跟踪功能时，需要在焊接语句中加入可选参数 "\Track"，使用跟踪数据 trackdata。trackdata 数据的解释如表 9-6 所示。

表 9-6　trackdata 数据的解释

组　件	解　释
track_system	0：WELDGUIDE 跟踪； 1：激光跟踪； 2：基于焊机反馈的电弧跟踪
store_path	是否存储跟踪轨迹，后续如果使用 MultiPass（多层多道），需要存储轨迹
max_corr	最大纠正量
track_type	跟踪类型（见 9-42） 0：中心线跟踪（左右和高度均跟踪）； 1：自适应跟踪； 2：左单边跟踪； 3：右单边跟踪； 5：仅高度跟踪； 20/30：反向中心线跟踪
gain_y	左右方向（y）增益，数字越大，跟踪越快。通常从 30 开始调试。允许值：1~100
gain_z	高度方向（z）增益，数字越大，跟踪越快。通常从 30 开始调试。允许值：1~100
weld_penetration	仅用于自适应跟踪，左右单边跟踪。允许值：1~10
track_bias	仅用于中心线跟踪，调整左右偏移值。允许值：−30~30
min_weave	仅用于自适应跟踪，最小摆动宽度（需大于 2）
max_weave	仅用于自适应跟踪，最大摆动宽度
min_speed	仅用于自适应跟踪，最小速度
max_speed	仅用于自适应跟踪，最大速度

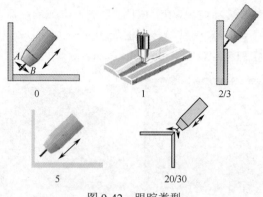

图 9-42　跟踪类型

示例代码如下：

```
PERS welddata wd1:=[10,0,[24,0,0,0,220,0,0,0],[0,0,0,0,0,0,0,0,0]];
PERS trackdata tr1:=[0, TRUE,50,[0,30,30,0,0,0,0,0,0],[0,0,0,0,0,0,0]];
PROC Weldguide()
MoveJ pApproachPos,z10,tWeldGun;
ArcLStart p10,v1000,sm1,wd1\Weave:=wv1,fine, tWeldGun\Track:=tr1;
ArcLEnd p20,v1000, sm1,wd1\Weave:=wv1,fine, tWeldGun\Track:=tr1;
!使用焊接参数 wd1、收弧参数 sm1、摆动参数 wv1、跟踪参数 tr1
MoveJ pDepartPos, v1000, fine, tWeldGun;
ENDPROC
```

基于 WELDGUIDE 电弧跟踪的主要调试步骤如下。

（1）如图 9-43 所示，机器人示教一条标准轨迹，并设置其对应的焊接参数（开启摆动功能）。

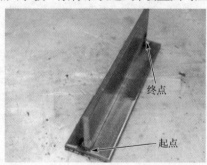

图 9-43　T 形角焊缝

（2）设置 trackdata（见图 9-44），如最大纠正量为 50，y 方向和 z 方向的增益为 30。

图 9-44　设置 trackdata

（3）在图 9-45 所示的位置关闭"跟踪"功能。

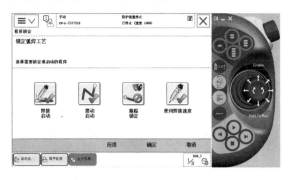

图 9-45 关闭与打开"跟踪"功能

（4）对图 9-43 所示的轨迹中进行真实焊接，焊接过程中可以在图 9-46 中实时查看电流（Current）情况（Current 会随着机器人的摆动而跳动）。

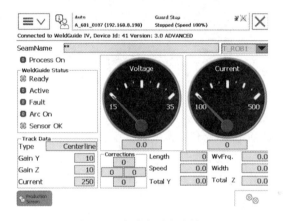

图 9-46 实时查看电流情况

（5）焊接结束，查看最后稳定的电流（Current）值，并将对应焊接参数 wcld1（见图 9-47）中 current 的值设置为最后稳定的电流值（作为后续跟踪的参考）。

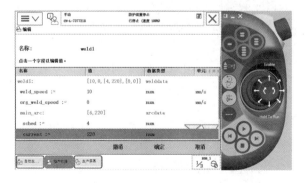

图 9-47 设置"current"的值

（6）调整机器人在图 9-43 中的轨迹（如起点、终点偏移等）。

（7）在图 9-45 所示的位置中打开"跟踪"功能。

（8）机器人真实跟踪焊接，以及测试跟踪效果。图 9-46 会显示实时纠正量、总纠正量等信息。根据跟踪效果，调整 trackdata 中的参数。

（9）图 9-48 为真实测试人工示教的焊缝起点和终点（均有偏移），图 9-49 为实际跟踪效果，可见机器人能很快跟踪角焊缝并一直跟随角焊缝到焊接结束。

图 9-48　真实测试人工示教的焊缝起点和终点

图 9-49　实际跟踪效果

对于中厚板材，一道焊缝往往不能满足焊接工艺要求，机器人需要进行第二层甚至第三层的焊接。第二层和第三层的焊缝基于第一层跟踪时机器人自动记录的实际轨迹进行偏移与旋转，这种焊接技术被称为多层多道（MultiPass）技术。

使用多层多道的前提是第一层焊接开启摆动（Weave）和跟踪（Track），同时在跟踪数据中将 store_path 参数设为 TRUE 用于记录跟踪后的轨迹，并在焊接启动指令最后加入焊缝名称（记录的轨迹名称，后续第二层和第三层焊接时使用该轨迹名称）。焊接启动语句如下：

```
ArcLStart p20, v100,sm1,wd1\Weave:=wvd,fine, tool_gun\ \Track:=trd1\ SeamName:="Weld_1"
```

WELDGUIDE 提供相应的多层多道焊接指令（ArcRepL 等）。第二层和第三层焊缝轨迹（基于第一层跟踪后的轨迹）的偏移和旋转均基于路径（焊缝）坐标系，如图 9-50 所示，即第二层与第三层的焊缝可以基于第一层焊缝在焊缝坐标系的 Y 和 Z 方向平移、在焊缝坐标系的 X 和 Y 方向旋转。多层多道数据使用 Multidata 参数，其解释如表 9-7 所示。

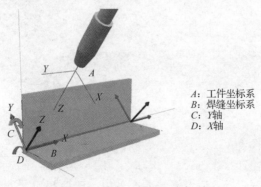

A：工件坐标系
B：焊缝坐标系
C：Y 轴
D：X 轴

图 9-50　路径（焊缝）坐标系

表 9-7 Multidata 参数的解释

组 件	解 释
direction	轨迹方向： 1 表示与记录轨迹方向相同 -1 表示与记录轨迹方向相反
ApproachDistance	基于记录的第一个点，沿着工具 Z 负方向的偏移作为开始焊接的接近点
DepartDistance	基于记录的最后一个点，沿着工具 Z 负方向的偏移作为结束焊接的离开点
StartOffset	根据实际轨迹方向，基于第一个或者最后一个记录点的偏移，负数代表缩短轨迹（见图 9-51）
EndOffset	根据实际轨迹方向，基于第一个或者最后一个记录点的偏移，负数代表缩短轨迹（见图 9-51）
SeamsOffs_y	基于焊缝坐标系 Y 方向的偏移
SeamsOffs_z	基于焊缝坐标系 Z 方向的偏移
SeamRot_x	基于焊缝坐标系 X 方向的旋转
SeamRot_y	基于焊缝坐标系 Y 方向的旋转

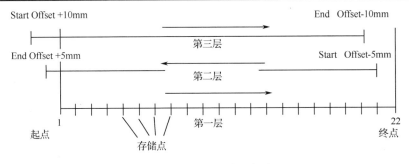

图 9-51 多层多道示意图

示例代码如下：

```
CONST multidata Layer_2:=[-1,15,15,-5,5,2,2,5,-11];
!原始路径反方向运动
!起点沿工具 Z 方向后退 15mm，终点沿工具 Z 方向后退 15mm
!起点沿路径缩短 5mm（起点前进 5mm），终点沿路径延伸 5mm
!轨迹整体沿焊缝坐标系的 Y 方向和 Z 方向偏移 2mm
! 轨迹整体沿焊缝坐标系的 X 轴旋转 5°，轨迹整体沿焊缝坐标系的 Y 轴旋转-11°

PROC WeldguideMultiPath1()
!MoveToHome;
MoveJ pApproach, v1000, z10, PKI_500\WObj:=wobj0;
ArcLStart p20, v1000,sm1,wd1\Weave:=wvd,fine, PKI_500\WObj:=wobj0\Track:=trd1\SeamName:="Weld_1";
!采用 wd1 焊接参数、wvd 摆动参数、trd1 跟踪参数（store_path 设为 True），记录的焊缝名称为 Weld_1
ArcL p30,v100,sm1,wd1\Weave:=wvd,z1,PKI_500\WObj:=wobj0\Track:=trd1;
ArcL p40,v100,sm1,wd1\Weave:=wvd,z1,PKI_500\WObj:=wobj0\Track:=trd1;
ArcL p50,v100,sm1,wd1\Weave:=wvd,z1,PKI_500\WObj:=wobj0\Track:=trd1;
ArcLEnd p60,v100,sm1,wd1\Weave:=wvd,fine,PKI_500\WObj:=wobj0\Track:=trd1;
!焊接完成，停止记录

MoveL pDepart, v1000, z10, PKI_500\WObj:=wobj0;
```

```
MoveToHome;
!
ArcRepL\Start\End,Layer_2,v100,sm1,wd1,wvd,z10,PKI_500\SeamName:=" Weld_1";
!基于 Weld_1 实际焊缝，采用 Layer_2 多层多道参数，焊接第二道焊缝
MoveToHome;
ENDPROC
```

9.7.2　Tracking Interface

　　RobotWare 6.07 后，ABB 工业机器人推出了 1553-1 Tracking Interface 选项，使得用户能够直接使用外部设备的数据对机器人的轨迹进行纠正。例如，对于机器人电弧焊缝跟踪，可以直接使用焊机反馈的电流和电弧等参数修正机器人的轨迹，实现跟踪效果。

　　ABB 工业机器人与福尼斯（Fronius）联合开发了基于焊机反馈的机器人电弧跟踪功能。要使用该功能，机器人需要有图 9-52 中所示的选项（选择 Standard I/O Welder，也可以自行配置相关信号）。

Robot system prerequisites:
· IRC5 robot controller with main computer DSQC1000 or above
· RobotWare version 6.07 or higher with the following options:
　- [633-4] RobotWare Arc
　- [637-1] Production Screen
　- [1553-1] Tracking Interface
· One of the following arc sub-options (power source interface)
　- Standard I/O Welder
　- Fronius TPS/i Add-In

图 9-52　基于焊机反馈的焊缝跟踪（所需选项）

　　首先，如图 9-53 所示，可以在"RobotStudio"的"Add-Ins"下载 Fronius TPSi-SeamTracking 插件。其次，修改机器人控制系统，在图 9-54 所示的位置中添加 Fronius TPSi-SeamTracking 插件，在图 9-55 所示的位置勾选需要的功能。最后，重启机器人控制系统。

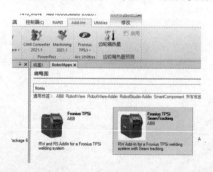

图 9-53　下载 Fronius TPSi-SeamTracking 插件

　　福尼斯焊机从 Firmware TPSi_V2.1.0 开始，提供了一个计算后的实时"干伸长"数据用于表示当前的电弧情况，机器人可以根据该数据进行焊缝电弧跟踪。机器人系统若使用 Fronius TPSi 焊机配置，则系统会自动创建如图 9-56 所示的模拟量反馈信号（数值为 0～10000，理想反馈状况为 5000）。安装 Fronius TPSi-SeamTracking 插件后，系统会自动将图 9-56 中的信号配置到机器人系统"Process"—"Fronius TPSi Tracking Properties"—"Feedback Signal AI"，如图 9-57 所示。若使用 Standard I/O Welder，用户可以自行配置信号。

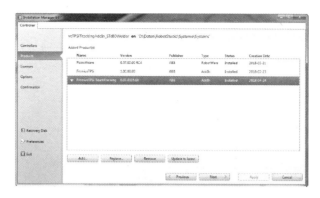

图 9-54 添加 Fronius TPSi-SeamTracking 插件

图 9-55 勾选需要的功能

图 9-56 创建模拟量反馈信号   图 9-57 关联信号

重启机器人系统后，可以在示教器中看到如图 9-58 所示的界面。

基于 1553-1 Tracking Interface 选项和 Fronius TPSi-SeamTracking 插件的电弧跟踪调试步骤主要如下所示。

（1）机器人示教一条标准轨迹（如图 9-59 中的起点和终点）并设置其对应的焊接参数（开启摆动功能）。

（2）设置 trackdata 和 track_system 为 2（使用 1553-1 选项设置为 2），最大纠正量为 50，y 和 z 方向的增益为 30。

（3）关闭图 9-45 中所示的"跟踪"功能。

（4）对图 9-59 中的轨迹进行真实焊接。在焊接开始后约 1s 后，单击图 9-58 中的"Enable"按钮，示教器会在图 9-58 中的"⑥"处实时显示焊机反馈数据。

（5）焊接结束，图 9-58 中的"⑥"处会显示"complete"。此时单击"Update data"按钮，会将最终稳定实际反馈的数据（图 9-58 中的"⑥"）更新到 track1 中的 weld_penetration，如图 9-60 所示。也可手动将该数据输入到图 9-60 中的 weld_penetration，该数据将作为后续跟踪的参考。

（6）调整机器人在图 9-59 中的轨迹（如起点、终点和偏移等）。

（7）在图 9-45 中所示的位置处打开"跟踪"功能。

（8）机器人真实跟踪焊接、测试跟踪效果。图 9-58 会实时显示纠正量和总纠正量等信息。根据跟踪效果，调整 trackdata 中的参数。

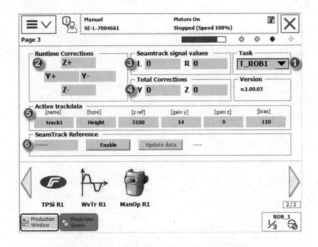

图 9-58　基于 1553-1 选项的电弧跟踪界面

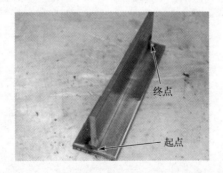

图 9-59　T 形角焊缝

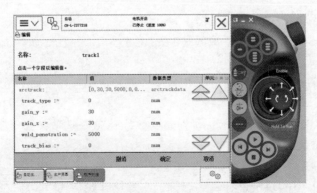

图 9-60　更新 weld_penetration

第 10 章　力控

10.1　力控介绍

机器人系统使用力控（Force Control，FC）的目的是让机器人对接触的力更敏感，机器人能感知外界对机器人施加的力并做出及时响应。使用力控系统的机器人，可以让机器人末端的执行器一直以一个恒定的力在某个产品中表明运行轨迹，即使该表面的精确轨迹是未知的。

常见的基于力控的机器人应用包括但不限于：

- 活塞的装配
- PC 内存的装配
- 表面恒定力的打磨
- 表面恒定力的抛光
- 基于力反馈的变速轨迹
- 其他

ABB 工业机器人的力控选项有以下限制：

- 不支持非 6 轴机器人

机器人使用力控选项时，不支持与以下选项同时使用：

- 弧焊（包括弧焊中的激光跟踪、电弧跟踪）
- 碰撞检测
- 输送链跟踪
- 独立轴
- MultiMove 协同运动
- PickMaster
- Sensor Interface
- Sentor/ Analog 同步
- SoftMove
- World Zones

10.1.1　硬件与配置

ABB 工业机器人使用力控时，需要有 661-2 Force Control Base 选项。

ABB 工业机器人集成力控包，通常包括如图 10-1 中所示的硬件，图中各硬件的具体介绍如表 10-1 所示。图 10-1 中的 A（传感器），也可使用任意其他品牌的力传感器，只要传感器的输出是模拟量信号（-10～10V）即可。若使用第三方传感器，需要注意传感器输出接口的针脚定义与图 10-1 中 D 线缆两端的针脚匹配。

图 10-1　ABB 工业机器人集成的力控硬件

表 10-1　集成中的力控硬件

A	传感器（根据量程有 3 种型号）
B	VMB 盒子（接受传感器模拟量信号并接入机器人控制柜的轴计算机）
C	VMB 盒子与机器人控制柜连接线，连接 VMB 的 X1 接口和控制柜的 XS41 接口
D	传感器与 VMB 盒子连接线，接入 VMB 的 X3 接口
E	机器人末端转接法兰

　　图 10-1 中的 C 为连接传感器与 VMB 盒子的超柔性线缆。线缆连接传感器端（LEMO 连接器：FGG.2K.316.CLAD52Z）的针脚如图 10-2 所示，其各针脚的描述如表 10-2 所示。线缆连接 VMB 盒子 X3 端的针脚（LEMO 连接器：FGA.3K.320.CLAC60）如图 10-3 所示，其各针脚的描述见表 10-3。

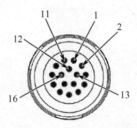

图 10-2　线缆连接传感器端的针脚

表 10-2　线缆连接传感器端各针脚的描述

针　脚	描　述	针　脚	描　述
1	GND	9	+Fz
2	GND	10	−Fz
3	+15V	11	+Mx
4	−15V	12	−Mx
5	+Fx	13	+My
6	−Fx	14	−My
7	+Fy	15	+Mz
8	−Fy	16	−Mz

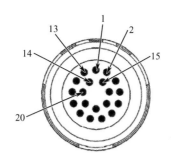

图 10-3　线缆连接 VMB 盒子 X3 端的针脚

表 10-3　线缆连接 VMB 盒子 X3 端各针脚的描述

针　脚	描　述	针　脚	描　述
1	U_0+	11	U_5+
2	U_0-	12	U_5-
3	U_1+	13	没有使用
4	U_1-	14	变速单通道+
5	U_2+	15	变速单通道-
6	U_2-	16	Safety+
7	U_3+	17	Safety-
8	U_3-	18	0V（通常）
9	U_4+	19	$-15V$
10	U_4-	20	$+15V$

ABB 工业机器人集成的力控提供 3 种传感器，其量程及其他信息如表 10-4 所示。

特别需要注意的是，传感器型号 Small 与型号 Medium 的外形尺寸一样，仅能通过产品序号进行区别。3 种传感器的序号如表 10-5 所示。

表 10-4　集成的力控传感器参数

参　数	小号力传感器（Small）	中号力传感器（Medium）	大号力传感器（Large）
自由度（DOF）	6 DOF	6 DOF	6 DOF
保护等级（Protection）	IP65	IP65	IP65
材料（Material）	SS304	SS304	SS304
力测量范围（Force measurement range）	Fx/Fy:165N;Fz:495N	Fx/Fy:660N;Fz:1980N	Fx/Fy:2500N;Fz:6250N
力测量分辨率（Force measurement resolution）	Fx/Fy:0.03N;Fz:0.11N	Fx/Fy:0.09N;Fz:0.33N	Fx/Fy:0.33N;Fz:0.1N
力矩测量范围（Torque measurement range）	Mx/My/Mz:15Nm	Mx/My/Mz:60Nm	Mx/My/Mz:400Nm
力矩测量分辨率（Torque measurement resolution）	Mx/My/Mz:0.003Nm	Mx/My/Mz:0.008Nm	Mx/My/Mz:0.053Nm
质量（Weight）	1.25kg	1.25kg	3.3kg

续表

参　数	小号力传感器（Small）	中号力传感器（Medium）	大号力传感器（Large）
外形尺寸：直径×高度（mm） （Outside diameter x height）	104×40	104×40	160×55
非线性（Non-linearity）	1.50%	1.50%	1.50%
磁带（Hysteresis）	1.50%	1.50%	1.50%
串扰（Crosstalk）	2%	2%	2%
零位偏移（Zero offset）	10%FS	10%FS	10%FS
刚度（Stiffness）	F>3.0*E+7N/m; T>3.0*E+3Nm/rad	F>3.0*E+7N/m; T>3.0*E+3Nm/rad	F>6.0*E+7N/m; T>6.0*E+3Nm/rad
共振频率 （Resonance frequency）	>1000	>1000	>1000
截止频率（Cut-off frequency）	>500Hz	>500Hz	>500Hz
过载保护 （Overload protection）	10 倍	10 倍	10 倍
温度补偿 （Temperature compensation）	有	有	有
姿态（Orientation）	与机器人工具坐标系对齐	与机器人工具坐标系对齐	与机器人工具坐标系对齐

表 10-5　3 种传感器的序号

产 品 序 号	传感器类型
3HAC046093-001	ABB 小号力传感器
3HAC048735-001	ABB 中号力传感器
3HAC048736-001	ABB 大号力传感器

通常按照图 10-4 所示的位置安装传感器，即传感器的 X-方向与 tool0 的 X-方向一致。若传感器安装有角度旋转，则可以在图 10-5 所示的位置调整传感器的四元数。

 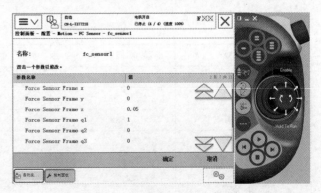

图 10-4　IRB2600 机器人安装中号力控传感器　　　图 10-5　设置传感器的位置

中号力传感器的厚度为 40mm，IRB2600 机器人对应的力控传感器安装转接板的厚度为 10mm，故针对 IRB2600+的中号力传感器，图 10-5 中的"Force Senser Frame z"为 0.05m。若转接板有差异，则根据实际情况调整参数。

ABB 工业机器人集成力控提供的传感器都会配置随机光盘（最新改为 U 盘形式）。随机光盘中包含该传感器的配置信息，具体如图 10-6 所示。配置信息中的参数解释如表 10-6 所示。

```
MOC:CFG_1.0::
# PMC_SENSOR_SETUP - setup of pmc sensor
PMC_SENSOR_SETUP:

-name "ATI_ACROMAG1" -max_voltage 10 -max_sensor_output_voltage 5
\
-serial_number "xxxx" -safety_channel_disabled \
-fx_value1 1 -fx_value2 0 -fx_value3 0 \
-fx_value4 0 -fx_value5 0 -fx_value6 0 \
-fy_value1 0 -fy_value2 1 -fy_value3 0 \
-fy_value4 0 -fy_value5 0 -fy_value6 0 \
-fz_value1 0 -fz_value2 0 -fz_value3 1 \
-fz_value4 0 -fz_value5 0 -fz_value6 0 \
-tx_value1 0 -tx_value2 0 -tx_value3 2 \
-tx_value4 1 -tx_value5 0 -tx_value6 0 \
-ty_value1 0 -ty_value2 0 -ty_value3 0 \
-ty_value4 0 -ty_value5 1 -ty_value6 0 \
-tz_value1 0 -tz_value2 0 -tz_value3 0 \
-tz_value4 0 -tz_value5 0 -tz_value6 1 \
-fx_scale 0.007498 -fy_scale 0.007496 -fz_scale 0.002561 \
-tx_scale 0.084434 -ty_scale 0.085685 -tz_scale 0.085110 \
-fx_value_max 660 -fy_value_max 660 -fz_value_max 1980 \
-tx_value_max 60 -ty_value_max 60 -tz_value_max 60
```

图 10-6　传感器的配置信息

表 10-6　传感器配置信息中的参数解释

名　　称	解　　释	数　　据	单　　位
max_voltage	VMB 中 AD 转化卡的最大输入	10	V
serial_number	产品序列号	xxxx	
max_sensor_output_voltage	传感器的最大输出电压	5	V
fx_scale	fx 最大压力时与对应电压的转换系数，如 fx 最大为 660N 时，传感器的输出为 660×0.007498= 4.94868V	0.007498	
fx_value_max	fx 最大压力	660	N
fy_scale	fy 最大压力时与对应电压的转换系数	0.007496	
fy_value_max	fy 最大压力	660	N
fz_scale	fz 最大压力时与对应电压的转换系数	0.002561	
fz_value_max	fz 最大压力	1980	N
tx_scale	tx 最大扭矩时与对应电压的转换系数	0.084434	
tx_value_max	tx 最大扭矩	60	Nm
ty_scale	ty 最大扭矩时与对应电压的转换系数	0.085685	
ty_value_max	ty 最大扭矩	60	Nm
tz_scale	tz 最大扭矩时与对应电压的转换系数	0.085110	
tz_value_max	tz 最大扭矩	60	Nm

在第一次使用该传感器时，需要将光盘中的 cfg 文件导入机器人控制系统。导入后，可以在"配置"—"主题"—"Motion"中的"PMC Sensor Setup"中看到，如图 10-7 所示。若使用第三方传感器，可以按照表 10-6 中所述的信息在图 10-7 中添加相应数据即可。若使用一维 Z 方向力传感器，在图 10-7 中仅需要配置"fz scale"参数和"fz max"参数，其他转化系数设置为零。

图 10-7　导入传感器的配置

10.1.2　带外轴系统的力控配置

　　若机器人系统仅有一个外轴，则外轴电机的编码器线直接接入机器人本体 SMB 板的 Node7 即可。若机器人系统有 2 个或者 3 个外轴，则需要将多个外轴电机的编码器线先接入现场的第二块 SMB 板（或者 SMB Box），再将 SMB Box 的线接到机器人控制柜的 XS41 上。

　　若机器人系统又有 2 个或者 3 个外轴，且使用力控，则电机编码器反馈线、SMB 盒子及传感器的连线可以参考图 10-8 连接，即传感器接入 VMB 盒子的 X3 端口、外轴电机编码器反馈线接入 SMB BOX 的 Node1~Node3、SMB BOX 输出接入 VMB 盒子的 X2 端口、VMB 的 X1 端口连接控制柜的 XS41。

　　注：在同时使用力控和外轴（SMB BOX）的情况下，SMB BOX 只能使用其中的 Node1~Node3，因为该链路上的 Node4~Node7 留给力控传感器传输数据。

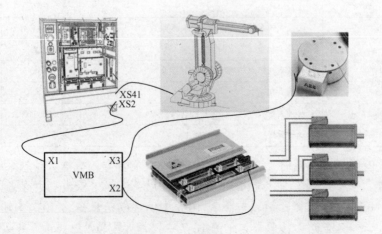

图 10-8　带多个外轴的力控机器人系统反馈线示意图

例如，现场有 2 个外轴电机，电机编码器线分别接入 SMB BOX 的 Node1 和 Node2。相关电机的 MEASUREMENT_CHANNEL 及 PMC Sensor Setup 如图 10-9 和图 10-10 所示。其中，PMC Sensor Setup 中的"Measurement board number"要设置为 2。

```
⊟MEASUREMENT_CHANNEL:

     -name "STN1" -use_measurement_board_type "DSQC313" -measurement_link 2

     -name "STN2" -use_measurement_board_type "DSQC313" -measurement_link 2\
     -measurement_node 2
```

图 10-9　2 个外轴电机接入 SMB BOX 的 Node1 和 Node2

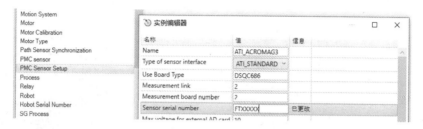

图 10-10　PMC Sensor Setup

10.2　第一次传感器测试与拖动测试

正确安装传感器并完成配置后，需要重启机器人系统。

TuneMaster 软件是 ABB 工业机器人提供的调试外轴电机、记录本体各类信号和力控信号的软件。用户可以在 ABB 机器人软件 RobotStudio 的官方网站处，下载 RobotWare Tools and Utilities 插件（见图 10-11），并安装其中的 TuneMaster 软件。

计算机连接机器人控制柜的 Service（192.168.125.1）网口。如图 10-12 所示，打开 TuneMaster 软件，单击"Log Signals"图标。

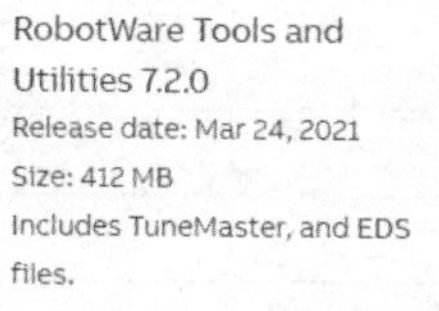

RobotWare Tools and
Utilities 7.2.0
Release date: Mar 24, 2021
Size: 412 MB
Includes TuneMaster, and EDS
files.

图 10-11　RobotWare Tools and Utilities 插件

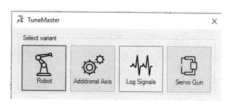

图 10-12　选择 Log Signals

针对集成力控（FC），TuneMaster 软件提供了如表 10-7 所示的用于记录传感器原始数据的信号值。如图 10-13 所示，在 TuneMaster 软件中添加相应信号（添加记录传感器 fx、fy 和 fz 的原始电压输出信号）并启动记录。此时按照传感器的原始坐标系方向（见图 10-14）施加力，可以在 TuneMaster 软件中看到对应电压的变化。若无变化，则检查传感器和相关线缆。

也可添加表 10-8 中的 201～206 信号（显示传感器原始坐标系下的力与扭矩）。对传感器施加相应力，检查 TuneMaster 软件中的读数是否准确。

表 10-7　用于记录传感器原始数据的信号值

信　号	内容（单位 V）
1001	U0（Sensor Frame: fx）
1002	U1（Sensor Frame: fy）
1003	U2（Sensor Frame: fz）
1004	U3（Sensor Frame: tx）
1005	U4（Sensor Frame: ty）
1006	U5（Sensor Frame: tz）

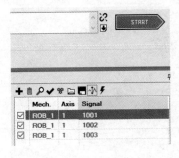

图 10-13　在 TuneMaster 软件中添加相应信号并启动记录

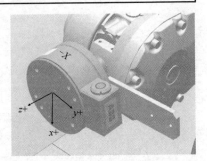

图 10-14　传感器的原始坐标系

表 10-8　FC 相关信号（显示传感器原始坐标系下的力与扭矩）

信　号	内容（Force Component）
201	Sensor Frame, fx 力
202	Sensor Frame, fy 力
203	Sensor Frame, fz 力
204	Sensor Frame, tx 扭矩
205	Sensor Frame, ty 扭矩
206	Sensor Frame, tz 扭矩
207	Force Frame, fx 力
208	Force Frame, fy 力
209	Force Frame, fz 力
210	Force Frame, tx 扭矩
211	Force Frame, ty 扭矩
212	Force Frame, tz 扭矩

　　要准确使用力控，就需要知道传感器安装前工具的质量和重心，以便在使用力控时能准确对传感器进行二次校准（清零）。可以使用函数 FCLoadID( )获取传感器安装前工具的重量和重心，在该函数的执行过程中，机器人的 5 轴和 6 轴会在一定范围内运动，以便完成计算。该函数通常在初次使用时执行，不需要机器人每个循环均执行。示例代码如下：

```
PERS loaddata loaddata1:=[2.7183,[-0.55752,-0.481763,87.7316],[1,0,0,0],0,0,0];
 PROC　rLoad()
```

```
loaddata1:=FCLoadId(\MaxMoveAx5:=30\MaxMoveAx6:=45\LoadidErr:=reg1);
!机器人对传感器安装前工具的项量和重心进行计算
!执行负载辨识时，保持工具静态（若有磨机，不可开动磨机，以免震动影响辨识结果）
!MaxMoveAx5 为设定的从当前位置开始 5 轴正负移动角度，默认为 180°
!MaxMoveAx6 为设定的从当前位置开始 6 轴正负移动角度，默认为 180°
!计算得到的误差存储到 reg1
!若误差大于 0.1，说明负载辨识不准确，建议检查传感器或者重新执行程序
 TPWrite "loadid err "\Num:=reg1;
        ENDPROC
```

辨识完传感器前端负载后，此时即可测试力控。可以开启力控模式并人工拖动（见图 10-15）机器人，如果机器人按照受力方向运动，表明力控配置正确。例如，可以使用如下代码开启和关闭力控模式：

```
    PROC test1()
FCCalib loaddata1;
!使用之前测得的传感器安装前的工具 Load 校准传感器（清零）
!此时机器人需要保持静止
!若工具为磨机，不能开启磨机，以免震动影响 Calib 结果
 FCAct tool0\ForceFrameRef:=FC_REFFRAME_TOOL;
!激活力控模式，设置参考坐标系为当前工具坐标系的方向
! FCAct tool0;
!不添加可选参数 ForceFrameRef，力控默认参考当前的工件坐标系
 stop;
!机器人仍需要处于 MotorOn 状态
!此时可以手动拖动机器人，机器人会沿着受力方向运动
!若机器人与受力方向相反，可能参考坐标系及具体数值有误
!或者 MOC 里的 FC Sensor 配置传感器位置有误
 FCDeact;
!关闭力控模式
        ENDPROC
```

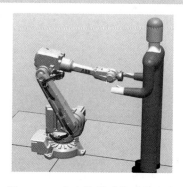

图 10-15　在力控模式拖动机器人

表 10-8 中的 207～212 号信号只有在开启力控模式（FCACT 语句或者 FCPressLStart 语句）时可以读取，且读取的是当前力控模式坐标系下（已经去除传感器前工具的力）的力（如使用指令"FCAct tool0\WObj:=Wobj0\ForceFrameRef:=FC_REFFRAME_TOOL"后读取转化到当前工具方向下的力，使用"FCAct tool0\WObj:=Wobj0\ForceFrameRef:=FC_REFFRAME_WOBJ"后读取转化到当前工件坐标系方向下的力）。图 10-16 为读取力控模式坐标系下的 fz 力。

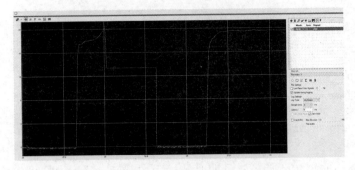

图 10-16　读取力控模式坐标系下的 fz 力

10.3　恒压模式

机器人使用力控恒压（FC Pressure）的目的是使机器人对接触力敏感。机器人可以"感觉"周围环境，并跟随加工零件的表面移动对物体施加一定的压力，这意味着机器人将改变其位置，以便在表面上施加恒定的力/压力，即使表面的确切位置尚不清楚。由于压力是通过移动机器人路径获得的，所以此功能适用于抛光、研磨和清洁。

机器人在使用 FC Pressure 功能时，大概包括以下步骤：

（1）识别负载（并非每一次都要执行，通常在第一次使用时执行，识别负载的位置尽量与实际轨迹位置接近）；

（2）校准力控系统（FCCalib）；

（3）移动到接近触点的位置（见图 10-17 中的位置 A）；

（4）机器人向接触面移动，直到达到设定力（见图 10-17 中的位置 B）后向编程点（见图 10-17 中的位置 C）移动；

（5）机器人末端以设定的力接触表面并运行轨迹（见图 10-17 中的两段 FCPressL 位置）；

（6）离开接触面并停用力控制（见图 10-17 中 D2 到 E 的位置）。

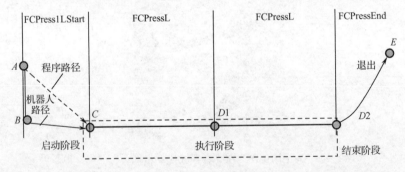

图 10-17　FC Pressure 过程示意图

具体实现代码如下所示：

```
    VAR bool bFirst:=true;
    PROC press1()
PERS loaddata TestLoad:=[0.001,[0,0,0.001],[1,0,0,0],0,0,0];
    IF bFirst THEN
        TestLoad:=FCLoadID();
```

```
                !使用传感器识别前端工具的 Load 参数
                !该步骤通常只需要在第一次使用该工具时执行
                bFirst:=FALSE;
        ENDIF
MoveJ A , v100, fine, tool0;
! 移动接近接触的位置，如图 10-17 中的 A 位置
FCCalib TestLoad;
! 使用之前测得的 TestLoad 参数校准传感器（类似显示数据清零）
FCPress1LStart C, v100, \Fz:=60, 50, z30, myTool;
! 图 10-17 中 A 和 C 为编程点，机器人实际会从 A 开始向接触面移动
!直到达到设定力（60N）的 50%后（此时机器人处于位置 B）开始往 C 移动
FCPressL D1,v100,50,z30,myTool;
! 机器人从 C 往 D1 方向直线移动，保持工具 Z 方向的力为 50N
FCPressL D2,v100,70,z30,myTool;
! 机器人从 D1 往 D2 方向直线移动，保持工具 Z 方向的力为 70N
FCPressEnd E, v100,myTool;
! 机器人离开接触面并往 E 移动
! 在此语句后，机器人关闭力控模式
    ENDPROC
```

10.4　滤波与阻尼

低通滤波器可以保留低频信号，将高于截止频率的高频信号减弱（见图 10-18）。如果信号变化迅速，则建议提高低通滤波器的截止频率。另外，若测得的力信号中有较多噪声，则可降低截止频率以消除噪声。

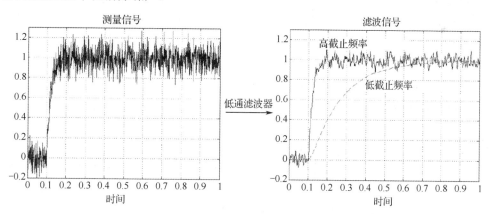

图 10-18　滤波截止频率的作用

ABB 工业机器人集成力控默认的低通滤波器截止频率为 3Hz，可以在"配置"—"主题"—"Motion"—"FC Kinematics"的"Bandwidth of force loop filter"中修改（见图 10-19）。也可在每次开启力控语句前，通过指令"FCSetLPFilterTune XXHz"设置。

阻尼（Damping）是指机器人以一定速度移动时所需力的大小。阻尼参数定义机器人以 1m/s 的速度移动时需要多少牛的力。值越高，机器人响应就越慢。

fx、fy、fz 及 tx（扭矩）、ty、tz 方向的阻尼绝对值在图 10-19 所示的界面中设置，也可以通过指令"FCSetDampingTune xdamp, ydamp, zdamp, rxdamp, rydamp, rzdamp"在程序中实时调整阻尼的值。

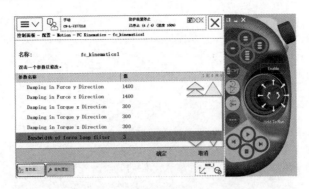

图 10-19　修改低通滤波器的截止频率

注：指令 FCSetDampingTune 调整的参数为系统参数中设定绝对值的百分比，如 "FCSetDampingTune 100, 100, 200, 100, 100, 100" 表示 Fz 方向的阻尼为系统值的 200%（系统反应更缓慢）。

也可在 FCPress1LStart 中使用可选参数 "\DampingTune" 调节阻尼百分比。

阻尼和低通滤波器的截止频率均会影响力控的效果。如果机器人对力响应太慢，可以降低阻尼和/或提高低通滤波器的截止频率；如果机器人对接触力太敏感甚至产生振荡，可以增加阻尼和/或降低滤波器的截止频率。

10.5　非接触表面不关闭力控

若机器人执行如图 10-20 所示的轨迹，即机器人在 A 到 B 之间采用恒压力控模式运行，到达 B 点后需要暂时离开接触面经过 C 和 D 点附近，回到 E 点后继续采用恒压力控模式运行。

通常在机器人走到图 10-20 中的 B 点后需要执行 FCPressEnd 指令以关闭力控模式（若机器人已经处于力控模式，运动语句只能执行 FCPressXX 指令，不能执行普通的 MoveL 等运动指令，否则会报错），然后在 C 到 D 点执行普通的运动指令 MoveL。所以使用 FCPressEnd 就会造成机器人在结束点的停顿，增加节拍时间。

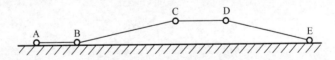

图 10-20　力控期间暂时离开接触面

若要机器人在图 10-20 中暂时离开接触表面并不关闭力控模式，可以在 FCPress1LStart 指令中增加可选参数 "\UserSpdFFW"。例如，执行以下代码，机器人即可在力控模式下离开接触表面，并尽可能经过 C 点和 D 点：

```
FCPress1LStart B, v100, 70, z30 \UseSpdFFW, tool1;
FCPressL C, v100, 0, z30, tool1;
!设定接触力为 0N
FCPressL D, v100, 0, z30, tool1;
!设定接触力为 0N
FCPressL E, v100, 70, z30, tool1;
!设定接触力为 70N
```

10.6 基于力控的装配

基于力控的装配（FC Assembly）的目的是使机器人对环境的接触力敏感。机器人可以"感觉"周围环境，做出反应，并按照设定的力对物体施加压力。这意味着机器人将改变原始编程位置，这对各类插入应用及测试应用非常有用。

基于力控的装配过程通常如下所示：

（1）识别负载（FCLoadID，该步骤通常只需要在第一次使用时辨识）；

（2）校准系统（FCCalib）；

（3）设置所需的力和运动模式（FCRefForce、FCRefLine 等）；

（4）设置结束条件（FCCondXXX）；

（5）启动力控制（FCAct）；

（6）激活力和运动模式（FCRefStart）；

（7）等待结束条件发生（FCCondWaitWhile）；

（8）停用力和运动模式（FCRefStop）；

（9）解除力控制（FCDeact）。

例如，某个工艺过程为机器人寻找产品表面上的未知孔位，需要通过机器人向下施加 10N 的力在产品表面搜索孔位（机器人以起点为中心，以螺旋线的方式扩大搜索范围）并将螺丝成功放入孔位，如图 10-21 所示。具体实现代码如下：

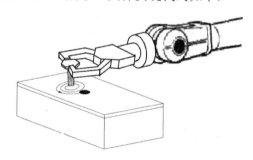

图 10-21 FC Assembly 寻找桌面孔位的示意图

```
VAR tooldata tool1 := ...
PERS loaddata my_load:=[0.001,[0,0,0.001],[1,0,0,0],0,0,0];
VAR fcboxvol my_box:= [-9e9, 9e9, -9e9, 9e9, 550, 9e9];
!设定力控截止条件区域的 Z 最小值，即机器人位置低于 Z 最小值满足力控截止条件
VAR fcprocessdata process_data;
my_load := FCLoadID();
!第一次使用时，辨识工具 Load
FCCalib my_load;
!校准力控系统
FCRefForce \Fz:=-10;
!设定压力为-10N
!因为后续的参考坐标系为工件坐标系，则坐标系朝上为 Z+
FCRefSpiral FCPlane_XY, 90, 50, 10;
!设定运动模式为螺旋线
!从当前点开始，在 XY 平面内往外以螺旋线形式移动（见图 10-22）
!螺旋线的速度为90°/s
```

!螺旋线的最大半径为 50mm
!螺旋线到达最大半径为 50mm 时机器人运行 10 圈
!如果机器人到达最大半径还未满足力控相关截止条件
!继续反向以螺旋线方式（共 10 圈）向起点运动
!集成力控还提供很多其他移动方式
!包括来回直线移动 FCRefLine、来回摆动 FCRefRot、圆形移动 FCRefCircle 等
FCCondPos \Box:= my_box, 60;
！设定力控截止条件为:
! TCP 位置小于或者等于 550mm（机器人超出 my_box 范围满足截止条件）或最多 60s
FCAct tool1;
!激活力控模式
FCRefStart;
!机器人按照设定的力和运动方式开始移动，寻找孔位
FCCondWaitWhile;
!等待机器人满足力控截止条件
process_data:=FcGetProcessData(\DataAtTrigTime);
!获取满足截止条件的 processdata（触发满足条件的那一刻）
!满足的条件项为 False，不满足的条件项为 True
TPWrite "timecond = " \BOOL := process_data.conditionstatus.time;
!写屏判断时间条件是否满足
!如发生超时，process_data.conditionstatus.time 为 False
!未超时，process_data.conditionstatus.time 为 True
TPWrite "positioncond = " \BOOL :=
process_data.conditionstatus.position;
!写屏判断位置条件是否满足
!如位置满足（TCP 位置的 Z 低于 550mm），process_data.conditionstatus. position 为 False
!未满足位置条件，process_data.conditionstatus. position 为 True
FcRefStop
FCDeact;
!关闭力控

图 10-22　FCRefSpiral 路径效果

第 11 章　外轴与 Standalone

ABB 工业机器人控制柜支持控制外轴（如导轨、变位机）和机器人进行协同运动，其也支持控制非 ABB 工业机器人，如带 TCP 的 XYZ 直线移动的桁架机器人（三轴联动，可以执行如圆形轨迹等），甚至可以控制类似 IRB6620LX 的 6 自由度机械装置（IRB6620LX 一轴为直线轴），如图 11-1 所示。对于非 ABB 的标准 6 自由度（均为旋转轴）的串联型机器人，ABB 工业机器人控制柜不支持控制。

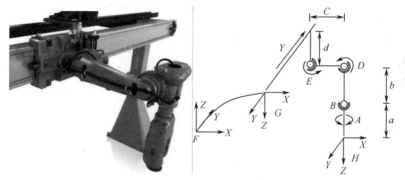

图 11-1　IRB6620LX 机器人及其模型

如图 11-2 所示，一个控制柜最多可以安装 3 个外轴驱动（Additional Drvie Unit，ADU）。若控制的外轴不同时运动（如图 11-3 中变位机的 3 个轴不同时运动），则可以借助图 11-3 中的轴选择器实现一个外轴驱动控制多个外轴电机的功能（分时控制）。

若需要同时 4 个或者以上的外轴同时运动，可以使用 Multimove 系统中驱动柜的主驱动直接控制 4 个外轴电机（进行相应配置）。

图 11-2　外轴驱动

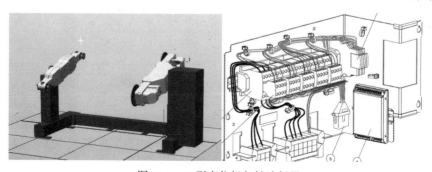

图 11-3　K 型变位机与轴选择器

11.1　ABB 标准外轴电机

标准的 ABB 工业机器人外轴电机有 MU80、MU100、MU200、MU250、MU300、MU400 等型号，最常用的包括 MU200 和 MU300 等。常见的外轴电机外形和其安装参数如图 11-4 与图 11-5 所示，具体参数如表 11-1 所示。更多详细 ABB 标准外轴电机的参数和信息可以访问 ABB 相关网址下载相关产品手册。

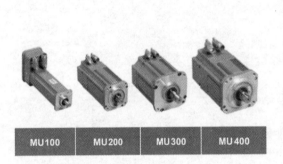

图 11-4　常见的外轴电机外形

	MU100	MU200	MU300	MU400
A. 轴径 (mm)	Ø 14 j6	Ø 24 j6	Ø 24 j6	Ø 32 k6
B, wedge (mm)	5 h7 x 15	8 h9 x 20	8 h9 x 20	10 h9 x 25
C, 孔	-	M6	M6	M6

图 11-5　外轴电机的安装参数

表 11-1　ABB 工业机器人标准的外轴电机参数

参　数	MU80	MU100	MU200	MU250	MU300	MU400
最小电压（V）	280	280/453	280/453	280/453	280/453	280/453
标称转速（rpm）	6000	3300	5000	4750	5000	4700
达到均方根扭矩时的标称转速（rpm）	3000	1650	2000	1800	2000	1880
转速为 0～10rpm 时的扭矩（Nm）	0.96	1.5	7	13	17	26
均方根速度下的扭矩（Nm）	0.96	1.4	6.4	12	12.5	20
标称速度下的扭矩（Nm）	0.96	1.0	1.0	2	2.6	10
最大扭矩	2.5	4.3	14	28	35	50
扭矩常数（Nm/A）	0.39	0.453	0.76	1.11	0.967	1.17
最大电流（A）	8.7	11	30.5	39.3	58	68.4
最大允许温度（℃）	140	140	140	140	140	140
允许的环境温度（℃）	−5～55	0～+52	0～+52	0～+52	0～+52	0～+52
总电机转动惯量（kgm^2）	$0.36×10^{-4}$	$0.8×10^{-4}$	$7.5×10^{-4}$	$10.74×10^{-4}$	$16.6×10^{-4}$	$49.3×10^{-4}$
质量（kg）	1.37	4.4	10.3	13.2	15	27
防护等级	IP 40	IP 67	IP 67	IP 67	IP 67	IP 67

11.2　外轴电机配置与调试

外轴电机的配置与调试步骤如下所示。

（1）要使用外轴，机器人系统需要有外轴选项（图 11-6 为虚拟系统带有 3 个外轴选项）。

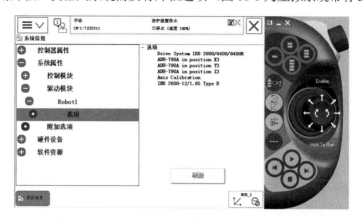

图 11-6　机器人具有的外轴选项

（2）假设所购电机的型号为 MU200，则首先要获得该型号电机的 cfg 文件并将其导入机器人系统。

（3）MU200 电机的 cfg 文件可以从“C:\ProgramData\ABB Industrial IT\Robotics IT\DistributionPackages\ABB.RobotWare-6.07.0130\RobotPackages\RobotWare_RPK_6.07.0130\utility\MotorUnits\MU200 (3HAC040407-001)\DM1”路径获得。

（4）MOC_MU200_M7DM1_L1B1N7.cfg 即为 MU200 电机的配置文件。文件夹 DM1 表示配置到第一个控制柜；MOC_MU200_M7DM1_L1B1N7.cfg 文件名中的 M7 表示使用第一个外轴驱动；L1 表示外轴电机编码器的反馈线接入第一块 SMB；N7 表示使用 SMB 中的 Node7 节点。若电机连接其他驱动，也可在该路径下找到相应义件。

（5）如果配置外轴为伺服焊枪，建议导入“C:\ProgramData\ABB Industrial IT\Robotics IT\DistributionPackages\ABB.RobotWare-6.11.0151\RobotPackages\RobotWare_RPK_6.11.0151\utility\AdditionalAxis\ServoGun\DM1”下的参数，再将“配置”—“主题”—“Motion”—“Motor”下的“Use Motor Type”修改为“3HAC029924-007”（对应 MU200 电机），如图 11-7 所示，其余的电机序号参考图 11-8。

图 11-7　单独修改电机的型号

图 11-8　ABB 工业机器人其余的电机序号

（6）单击 RobotStudio“控制器”下的“加载参数”，将步骤（4）获得的*.cfg 文件导入机器人控制器，也可将步骤（4）获得的文件复制到 U 盘，在"示教器"—"控制面板"—"配置"—"主题"—"I/O"下，单击左下角的"文件"—"加载参数"（见图 11-9），将 U 盘内的参数加载至机器人。

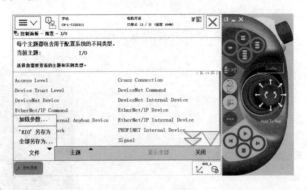

图 11-9　导入参数

（7）在"控制面板"—"配置"—"主题"—"Motion"下，进入"Transmission"（减速比），如图 11-10 所示。根据实际修改"Transmission Gear Ratio"（不需要修改"Transmission Gear High"和"Transmission Gear Low"，该参数仅在关节处于独立模式时有效）。若外轴为直线轴，则将图 11-10 中的"Rotating Move"设为"No"。

图 11-10　进入 Transmission

（8）在"Arm"类型下（见图 11-11）修改外轴的上下限（旋转轴的单位为弧度，直线轴的单位为 m）。

图 11-11　修改外轴的上下限

（9）若外轴为直线导轨，在"Single Type"下修改"Mechanics"为"TRACK"，如图 11-12 所示。若机器人落于导轨，即机器人的基坐标系被导轨驱动，修改"配置"—"主题"—"Motion"—"Robot"下的"Base Frame Moved by"参数为导轨机械装置，如图 11-13 所示。

图 11-12　修改"Mechanics"

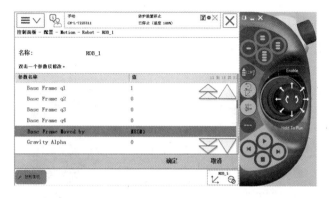

图 11-13　修改"Base Frame Moved by"参数

（10）若希望外轴开机即激活，将"Motion"—"Mechanical Unit"下的"Activate at Start Up"设为"Yes"（见图 11-14）。若不希望该机械装置被程序停用，则可以将"Deactivation Forbidden"设为"Yes"。完成配置后，重启机器人控制器。

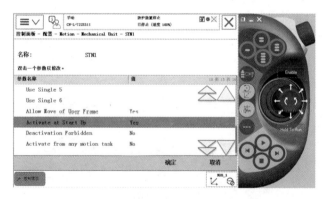

图 11-14　设置"Activate at Start Up"

（11）为避免电机位置超限，建议调试前先将当前位置作为绝对零位（进入图 11-15 对外轴进行"微校"）。

（12）第一次调试时，需要通过 Commutation（换向程序）验证电机接线的相序是否正确。进入示教器的"调用例行程序"，选择图 11-16 中的 Commutation 程序运行。

（13）单击图 11-17 中的"Step"按钮，单击图 11-18 中的"Step+"按钮。此时电机会移动一个角度。观察示教器上的"Current Resolver Angle"是否增加。若"Current Resolver Angle"减小或电机不动，则说明电机的相序接线有误，此时可以调整电机的 UVW 相序后重新开始测试。测试完毕后，单击图 11-17 中的"Comm"按钮执行"寻向程序"并完成寻向操作。结果会存储到 MOC 文件的"Motor Calibration"的"Commutator Offset"数据中。

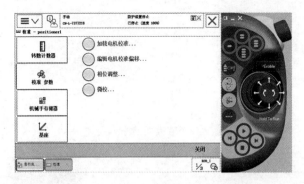

图 11-15　对外轴进行"微校"

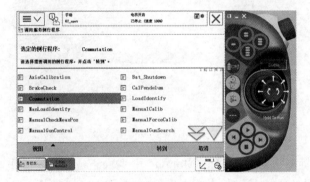

图 11-16　运行 Commutation 程序

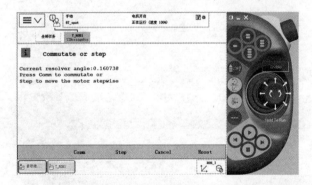

图 11-17　单击"Step"按钮

图 11-18　单击"Step+"按钮

（14）手动模式控制外轴，验证减速比及方向。若实际机械装置与预计运动方向相反，可以将 MOC 中 Transmission 的值取负。

（15）单独移动外轴至零刻度位，重新对外轴进行微校操作。

（16）若移动机器人/运行程序，机器人外轴有抖动，则可以减小图 11-19 中的单轴最大加速度和减速度（单位为 rad/s^2 或 m/s^2）。

图 11-19　修改单轴最大加速度和减速度

（17）在图 11-20 所示的位置中修改外轴的位置、速度增益和积分时间（PID 参数）。外轴的位置和速度增益越大，其电机的响应就越快，但此时也很容易造成超调和抖动。如果振荡程度或噪声程度过大，那么可以通过增加积分时间来改善。

图 11-20　修改外轴的位置、速度增益和积分时间（PIO 参数）

（18）适当降低图 11-21 中电机侧（不带减速比）的最大角速度（rad/s^2）和最大扭矩（Nm）。

图 11-21　修改电机侧的最大速度和最大扭矩

（19）对于以上参数的精调，也可使用 TuneMaster 软件来实现。对于普通外轴，使用 TuneMaster 软件中的 Additional Axis（见图 11-22）。对于伺服焊枪，建议使用图 11-22 中的 Servo Gun 功能。

（20）在 TuneMaster 软件界面中可以查看当前外轴配置的参数。如图 11-23 所示，可以使用"Tune Estimate"完成参数的自动调整或者使用后续标签功能对某个参数单独调试。调试过程中，机器人需要处于自动运行模式。

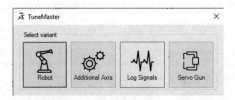

图 11-22　使用 Additional Axis

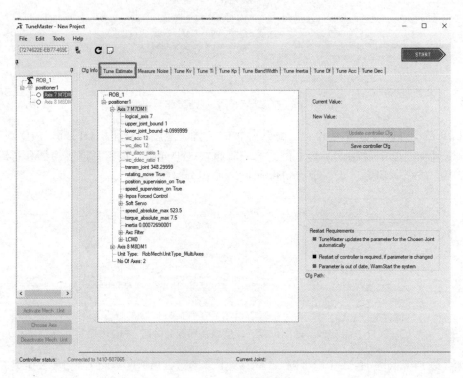

图 11-23　自动调节参数

11.3　非 ABB 外轴电机

ABB 工业机器人的外轴伺服电机可以使用第三方电机，但电机的编码器类型必须是解码器（Resolver）。ABB 认证的外轴电机编码器如表 11-2 所示，其具体参数如表 11-3 所示。

表 11-2　ABB 认证的外轴电机编码器

制　造　商	物　品　编　号
LTN Servotechnik GmbH	LTN RE-21-1-V02, size 21
	LN RE-15-1-V16, size 15
AG	V23401-U2117-C333, size 21

制 造 商	物 品 编 号
Tamagawa Seiki Co	TS 2640N141E172, size 21
	TS 2640N871E172, size 21
	TS 2620N871E172, size 15

表 11-3　ABB 的外轴编码器参数

数 据	值	单 位
单速旋转变压器		
运行温度	$-25\sim+120$	℃
输入电压	5	V_{RMS}
频率	4	kHz
主要（EXC）	转子	
次要（X, Y）	定子	
正规阻抗—初级（定子绕组断开）Z_{RO}（4kHz 下）	>115	Ω
正规阻抗—次级（定子绕组断开）Z_{SS}（4kHz 下）	<440	Ω
转化率	$0.5\pm20\%$	
相移	0 ± 10	deg
最大误差	≤10	arcmin
编码器调整（COMOFF）	$+90\pm0.5$	deg

旋转变压器有 1 个转子和 2 个定子。其输出信号的定义如下：

$$E(S1, S3)=0.5\times E(R1, R2)\times\cos(\text{resolver angle})$$
$$E(S2, S4)=0.5\times E(R1, R2)\times\sin(\text{resolver angle})$$

在配置第三方外轴电机时，可以使用通用外轴电机模板（C:\ProgramData\ABB Industrial IT\Robotics IT\DistributionPackages\ABB.RobotWare-6.08.1040\RobotPackages\RobotWare_RPK_6.08.1040\utility\AdditionalAxis\General\DM1）。例如，将外轴电机配置到主控制柜的第一个外轴驱动，编码器反馈接到机器人本体 SMB 的 Node7 节点，此时可以使用 M7L1B1_DM1.cfg 文件来实现，如图 11-24 所示为导入通用外轴电机的配置文件。

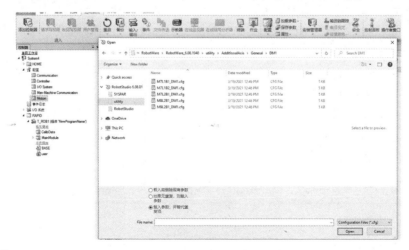

图 11-24　导入通用外轴电机的配置文件

在导入外轴电机的配置文件后，需要根据电机实际的参数调整机器人"配置"—"主题"—"Motion"下的"Motor Type"参数。例如，某品牌外轴电机的参数如表 11-4 所示。根据表 11-4，在图 11-25 相应的位置修改参数（重启生效）。其余诸如减速比、上下限等参数及电机相序调整、PID 的调整等方式同 ABB 工业机器人标准的外轴电机。

表 11-4　某品牌外轴电机的参数

项　　目	符　号	单　位	参　数	备　注
电源设备容量	P_W	V·A	900	
电压	U	V	220	
额定输出功率	P_O	W	400	
额定转矩	T_N	N·m	1.27	
瞬时最大转矩	T_{max}	N·m	4.46	
额定转速	n_N	rpm	3000	
最高转速	n_{max}	rpm	6000	
转动惯量	J	$\times 10^{-4} kg \cdot m^2$	0.53	无刹车
转轴摩擦转矩	T_f	N·m	0.07	有油封
绝缘等级	—	—	F	
绝缘电阻	—	MΩ	≥100	DC500V
绝缘耐压	—	V	1800	1s
旋转方向			CW/CCW	
绕组连接方式	—	—	Y	
极对数			5	
额定电流	I_N	A（RMS）	2.4	
瞬时最大电流	I_{MAX}	A（RMS）	8.4	
线电阻	R_I	Ω（25℃）	3.7	±10%
线电感	L_I	mH	5.8	±10%
转矩常数	K_T	N·m/A_{rms}	0.531	
反电势常数	K_E	$\times 10^{-3}$Vrms/rpm	33.3	
电气时间常数	τ_e	ms	1.57	
机械时间常数	τ_m	ms	1.01	

注：

	电 机 特 性		线 间 特 性		相 间 特 性
电流	I_N(RMS)	=	I_N(RMS)	=	I_φ(RMS)
电阻	Ra	=	R_I	=	$2 \times R_\varphi$
电感	La	=	L_I	=	$2 \times L_\varphi$
反电势常数	K_E(RMS)	=	K_B(RMS)	=	$\sqrt{3} \times K_{E\varphi}$(RMS)

图 11-25　修改电机的配置参数

11.4　创建伺服焊枪仿真

机器人点焊是非常常见的应用。伺服焊枪作为机器人的 7 轴，其与机器人联动运动。要进行伺服焊枪的仿真，首先需要制作伺服焊枪工具，其实现步骤如下所示。

（1）导入焊枪模型，如图 11-26 所示。

（2）如图 11-27 所示，单击"RobotStudio"—"建模"下的"创建机械装置"图标。其中，"机械装置类型"为"工具"，如图 11-28 所示。

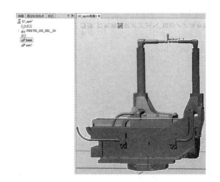

图 11-26　导入焊枪模型

图 11-27　创建机械装置

（3）鼠标右键单击"链接"，创建链接，如图 11-29 所示。其中，勾选"设置为 BaseLink"，将焊枪不动的静臂设置为 BaseLink。

图 11-28　设置"机械装置类型"为"工具"

图 11-29　创建链接

（4）如图 11-30 所示，设置焊枪动臂的运动方向和上下限。设置过程中可以拖动滑动条测试动臂。

（5）在图 11-31 所示的位置中设置伺服焊枪的 TCP（通常在静臂表面，TCP 的 Z 方向为沿着静臂向外）。最后单击"编译机械装置"按钮。

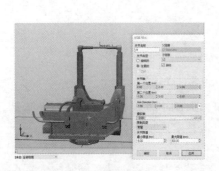

图 11-30 设置焊枪动臂的运动方向和上下限

图 11-31 设置伺服焊枪的 TCP

（6）如图 11-32 所示，导入伺服焊枪配置模板（C:\ProgramData\ABB Industrial IT\RoboticsIT\DistributionPackages\ABB.RobotWare-6.11.0151\RobotPackages\RobotWare_RPK_6.11.0151\utility\AdditionalAxis\ServoGun\DM1），重启机器人控制器。

图 11-32 导入伺服焊枪配置模板

（7）重启机器人控制器后，系统会提示外轴需要关联模型，此时选择前文制作的伺服焊枪模型（见图 11-33）。将伺服焊枪安装到机器人末端。

图 11-33 选择伺服焊枪模型

（8）通过示教器控制伺服焊枪运动（见图 11-34）。如图 11-35 所示，也可运行程序中的 SpotJ 指令，使伺服焊枪跟随运动。

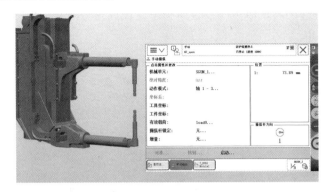

图 11-34　通过示教器控制伺服焊枪运动

图 11-35　运行 SpotJ 指令

11.5　配置二轴变位机

如图 11-36 所示为典型的二轴变位机。机器人在焊接时，变位机的 2 个轴与机器人同时协同运动，保证焊接轨迹的可达和焊接质量。二轴变位机特别适用于相贯线等轨迹的焊接。ABB 工业机器人提供标准的二轴变位机，可以直接使用。

对于客户自定义的变位机数模，通常建议通过"RobotStudio"下的"创建机械装置"（见图 11-37），将变位机创建为"外轴"类型的机械装置，之后再进行后续的配置。

图 11-36　二轴变位机　　　　　　　　　　图 11-37　创建机械装置

　　假设变位机的坐标系如图 11-38 所示（由 base、plate1 和 plate2 构成）。其中，坐标系模型的设置同 2.1 节的 MDH 模型。如图 11-39 所示，建议在制作机械装置前，设定各部件的本地原点，将各部件的本地原点（位置与姿态）设置为与图 11-38 所示的 3 个坐标系的位姿一致（见图 11-40）。

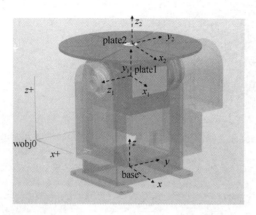

图 11-38　变位机的坐标系

图 11-39　设定各部件的本地原点

图 11-40　设置各部件的本地原点

　　单击图 11-37 中的"创建机械装置"图标。如图 11-41 所示，将"机械装置类型"选择为"外轴"，并在其中添加 3 个部件作为"链接"（BaseLink 为不动的参考部件）。图 11-41 中的"接点"为变位机的参考旋转方向。

　　注：旋转正反向需与图 11-38 中的 MDH 模型坐标系一致，满足右手法则。按图 11-42 添加"接点"（Joint）。

　　"框架"为变位机对外的坐标系，即后续创建的被变位机驱动的工件坐标系的 UFrame 的位姿。创建的框架与图 11-38 中的 plate2 坐标系一致（见图 11-43）。

　　对于二轴变位机，ABB 工业机器人在 MOC（"配置"—"主题"—"Motion"）中提供了两种模型。

（1）使用变位机的 MDH 模型，MOC 中采用关键字 Nominal，此时变位机内各轴的相对关系不可通过后续人工校准，只能设置整体变位机相对于机器人基坐标系的关系（见图 11-44），类似设置一台机器人相对于另一台机器人基坐标系的关系而不能修改机器人内部的连杆参数。

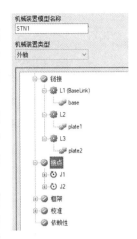

（2）现场人工对变位机的若干单轴进行标定，即得到单轴的旋转坐标系（类似图 11-38 中的两个旋转坐标系）。机器人系统根据计算的若干旋转坐标系，自动重新计算变位机各轴的相对关系（自动调整实际变位机的 MDH 模型）。MOC 中使用关键字 ERROR。

图 11-41 中的"校准"即设置上文所述第二种 ERROR 模型的两个旋转轴的坐标系。此处，可以将两个坐标系（J1 和 J2）设置为与图 11-38 中的一致，如图 11-44 所示。如图 11-45 所示，整体校准变位机，此步骤在后续配置中采用 ERROR 模型时非常重要。最后单击"编译机械装置"按钮完成机械装置的创建。

图 11-41　添加"链接"

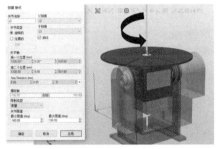

图 11-42　添加"接点"

图 11-43　设定框架

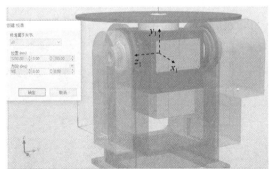
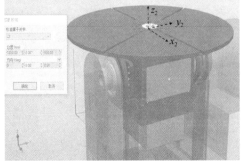

图 11-44　设定校准位置

图 11-45　整体校准变位机

对于客户自定义的二轴变位机，若直接导入 11.1 节所述的两个电机配置文件，则配置的机构为两个单轴变位机，无法做到机器人在变位机末端的坐标系下协同运动。

此时可以导入已经配置好的二轴变位机配置参数或者通过"外轴向导"进行配置（具体见《ABB 工业机器人实用配置指南》一书 5.6 节内容）。可以在"RobotStudio"的"Add-Ins"中下载外轴向导"External Axis Wizard"插件（见图 11-46）。在机器人已经创建系统后，可单击图 11-47 中的"External Axis Wizard…"进行配置。

图 11-46　外轴向导"External Axis Wizard"插件

图 11-47　使用"External Axis Wizard"插件

单击图 11-47 中的"External Axis Wizard…"开始配置。在图 11-48 中勾选"User Error Model"。若不能勾选，则前文模型制作有误，需要调整。也可此处不勾选，在后续生成的MOC 文件中直接修改。

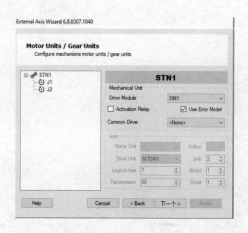

图 11-48　使用外轴向导，勾选"Ues Error Model"

在图 11-49 所示的界面中设置各轴的电机型号和减速比等参数。具体的参数含义参考《ABB 工业机器人实用配置指南》一书 5.6 节的内容。

如图 11-50 所示,单击"下一个"按钮,完成配置。默认会导入配置的参数。也可单击"手动保存"按钮,后续手动导入。

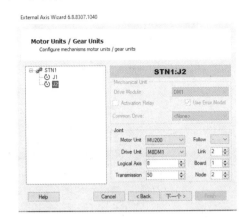

图 11-49 设置各轴的电机型号和减速比等参数

图 11-50 完成配置

若此处手动保存参数,可以得到二轴变位机(ABB 称为 A 型变位机)的通用配置参数(以后配置其他二轴变位机可直接导入并修改)。以下为通用二轴变位机的部分配置文件内容。根据实际和下文注释,做适当修改后导入机器人控制系统。

```
ROBOT:
-name "STN1" -use_robot_type "STN1" -use_joint_0 "M7DM1" -use_joint_1 "M8DM1"

ROBOT_TYPE:
#若此处 error_model 为 NOMINAL,可以修改为 ERROR
#二轴变位机的 type 为 IRBP_A,不可修改
-name "STN1" -type "IRBP_A" -error_model "ERROR" -no_of_joints 2 -base_pose_rot_u0 1 \
-base_pose_rot_u1 0 -base_pose_rot_u2 0 -base_pose_rot_u3 0

ARM:
#各轴的上下限
-name "M7DM1" -use_arm_type "M7DM1" -use_acc_data "M7DM1" -upper_joint_bound 3.14159265358979 \
-lower_joint_bound -3.14159265358979
-name "M8DM1" -use_arm_type "M8DM1" -use_acc_data "M8DM1" -upper_joint_bound 3.14159265358979 \
-lower_joint_bound -3.14159265358979

ARM_TYPE:
#若前文 error_model 为 NOMINAL,机器人使用以下的 MDH 参数(length、offset、theta 和 attitude)
#若前文 error_model 为 ERRO,可以在示教器变位机校准界面中
#对两个外轴单独校准,计算得到的 rot_axis_pose 数据用于自动重新计算变位机的内部 MDH 模型
-name "M7DM1" -length 0 -offset_z 0 -theta_home_position 0 -attitude 0 -rot_axis_pose_pos_x 1.2 \
-rot_axis_pose_pos_y 0 -rot_axis_pose_pos_z 0.7 -rot_axis_pose_orient_u0 0.707106781186548 \
-rot_axis_pose_orient_u1 0.707106781186547 -rot_axis_pose_orient_u2 0 -rot_axis_pose_orient_u3 0

-name "M8DM1" -length 0 -offset_z 0.2306 -theta_home_position -3.14159265358979 \
-attitude 1.5707963267949 -rot_axis_pose_pos_x 1.2 -rot_axis_pose_pos_y 0 \
-rot_axis_pose_pos_z 0.9306 -rot_axis_pose_orient_u0 1 -rot_axis_pose_orient_u1 0 \
```

-rot_axis_pose_orient_u2 0 -rot_axis_pose_orient_u3 0

以下为未使用 ERROR 模型的二轴变位机的部分配置内容，其各轴对应的坐标系如图 11-51 所示（其中基坐标系与轴 1 坐标系重合）。

```
ROBOT:
-name "STN1" -use_robot_type "STN1" -use_joint_0 "M7DM1"\
 use_joint_1 "M8DM1" -base_frame_pos_x 1.2 -base_frame_pos_z 0.7\
  -base_frame_orient_u0 0 -base_frame_orient_u2 -0.707107\
  -base_frame_orient_u3 0.707107
ROBOT_TYPE:
 -name "STN1" -type "GEN_KIN" -error_model "NOMINAL" -no_of_joints 2
ARM:
-name "M7DM1" -use_arm_type "M7DM1" -use_acc_data "M7DM1" -upper_joint_bound 3.14159265358979 \
-lower_joint_bound -3.14159265358979
-name "M8DM1" -use_arm_type "M8DM1" -use_acc_data "M8DM1" -upper_joint_bound 3.14159265358979 \
-lower_joint_bound -3.14159265358979
ARM_TYPE:
 -name "M7DM1"
-name "M8DM1" -length 1.4013E-45 -offset_z 0.2306 -attitude 1.5708\
 -theta_home_position -3.14159
```

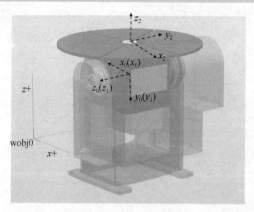

图 11-51　使用 ERROR 模型为 NOMINAL 时各轴的坐标系

重启控制器后，可以看到二轴变位机已经配置成功（见图 11-52）。此时可以创建工件坐标系，并设置其对应的 ufprog 为 FALSE、ufmec 为 STN1（坐标系由变位机驱动）。同时，设置机器人在工件坐标系下移动，切换到变位机后移动变位机，此时机器人会跟随变位机运动，实现联动。

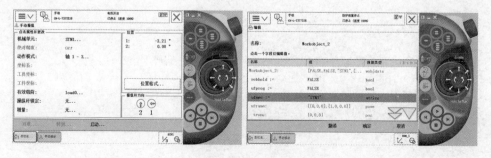

图 11-52　变位机联动测试

对于真实的机器人系统，在"示教器"—"校准"—"STN1"（见图 11-53）下可以分别对 2 个单轴进行校准。使用机器人准确的 TCP 移动到变位机某个轴上的固定点，记录第一个位置；转动变位机单轴一定的角度（变位机正向旋转），机器人再次移动到单轴上的固定点，记录第二个位置；依次完成 4 个点的示教并完成该轴的校准。校准结果如图 11-54 所示。

校准各轴时，建议在示教第一个点时，变位机的各轴均处于 0°。

图 11-53 变位机校准

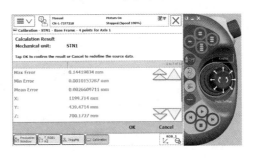

图 11-54 变位机单轴的校准结果

11.6 自定义机器人与配置

11.6.1 Standalone

ABB 工业机器人控制柜支持控制如图 11-55 所示的 XYZ 桁架机器人（三轴联动），其最多支持如图 11-56 所示模型的 6 自由度非 ABB 标准机器人。但是，ABB 工业机器人控制柜不支持控制非 ABB 的标准 6 轴串联机器人。

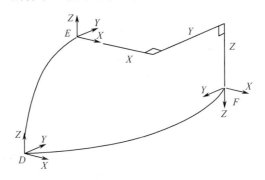

图 11-55 XYZ 桁架机器人

ABB 工业机器人进阶编程与应用

图 11-56 5 旋转、1 直线轴机器人模型

ABB 工业机器人控制柜能实现以上各类非 6 轴串联机器人的控制，是因为其内内置了如图 11-57 所示的各类机器人模型。其中，ABCDEF 表示旋转，XYZ 表示直线移动。图 11-57 所示的模型解释参见 ABB 机器人手册"*Application Manual-Additional Axes and Standalone Controller*"中的 3.2.3 节内容。

Stand Alone Controller 功能为 ABB 工业机器人控制柜控制非 ABB 设备提供了帮助。要用 ABB 工业机器人控制柜控制这些非 ABB 设备，不需要特殊选项，直接编写相应的 MOC 文件和 SYS 文件即可。

"Stand Alone Controller"插件为配置非 6 轴串联机器人提供了模板，其可以在"RobotStudio"的"Add-Ins"中搜索并下载（见图 11-58）。

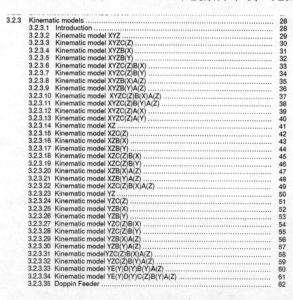

图 11-57 ABB 工业机器人控制柜内内置的机器人模型　图 11-58 "Stand Alone Controller"插件的下载

11.6.2　创建 Gantry 机器人模型

本节将介绍如何创建一个如图 11-59 所示的使用 ABB 工业机器人控制柜的 Gantry 机器人。该机器人可以用 ABB 工业机器人控制柜控制，并使用 RAPID 编程（如使用 MoveC 指令等），也可在 RobotStudio 中使用离线编程生成轨迹。

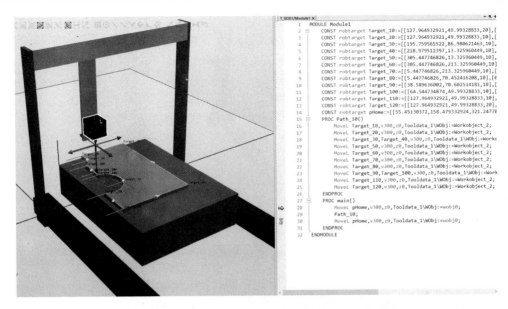

图 11-59　使用 ABB 工业机器人控制柜的 Gantry 机器人

　　该 Gantry 机器人模型参考图 11-55 所示的 XYZ Gantry 机器人模型。具体的 x、y、z 轴正方向如图 11-60 所示。图 11-60 中的坐标系 base、坐标系 1（x 轴）和坐标系 2（y 轴）的原点与坐标系 0（wobj0）重合（为显示方便，将各坐标系分开绘制）。链式坐标系的关系为坐标系 wobj0-坐标系 base-坐标系 1-坐标系 2-坐标系 3。在直线轴机器人中，移动轴的正方向通常为该固连坐标系的 z 方向。为简化设计，tool0 所在的坐标系 3 的原点与坐标系 wobj0 原点的 x、y 一致（不做 x、y 偏移，仅在 z 方向有偏移），tool0 的方向如图 11-60 中所示的坐标系 3。

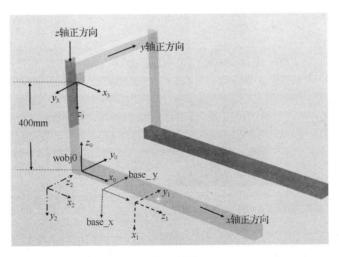

图 11-60　自定义的 Gantry 机器人模型

　　可以在 RobotStudio 中创建 Gantry 机器人模型，其各部件如图 11-61 所示。也可在其他三维建模软件中创建机器人的各部件并导入 RobotStudio。注意，按照图 11-60 设计的 tool0 位姿设计，将 link3 的本地原点调整到如图 11-62 所示的位姿（在 link3 底部的中心，方向如图 11-62 所示）。

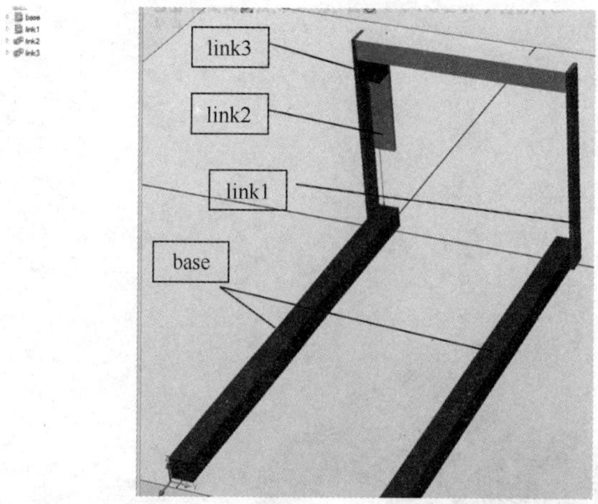

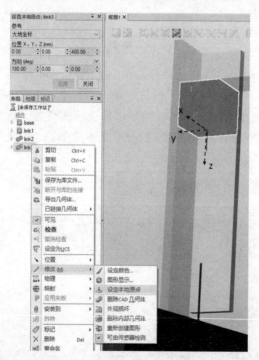

图 11-61　Gantry 机器人模型的各部件

单击"建模"下的"创建机械装置"图标。将"机器人装置类型"选择为"机器人"，如图 11-63 所示。根据图 11-61 所示，创建各链接（base 为 Baselink）。

图 11-62　修改 link3 的本地原点

图 11-63　创建机械装置并设置链接

按照图 11-60 所示的 *x*、*y*、*z* 轴方向，设置各接点的移动方向和上下限，如图 11-64 和图 11-65（a）所示。按照图 11-60 所示的 tool0 的位置和方向，设置机械装置的框架，如图 11-65（b）所示。

创建校准，选择 J1，默认数据即可。完成所有设置后，单击"编译机械装置"按钮。即可将制作好的 Gantry 机器人库文件单独保存。

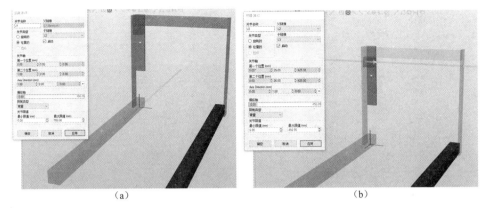

(a) 　　　　　　　　　　　　　　　(b)

图 11-64　设置接点

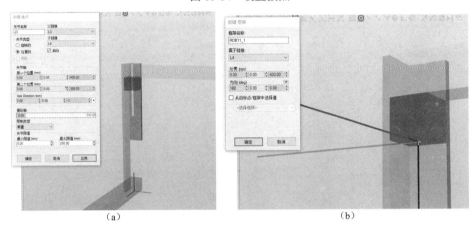

(a) 　　　　　　　　　　　　　　　(b)

图 11-65　设置接点与框架

11.6.3　创建系统与配置

由于创建的 Gantry 机器人非 ABB 标准机器人，故不能选择从布局创建系统。单击图 11-66 中的"安装管理器"图标，新建机器人控制系统。

在"产品"界面，除了添加 RobotWare，还可以添加前面章节下载的"Stand Alone Controller（SAC）"插件，如图 11-67 所示。

图 11-66　新建机器人控制系统　　　　图 11-67　添加"Stand Alone Controller（SAC）"插件

在"传动模块"界面（见图 11-68），选择对应驱动（本例使用 IRB2600 机器人控制柜），如果已经选择了 ABB 机器人的型号，则去除勾选的机器人。在图 11-68 中，在"SAC"中选择 Gantry Area 的"XYZ"模板。

注：去除驱动柜 2、驱动柜 3 和驱动柜 4 内的所有勾选参数。

配置完后的结果如图 11-69 所示。此时可以单击图 11-70 中的"已有系统…"启动 SAC 系统。系统启动成功后会提示需要关联模型，此时可以单击"Cancel"按钮。按照图 11-71 中的相关信息，选择关联工作站中的模型。

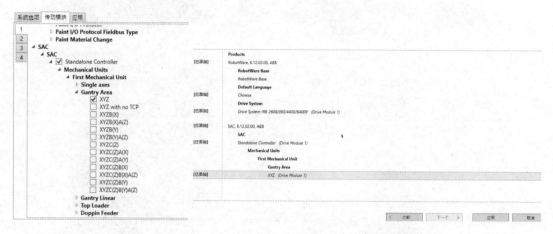

图 11-68　"传动模块"界面　　　　　　　　　图 11-69　配置完后的结果

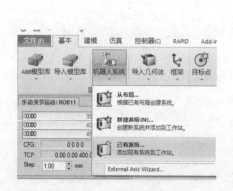

图 11-70　启动 SAC 系统

图 11-71　选择关联工作站中的模型

此时由于使用的是默认的 XYZ 机器人的配置模型（参见图 11-55）。该模型与实际创建的机器人模型（见图 11-72，图中坐标系 wobj0、坐标系 base、坐标系 1、坐标系 2 的原点实际重合，图中所示不重合是为了直观显示）不一致。按照图 11-73，导出机器人的 MOC 文件。

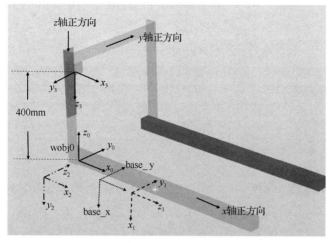

图 11-72　自定义的 Gantry 桁架机器人模型

图 11-73　导出机器人的 MOC 文件

按照图 11-72，修改导出的 MOC 文件（ARM_TYPE 等参数不可在示教器/RobotStudio 中修改，只可通过导出文件修改后导入机器人系统）。其中，ROBOT_TYPE 中的 base_pose 四元数转化为欧拉角为 RzRyRx[0,90,0]，即机器人的基坐标系绕着坐标系 wobj0 的 y 方向 旋转 $90°$；ARM_TYPE 中的参数参考 Craig 的 MDH 模型，length、offset_z、attitude 和 theta_ home_position 对应 MDH 中的 a、d、α、θ（$\mathrm{Rot}_{x_{i-1}}(\alpha_{i-1})\mathrm{Trans}_{x_{i-1}}(a_{i-1})\mathrm{Rot}_{z_i}(\theta_i)\mathrm{Trans}_{z_i}(d_i)$）； ARM_TYPE 中的 ROB11_1 为机器人的 X 轴，坐标系 1 与基坐标系一致；ARM_TYPE 中的 ROB11_2 为机器人的 Y 轴，坐标系 2 与坐标系 1 关系如图 11-72 所示；ARM_TYPE 中的 ROB11_3 为机器人的 Z 轴，坐标系 3 与坐标系 2 关系如图 11-72 所示。

ARM 中可以修改各轴的上下限值（单位为 m），如下所示：

```
ROBOT_TYPE:
    -name "ROB11_XYZ" -type "GEN_KIN0" -error_model "NOMINAL" -no_of_joints 6\
    -master_robot   -tcp_robot   -soft_static_position_ratio 25.7\
    -soft_static_speed_ratio 5 -soft_influence_pos_speed_ratio 2.5\
    -base_pose_rot_u0 0.707107 -base_pose_rot_u2 0.707107
    #机器人的基坐标系
ARM:
    -name "rob11_1" -use_arm_type "ROB11_1" -use_acc_data "rob11_1"\
    -use_arm_calib "rob11_1" -upper_joint_bound 0.95 -lower_joint_bound 0\
    -upper_joint_bound_max 1 -lower_joint_bound_min -1
    -name "rob11_2" -use_arm_type "ROB11_2" -use_acc_data "rob11_2"\
    -use_arm_calib "rob11_2" -upper_joint_bound 0.45 -lower_joint_bound 0\
    -upper_joint_bound_max 1 -lower_joint_bound_min -1
    -name "rob11_3" -use_arm_type "ROB11_3" -use_acc_data "rob11_3"\
    -use_arm_calib "rob11_3" -upper_joint_bound 0.2 -lower_joint_bound 0\
    -upper_joint_bound_max 1 -lower_joint_bound_min -1
     -name "LOCKED_rob11_4" -use_arm_type "ROB11_4" -use_acc_data "LOCKED"\
    -use_arm_calib "rob11_4" -upper_joint_bound 3.14 -lower_joint_bound -3.14
    -name "LOCKED_rob11_5" -use_arm_type "ROB11_5" -use_acc_data "LOCKED"\
    -use_arm_calib "rob11_5" -upper_joint_bound 3.14 -lower_joint_bound -3.14
    -name "LOCKED_rob11_6" -use_arm_type "ROB11_6" -use_acc_data "LOCKED"\
```

```
-use_arm_calib "rob11_6" -upper_joint_bound 3.14 -lower_joint_bound -3.14
ARM_TYPE:
-name "ROB11_1"
#link1，即 X 轴的坐标系与 base 坐标系一致
-name "ROB11_2" -attitude -1.5708 -theta_home_position -1.5708
 #link2，即 Y 轴的坐标系先绕 link1 坐标系的 X 轴旋转-90°，再绕旋转后坐标系的 Z 轴旋转-90°
-name "ROB11_3" -offset_z -0.4 -attitude -1.5708
 #link3，即 Z 轴的坐标系先绕 link2 坐标系的 X 轴旋转-90°，再沿着旋转后坐标系的 Z 轴平移-400mm
-name "ROB11_4" -independent_move_off
-name "ROB11_5" -independent_move_off
-name "ROB11_6" -independent_move_off
```

再次导入修改后的 MOC 文件。假设实际控制柜使用 IRB2600 机器人控制柜，Gantry 桁架机器人的 X、Y、Z 轴分别使用机器人本体驱动的轴 1～轴 3 驱动［图 11-74（a）中的 X11、X12 和 X13，对应的驱动节点如图 11-74（b）所示］，则"Motion"配置中的"Drive System"配置可参照图 11-75 进行设置。其他机器人控制柜，以及紧凑柜对应的驱动节点编号参见 ABB 机器人"*Application Manual-Additional Axes and Standalone Controller*"手册中 9.1 节的内容。

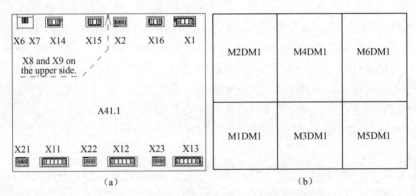

图 11-74　IRB2600 机器人的驱动接口与驱动节点

类型	Name	Use DC-link	Use Drive Unit	Use Trafo	Current Vector On
Brake	LOCKED_rob11_4	dc_link_dm1	LOCKED	LOCKED	No
Control Parameters	LOCKED_rob11_5	dc_link_dm1	LOCKED	LOCKED	No
CSS	LOCKED_rob11_6	dc_link_dm1	LOCKED	LOCKED	No
Drive Module	rob11_1	dc_link_dm1	M1DM1	trafo_dm1	No
Drive Module User Data	rob11_2	dc_link_dm1	M3DM1	trafo_dm1	No
Drive System	rob11_3	dc_link_dm1	M5DM1	trafo_dm1	No

图 11-75　"Motion"配置中"Drive System"的配置

电机参数（Motor Type）和减速比（Transmission）等的配置同前文所述。

配置完毕，重启机器人控制柜。

在仿真中，可以像标准 ABB 工业机器人一样拖动机器人，创建工具、坐标系，使用自动路径等（见图 11-76）。在真机中，也可像标准 ABB 工业机器人一样使用示教器编程，执行诸如 MoveC 等指令。

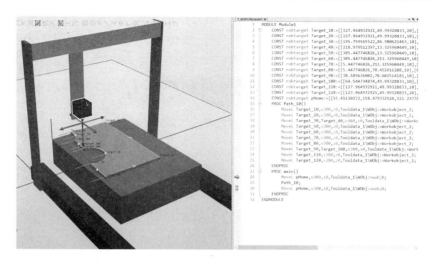

图 11-76　使用 ABB 工业机器人控制柜的 Gantry 机器人

第 12 章　中文交互

12.1　介绍

RAPID 编程中的语句采用标准 ISO 8859-1（Latin-1）字符集来构建。此外，其还将识别换行符、Tab 及换页控制字符（见图 12-1）。

```
<character> ::= -- ISO 8859-1 (Latin-1)--
<newline> ::= -- newline control character --
<digit> ::= 0 | 1 | 2 | 3 | 4 | 5 | 6 | 7 | 8 | 9
<hex digit> ::= <digit> | A | B | C | D | E | F | a | b | c | d | e | f
<letter> ::= <upper case letter> | <lower case letter>
<upper case letter> ::=
  A | B | C | D | E | F | G | H | I | J
  | K | L | M | N | O | P | Q | R | S | T
  | U | V | W | X | Y | Z | À | Á | Â | Ã
  | Ä | Å | Æ | Ç | È | É | Ê | Ë | Ì | Í
  | Î | Ï | 1) | Ñ | Ò | Ó | Ô | Õ | Ö | Ø
  | Ù | Ú | Û | Ü | 2) | 3) | ß
<lower case letter> ::=
a | b | c | d | e | f | g | h | i | j
| k | l | m | n | o | p | q | r | s | t
| u | v | w | x | y | z | ß | à | á | â | ã
| ä | å | æ | ç | è | é | ê | ë | ì | í
| î | ï | 1) | ñ | ò | ó | ô | õ | ö | ø
| ù | ú | û | ü | 2) | 3) | ÿ
```

图 12-1　RAPID 支持的字符

从 RobotWare 6.10 开始，RAPID 中的交互指令（TPWrite、TPReadNum、UiMsgXXX 等）可以支持 Unicode 编码的字符，效果如图 12-2 所示（但依旧不能在 RAPID 中直接输入中文，而是通过安装自定义字符集以.xml 文件的方式实现；对于 RobotWare 7.1 以上的版本，RAPID 直接支持中文输入）。对于自定义错误的提示，也支持 Unicode 编码的字符。

图 12-2　示教器真机的中文交互测试

Unicode 也叫统一码、万国码、单一码，是计算机科学领域里的一项业界标准，其包括字符集和编码方案等。Unicode 是为解决传统字符编码方案的局限性而产生的，它为每种语言中的每个字符设定了统一并且唯一的二进制编码，以满足跨语言、跨平台进行文本转换和处理的要求。1990 年开始研发，1994 年正式发布 1.0 版本，2021 年 9 月 14 日发布 14.0 版本。

12.2 中文交互实现

在 RobotWare 6.10 及更高版本中使用自定义中文交互（TPWrite、TPReadNum、UiMsgXXX 等），需要以下内容。

（1）编写对应语言文件（xml 格式）。

（2）将语言文件以 install.cmd 的方式安装到机器人控制系统中（也可以通过制作 Add-Ins 的方式来实现。制作 RobotWare 的 Add-Ins 需要使用 Add-In Packing Tool 工具，具体可以在 https://new.abb.com/products/robotics/robotstudio/downloads 下载）。

（3）在 RAPID 中具体使用的格式为 "TPWrite '{{demo_text:2}}'"。其中，demo_text 为语言域的域名；数字 2 为对应字符的 Text Name；输出显示对应的字符（Value）。

（4）在 RAPID 中使用时，交互输出的语言与当前机器人系统的语言一致。

编写如下中文 xml 文件，采用 UTF-8 编码格式，并且文件名存储为 demo_text.xml 或其他名字：

```xml
<?xml version="1.0" encoding="UTF-8" ?>
<Resource Name="demo_text" Language="zh">
    <Text Name="0">
        <Value>大家好！我是中文阿波波。</Value>
        <Comment>注释区域</Comment>
    </Text>
    <Text Name="1">
        <Value>请输入数字。</Value>
        <Comment>注释区域</Comment>
    </Text>
    <Text Name="2">
        <Value>砂纸厚度</Value>
        <Comment>注释区域</Comment>
    </Text>
    <Text Name="3">
        <Value>左砂纸=</Value>
        <Comment>注释区域</Comment>
    </Text>
</Resource>
```

注：（1）ResourceName 为该语言包的域名，将在后续安装及 RAPID 中使用；

（2）Language 为标准语言缩写字符，如中文为 zh、英文为 en；

（3）Text Name 为 RAPID 中使用的语言关键字；

（4）Value 为对应需要显示的字符。

由于系统默认为英语，故还需要编写对应的英文 xml 文件，采用 UTF-8 编码格式。文件名与中文 xml 文件一致，如 demo_text.xml。当机器人系统切换到未安装对应语言包的语言时，在 RAPID 中将默认调用对应的英文语言包。以下为对应的英文 xml 文件：

```xml
<?xml version="1.0" encoding="UTF-8" ?>
<Resource Name="demo_text" Language="en">
    <Text Name="0">
        <Value>I am En ABB</Value>
        <Comment>Comment area</Comment>
    </Text>
    <Text Name="1">
        <Value>Please Input Data</Value>
        <Comment>Comment area</Comment>
    </Text>
    <Text Name="2">
        <Value>Paper Thickness</Value>
        <Comment>Comment area</Comment>
    </Text>
    <Text Name="3">
        <Value>Left Paper=</Value>
        <Comment>Comment area</Comment>
    </Text>
</Resource>
```

如图 12-3 所示，创建文件夹 language，并在其中创建 en 和 zh 文件夹，将上述创建的两个 demo_text.xml 文件放置其中。

在与 language 文件夹的同级路径中创建 install.cmd 文件并用记事本打开，该文件用于安装语言包。关于 install.cmd 文件中的具体指令，可以参见 "*Application manual RobotWare Add-Ins*" 手册中的相关介绍。

以下代码实现对前文编写的 demo_text.xml 文件进行语言安装：

图 12-3　创建 language 文件夹

```
# Register demo_text.xml to RAPID text
register -type rapid_text -resource demo_text -min 0 -max 3 -prepath $HOME/textfile/language/ -postpath /demo_text.xml
```

其中：

（1）# 为 install.cmd 中的注释符号；

（2）注册的类型为 rapid_text；

（3）注册的资源为 demo_text，该资源名为后续 RAPID 中使用时调用的语言域名；

（4）min 和 max 为注册的最小和最大 Text Name，与 xml 中的编写一致；

（5）安装的 xml 路径为 HOME 文件夹下的 textfile/language 下的 demo_text.xml 文件（包括 zh 文件夹和 en 文件夹）。

按照图 12-3 所示的路径在 HOME 文件夹下创建 textfile 文件夹并将 install.cmd 及语言包移动到 text_file 文件夹内。

在 HOME 文件夹根目录下创建 ext_install.cmd 文件（该文件名固定，存放于 HOME 文件夹下，每次机器人 I 启动时都会执行该文件进行安装）。在 ext_install.cmd 文件中编写如下代码（机器人执行 ext_install.cmd 文件时会跳转到$HOME/textfile 下的 install.cmd）：

```
# Execute the CMD command in the textfile file
include -path $HOME/textfile/install.cmd
```

完整的文件路径如图 12-3 所示。对机器人执行 I 启动（见图 12-4）时，系统会自动安装语言包。

图 12-4　对机器人执行 I 启动

可以在 RAPID 中编写如下代码，实现当机器人系统语言切换到中文执行 TPWrite 指令时，会得到如图 12-5 所示的效果（具体的语言内容参考前文编写的 xml 文件）；执行 TPReadNum 指令时，会得到如图 12-6 所示的效果。

```
PROC test1()
    tpwrite "{{demo_text:0}}";
    !用两对大括号
    !demo_text 为语言域名，冒号后为 Text Name
    !输出对应 Text Name 的 Value
    Stop;
    TPReadNum reg1,"{{demo_text:1}}";
    UIMsgBox "";
ENDPROC
```

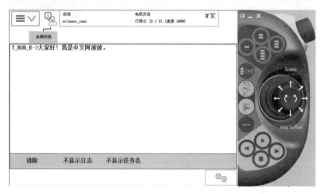

图 12-5　利用 TPWrite 指令实现中文交互

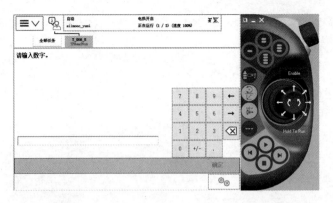

图 12-6　利用 TPReadNum 指令实现中文交互

为了得到图 12-7 所示的效果，可以在 RAPID 中编写如下代码来实现。

```
VAR btnres answer;
VAR string my_message{1}:=["{{demo_text:3}}"];
CONST string my_buttons{1}:=["OK"];
PROC test2()
    reg2:=100;
    my_message{1}:=my_message{1}+ValToStr(reg2);
    answer:=UIMessageBox(
\Header:="{{demo_text:2}}"
\MsgArray:=my_message
\BtnArray:=my_buttons
\Icon:=iconInfo);
    IF answer=1 THEN
        ! …
    ENDIF
ENDPROC
```

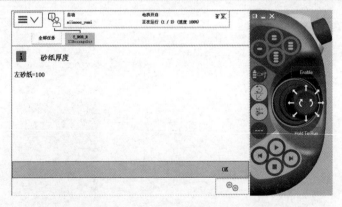

图 12-7　利用 UIMessageBox 函数实现中文交互

12.3　中文自定义错误报警

对于 ErrLog 等用户报警指令，通过其也可以实现中文报警，大体思路如下。

（1）创建语言文件（xml 格式）。

注：错误报警文件包括错误日志标题文件（elogtitles.xml）和错误日志内容文件（elogtext.xml）。

（2）通过 ext_install.cmd 和 install.cmd 文件注册错误日志语言包。

（3）重置机器人系统。

（4）使用相关 RAPID 指令（ErrLog 等）实现中文报警。

（5）相关文件及文件夹路径如图 12-8 所示（ext_install.cmd 文件直接在 HOME 文件夹下），在路径

图 12-8　错误日志相关文件夹及路径

"C:\ProgramData\ABB Industrial IT\Robotics IT\DistributionPackages\ABB. RobotWare-6.08.1040\RobotPackages\RobotWare_RPK_6.08.1040\utility\Template\Elog"下找到错误消息模板。

（6）将两个英文模板文件(template_elogtext.xml 及 template_elogtitles.xml)复制到前文创建的 en 文件夹下，并修改以上两个英文模板文件的文件名为 demo_elogtext.xml 及 demo_elogtitles.xml。

demo_elogtitles.xml 文件中的内容为消息日志的标题。其文件中的 Title number、domain 及 Title 应与 demo_elogtext.xml 文件中的相关内容一致，即：

```
<?xml version="1.0" encoding="UTF-8"?>
-<ExtractTitles>
<Title number="5001" domain="11">Too small value on argument</Title>
<Title number="5002" domain="11">Wrong value used</Title>
</ExtractTitles>
```

demo_elogtext.xml 文件中的内容为具体的错误消息，错误消息中各参数的解释见表 12-1。

表 12-1　错误消息中各参数的解释

参　　数	解　　释
domainNo	错误号由错误域和具体的错误号构成。可以使用域"11"。例如，错误号为 5001，则系统报警代码为 115001
lang	按照 ISO 639 准备的两位语言缩写，英语为 en，中文为 zh
min	本文件中第一个具体的错误号
max	本文件中最后一个具体的错误号
Message	日志的具体信息
number	唯一的具体的错误号，范围为 1～9999
eDefine	消息的唯一名字，尽量简短（使用英文）
Title	消息标题
Description	消息的描述
arg ordinal	通过 RAPID 传递的参数序号
format	对 RAPID 传递的参数格式化，"%.40s"表示不能超过 40 个字符

在 zh 文件夹中创建名字为"demo_elogtitles.xml"及"demo_elogtext.xml"的文件。

demo_elogtitles.xml 文件中的内容如下：

```
<?xml version="1.0" encoding="utf-8"?><ExtractTitles>
    <Title domain="11" number="5001">值太小</Title>
    <Title domain="11" number="5002">错误的值</Title>
</ExtractTitles>
```

demo_elogtext.xml 文件中的内容如下：

```
<?xml version="1.0" encoding="utf-8"?>
<!--*****************************************-->
<!--The text description file for Elog Messages -->
<!-- -->
<Domain elogDomain="" domainNo="11" lang="zh" elogTextVersion="1.0" xmlns="urn:abb-robotics-elog-text"
min="5001" max="5002">
  <Message number="5001" eDefine="ERR_ARG_TO_SMALL">
    <Title>值太小</Title>
    <Description> Task: <arg format="%.16s" ordinal="1" />中参数<arg format="%.40s" ordinal="2" />被设
定为<arg format="%.20s" ordinal="3" /> ，但最小值是<arg format="%.20s" ordinal="4" /> Context: <arg
format="%.40s" ordinal="5" /><p /></Description>
  </Message>
  <Message number="5002" eDefine="ERR_ARG_WRONG_VAL">
    <Title>值错误</Title>
    <Description>Task: <arg format="%s" ordinal="1" /><p /> 使用了错误的值 <arg format="%s"
ordinal="2" /> .值应该在 <arg format="%s" ordinal="3" /> 和 <arg format="%s" ordinal="4" /> 之间.<p
/>Context: <arg format="%s" ordinal="5" /><p /></Description>
    <Consequences>程序停止.</Consequences>
    <Causes>使用的值太大或者太小.</Causes>
    <Actions>修改参数并从头开始运行</Actions>
  </Message>
</Domain>
```

在图 12-8 所示的位置创建 install.cmd 文件，编写注册语言命令：

```
# Register elog message title.
register -type elogtitle -prepath $HOME/elogfile/language/ -postpath /demo_elogtitles.xml

# Use domain 11 to register elog messages.
register -type elogmes -domain_no 11 -min 5001 -max 5002 -prepath $HOME/elogfile/language/ \
-postpath /demo_elogtext.xml -extopt
```

在图 12-8 所示的位置创建 ext_install.cmd 文件，编写注册语言命令：

```
# Execute the CMD command in the elogfile file
include -path $HOME/elogfile/install.cmd
```

重置机器人系统，完成错误日志语言的注册。

运行如下代码可以得到如图 12-9 和图 12-10 所示的报警日志提醒。

```
VAR errstr arg:="thickness";
VAR errstr e3:="3";
VAR errstr e4:="4";
    PROC test1()
    reg1:=1;
    ErrLog 5001,ERRSTR_TASK,arg,valtostr(reg1),e4,ERRSTR_CONTEXT;
  !弹出 115001 报警
```

ErrLog 5002,ERRSTR_TASK,arg,e3,e4,ERRSTR_CONTEXT;
!弹出 115002 报警
ENDPROC

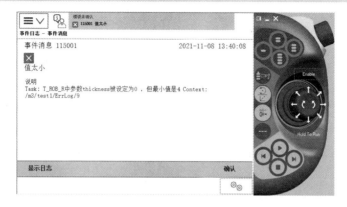

图 12-9　报警日志提醒（1）

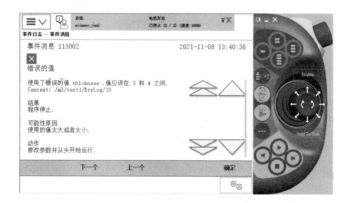

图 12-10　报警日志提醒（2）

第 13 章 输送链跟踪

ABB 工业机器人的输送链跟踪原理如下。

（1）图 13-1 中的产品从左往右流动。当产品经过 A 处的同步开关并触发同步开关信号时（若无实际传感器，也可通过信号 c1SoftSyncSig 进行触发），该产品将被机器人识别（注册）并存入机器人的内部队列。图 13-1 中的相关标注解释见表 13-1。

（2）H 为输送链（CNV）的基坐标系原点。默认输送链的前进方向为输送链基的 x 方向。

（3）D 为输送链跟踪的开始窗口（开始窗口的起点在输送链的基坐标系下），即当产品进入该区域，且机器人空闲（机器人完成上一次跟踪任务）时，机器人会去跟踪该产品。若机器人空闲时产品已经超过开始窗口（Start Window），则该产品被放弃。

（4）F 为同步开关到输送链基坐标系原点的距离（到开始窗口的距离）。由于现场抓取的工作范围与同步传感器的距离较远，故设置该距离。也可将该距离设置为 0，通过增大开始窗口的方法使机器人可达。

（5）G 为最大跟踪距离，即若产品超出该范围时机器人还没有完成跟踪动作，则该产品会被放弃。

（6）C 为最小跟踪距离。通常为 0。理论上若输送链倒退运行，机器人也可倒退跟踪。

（7）B 为正在跟踪产品的工件坐标系，即当产品进入开始窗口后，该坐标系下的 uframe 由输送链驱动。

（8）图 13-1 中的产品 1 为正在跟踪的产品。

（9）图 13-1 中的产品 2 由于已经超过开始窗口，故将被放弃。

（10）若机器人完成图 13-1 中的产品 1 跟踪时产品 3 和产品 4 还在 D（开始窗口）区域，则机器人将跟踪产品 3。若机器人完成产品 3 跟踪时产品 4 还在 D 区域内，则机器人将跟踪产品 4。

（11）产品 5 为已经越过同步开关的产品（已经注册到输送链跟踪系统内）。机器人此时若空闲且线体上没有产品 1～4，则机器人将等待产品 5 经过 H（进入 D）后开始跟踪。

（12）产品 6 刚好经过同步开关的位置，触发同步开关并被注册。

（13）产品 7 为还未经过同步开关的产品。

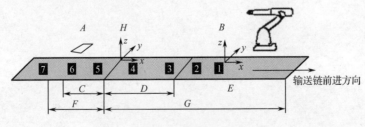

图 13-1　输送链跟踪原理示意图

表 13-1　图 13-1 中的相关标注解释

A	同 步 开 关
B	正在跟踪产品的工件坐标系（uframe）
C	最小距离
D	开始窗口的宽度
E	工作区域
F	同步开关到开始窗口的距离
G	最大跟踪距离
H	输送链的基坐标系
1～7	输送链上工件的位置示意图

ABB 的输送链跟踪功能（Conveyor Tracking）目前主要支持两种跟踪板卡，即 DSQC377B 和 CTM（DSQC2000）。前者依赖的 IRC5 控制器选项为 606-1 Conveyor Tracking 和 709-1 DeviceNet Master/Slave，后者依赖的 IRC5 控制器选项为 606-1 Conveyor Tracking 和 1552-1 Tracking Unit Interface。对于 OmniCore C30 控制器而言，其仅支持 DSQC2000，控制器选项为 3103-1 Conveyor Tracking。

作为线性传送带跟踪应用，机器人在自动模式且传送带以 150mm/s 的恒定速度运行时，机器人的工具中心点（TCP）跟踪精度为 +/-2mm。当输送链的运行速度为 100mm/s 时，机器人的跟踪精度为 +/-1.5mm。对于 IRB360 机器人的跟踪精度，通常是指在以 IRB360 机器人轴 4 的法兰盘中心作为 TCP、轴 4 本身的间隙大概在 1.5° 以内时的跟踪精度（可按照 IRB360 产品手册 3.7.1 小节所介绍的测量轴 4 侧隙的方法进行测量）。

图 13-2 为典型的 Conveyor Tracking 硬件组成，表 13-2 为图 13-2 中的相关标注解释。

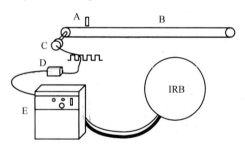

图 13-2　典型的 Gonveyor Tracking 硬件组成

表 13-2　图 13-2 中的相关标注解释

A	同步开关
B	传送带
C	编码器
D	输送链跟踪板卡
E	机器人控制柜
IRB	机器人

受支持的编码器规格为 24VDC、0～20kHz、PNP 或推拉式类型、正交输出的 2 相型编码器。CTM（DSQC2000）也支持 NPN 类型，但需要通过 RobotStudio 联机修改配置。安装编码器时，需保证传送带每运动 1m，脉冲的输出数为 1250～2000，从而保证精度。传送带的运行速度在 4～2000mm/s 范围内时，推荐运行速度为 100mm/s 左右。

13.1　系统参数和配置

选配了输送链跟踪选项的机器人控制器，此时相关的系统配置参数将被加载到系统里。要启用或激活输送链跟踪功能，首先要连接硬件。

对于 DSQC377B 而言，确认 DeviceNet 地址正确后，需要将系统创建的输送链跟踪板卡映射硬件 Qtrack1 的 Simulated 参数由 Yes 改为 No，重新启动系统后方才生效。

对于 CTM 而言，首次使用 CTM(DSQC2000)时需要通过 RobotStudio 进行设置。将 PC 的 IP 地址设为 192.168.126 网段的 IP（注：DSQC2000 的 LAN 口 IP 地址为 192.168.126.200，不能与 PC 的 IP 地址相同），PC 网口直连 DSQC2000 的 LAN 口。通过"RobotStudio"—"控制器"下的"输送链跟踪"进入 CTM 选项卡，添加网络上自动识别的 CTM 并配置 DSQC2000 的 WAN 口 IP（不要使用 125、126 网段），如图 13-3 所示。重新启动系统后方才生效。

图 13-3　连接 CTM 并修改 WAN 口 IP 地址

在 IRC5 的 I/O 配置页中，在 RobICI Device 中，修改系统创建好的输送链跟踪板卡映射硬件 CTM1 的服务器 IP 为配置好的 DSQC2000（CTM）的 WAN 口的 IP，重新启动系统后方才生效。

将 DSQC2000（CTM）的 WAN 口、IRC5 的 WAN 口（已经配置为与 CTM 的 WAN 口相同网段的 IP）、PC（RobotStudio）均接入交换机。

图 13-4　修改传感器的类型为"摄像机"

若使用带视觉的输送链跟踪，需在"RobotStudio"的 CTM 选项卡上将传感器的类型配置为"摄像机"（见图 13-4）。通过设置输出信号 c1TrigAutoMode（将输送链输出触发 Trigger 设置为自动模式）、组输出信号 c1TrigAutoEncNo（对应编码器序号）、组输出信号 c1TrigAutoDist（间隔多少脉冲输出一个 Trigger），可以让 CTM 板的 Trigger 信号在设定的输送链上移动定长距离时发出一个脉冲信号。CTM X21～X28 上的 Trigger 信号用于触发相机拍照。CTM X21～X28 上的 Syncx 信号用于接收相机给定的触发同步信号。

　　若使用带视觉的输送链跟踪，相关接线可以参考图 13-5。图 13-5 中将 X21 的 Trigger 信号连接到相机和 X21 的 Syncx 信号上，即 CTM 板触发相机拍照的同时触发跟踪同步信号。

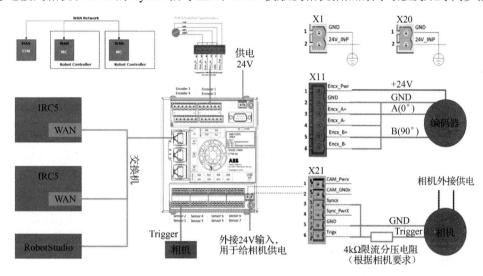

图 13-5　使用带视觉的输送链跟踪时的相关接线

　　CTM（DSQC2000）相对 DSQC377B 而言，它的 I/O 信号精简较多，表 13-3 显示了两者的区别。

表 13-3　CTM（DSQC2000）和 DSQC377B 的区别

DSQC377B		CTM（DSQC2000）		说　明
名　称	类　型	名　称	类　型	
c1Speed	AI	c1Speed	AO	皮带线速度（mm/s）
c1Position	AI	c1Position	AO	跟踪物体位置（mm）
		c1CountsPerSec	AI	
c1Simulating	DI			
c1ScaleEncPuls	DI			编码器每增加 XX 个脉冲，输出一个脉冲信号
c1PowerUpStatus	DI			
c1NewObjStrobe	DI	c1NewObjStrobe	DO	
c1EncSelected	DI			
c1EncBFautlt	DI			编码器 B 相出错
c1Connected	DI	c1Connected	DO	
c1DReady	DI			
c1DirOfTravel	DI			
c1EncAFautlt	DI			编码器 A 相出错
c1EncSelect	DO			
c1SoftSyncSig	DO	c1SoftSync	DO	软同步信号
c1SoftCheckSig	DO			
c1CntToEncStr	DO	c1CntToEncStr	DO	

DSQC377B		CTM（DSQC2000）		说　明
名　称	类　型	名　称	类　型	
c1SimMode	DO			
c1RemAllPObj	DO	*c1RemAllPObj*	DO	
c1Rem1PObj	DO	*c1Rem1PObj*	DO	
c1WaitWObj	DO	*c1WaitWObj*	DO	等待连接跟踪
c1DropWObj	DO	*c1DropWObj*	DO	丢弃已经连接的跟踪
c1ForceJob	DO			
c1PosInJobQ	DO	*c1PosInJobQ*	DO	
		c1TrigAutoMode	DO	
		c1TrigVis	DO	
		c1NullSpeed	DO	
		c1PassStw	DO	
c1ObjectsInQ	GI	*c1ObjectsInQ*	GO	
c1DTimestamp	GI			
c1CntFromEnc	GI	c1CntFromEnc	GI	
		c1Counts	GI	
		c1SpeedBandWidth	GI	
c1CntToEnc	GO	*c1CntToEnc*	GO	
		c1TrigAutoDist	GO	
		c1TrigAutoEncNo	GO	

注：斜体字名称，如 c1CntToEnc，为虚拟信号。

　　DSQC377B 板卡的配置多数通过 DeviceNet Command 命令字控制，常用的包括 CountsPerMeter1、QueueTrckDist1（同步开关到输送链基坐标系的距离）、ScalingFactor1（输送链定长距离输出脉冲信号的系数）、StartWinWidth1（开始窗口的长度）和 SyncSeparation1（两次触发信号之间输送链至少移动的距离，单位为 m。若两次触发信号之间的距离小于该参数，第二次的触发信号将被忽略）等。其余配置在 Motion/Process 的配置选项卡中实现。DSQC2000 取消了 DeviceNet Command 里的内容，它将 DeviceNet Command 里的内容分拆成了其他形式。

13.2　校准

　　输送链跟踪模块相当于机器人的一个线性外轴。一般首先校准 CountsPerMeter（线体实际运行 1m 后对应的编码器计数），然后再校准输送链的 Base Frame。

13.2.1　CountsPerMeter

　　进行 CountsPerMeter 参数校准时，通常先将 QueueTrckDist1 设置为 0。
　　通常使用卷尺作为测量工具校准 CountsPerMeter 参数。用胶带做好皮带线与边界固定介质之间的同步标记（见图 13-6 中的位置 1），手动给 c1RemAllPObj 一个脉冲（清除掉所有跟踪信号），给 c1SoftSync 一个脉冲，此时示教器手动操纵界面中输送链 CNV1 的读数为 0。启动皮带线达到足够远的距离停下（如图 13-6 中位置 1 的标记移动到了位置 2，位置 2 与位置 1 的距离建议至少 1m 以上），测量图 13-6 中标注的距离（单位：mm），记为 distance1，并查看示教器手动操纵界面中输送链 CNV1 的读数（单位：mm），记为 CnvPos2。读取配置中当前的 CountsPerMeter 数据，记为 CountsPerMeter1，则当前输送链的 CountsPerMeter 可以通过以下计算公式得到：

$$CountsPerMeter := CnvPos2 * CountsPerMeter1 / distance1$$

将计算后得到的新 CountsPerMeter 输入机器人的配置中并重启机器人系统。

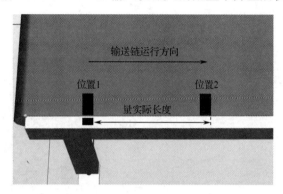

图 13-6　CountsPerMeter 计算

对于 DSQC2000 而言，可以通过信号 c1Counts 读取当前编码器的值。做好同步标记时，将当前编码器的值记为 counts1；移动皮带线停下后，将当前编码器的值记为 counts2，则 CountsPerMeter=(counts2-counts1)/卷尺测量距离，将计算得到的值输入到"配置"—"Process"—"Conveyor Ici"—"ICI1"—"CountsPerMeter"中。

13.2.2　Base Frame

输送链的 Base Frame，即设定输送链原点在机器人所在的世界坐标系（wobj0）下的位姿。具体的校准方法如下所示。

（1）创建一个坐标系，如 wobj_cnv1，如图 13-7 所示（ufmec 为"CNV1"）。

（2）运行以下程序，程序指针会一直停留在 WaitWobj 指令一行：

```
ActUnit CNV1;
!激活输送链机械装置
WaitWObj wobjcnv1;
STOP;
```

（3）将产品放置在输送链同步开关前并启动输送链，直到产品经过同步开关（见图 13-8 中传感器的位置。若设置了 QueueTrckDist1，则产品经过同步开关只是向 CNV 注册该产品，示教器中的 CNV1 不会变化）再次进入开始窗口（见图 13-8 中的 0.0m 位置，此时示教器中的 CNV1 有位置数据且值大于 0）后停止输送链，如产品停留在图 13-8 中的 p_1 处。

（4）使用准确的 TCP，并移动机器人到图 13-8 中 p_1 处的产品特征点上。通过"示教器"—"校准"—"CNV1"—"BASE"（见图 13-9），在"点 1"处记录位置。

（5）继续移动输送链一段距离并停止移动，此时产品位于图 13-8 中的 p_2 处。移动机器人到产品特征点上并在图 13-9 中的"点 2"处记录。继续移动输送链并完成"点 3"和"点 4"的记录。单击图 13-9 中的"确定"按钮，完成 CNV1 的基坐标系计算。

（6）若使用基于视觉的输送链跟踪（不使用硬件同步开关触发），通常将 QueueTrckDist1 设为 0。例如，将物体放置在传送带上，并将物体放置的位置作为 CNV1 基坐标系的原点位置，运行以下代码，示教器会显示 CNV1 数据为 0.0mm，即此处作为图 13-8 中的 0.0m 位置和 p_1 位置（两者重合）。同样在图 13-9 中进行后续位置记录并计算。

```
ActUnit CNV1;
PulseDO\PLength:=0.5,c1RemAllPObj;
DropWObj wCNV1;
PulseDO\PLength:=0.5,c1SoftSyncSig;
stop;
```

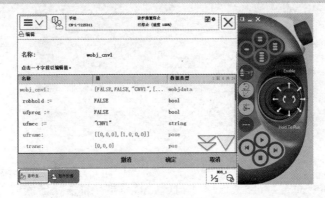

图 13-7　新建坐标系

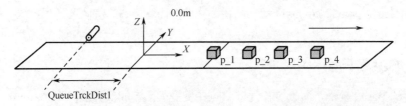

图 13-8　输送链基坐标系的标定

图 13-9　输送链基坐标系的校准

13.3 定长触发

最简单的输送链跟踪可以仅依靠光电同步开关进行来料触发。复杂应用往往要用到测距仪器或者视觉定位，以修正来料的偏差。对于来料密集的情况，同步开关无法区分各个来料，此时可以采用皮带线定长距离触发的方式，触发输送链软同步信号，同时也触发测距或视觉拍照进行补偿。使用定长距离触发的原因是因为距离不会随着输送链的速度变化而变化。若使用定时触发，则随着输送链速度的变化，两次信号触发之间输送链的间隔距离会变化，导致后续补偿出错。

对于 DSQC377B 而言，通过设定 I/O 配置页 DeviceNet Command 类型下的 ScalingFactor 进行设置，参数 ScalingFactor=定长距离×CountsPerMeter/2。此时，输送链每经过设定的定长距离，DSQC377B 的 c1ScaleEncPuls 信号会输出一个脉冲信号。

对于 CTM（DSQC2000）而言，通过以下初始化程序进行设置：

```
SetGO c1TrigAutoEncNo, 1;    ! 设定编码器 1 对应的传感器
SetGO c1TrigAutoDist,1000;   ! 1000 为间隔脉冲数，可以除以 CountsPerMeter 得到实际的间隔距离，即
                             ! 1000/21146.3=0.047m=47mm
SetDO c1TrigAutoMode,1;      ! 设置为自动触发状态
```

DSQC2000 的定长距离是通过脉冲数进行计算的，可以先将定长距离（单位为 mm）换算为脉冲数，即脉冲数=定长距离×CountsPerMeter/1000。此时，输送链每经过设定的定长距离，DSQC2000 的 c1TrigVis 信号会输出一个脉冲信号。

13.4 带视觉输送链跟踪

基于视觉输送链跟踪的典型应用场景如图 13-10 所示，包括图 13-10（a）所示的一个相机和一台机器人，以及图 13-10（b）所示的一个相机和两台机器人（一拖二）。

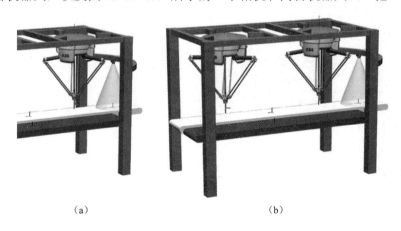

（a）　　　　　　　　　　　　　　　　（b）

图 13-10　基于视觉输送链跟踪的典型应用场景

DSQC377B 基于 DeviceNet 总线，只支持一个编码器的输入。对于图 13-10（b）所示的一个输送链、两台机器人的情况，每个机器人控制柜均需要一块 DSQC377B 板卡。

DSQC2000 与机器人控制柜通过以太网通信，单块 DSQC2000 支持最多 4 个编码器的

输入。对于图 13-10（b）所示的情况，只需要将输送链编码器接入一块 DSQC2000，并且该 DSQC2000 与两台机器人在一个网段即可（两台机器人只需要一块 DSQC2000）。

图 13-10 的一拖二案例，通常相机与首台机器人通信，逐帧识别目标物体并实时告知首台机器人。由首台机器人进行判重处理（同一个物体在输送链上移动，可能会前后被拍 2 次甚至多次），第二台机器人只需要实时记录同步时的编码器值即可。

13.4.1　视觉与输送链的校准

13.2.2 节介绍了输送链基坐标系的标定。在建立输送链基坐标系与机器人的关系后，若使用基于视觉的输送链跟踪，还需要校准相机与输送链/机器人的关系，如图 13-11 所示。使用基于视觉的输送链跟踪（不使用硬件同步开关触发），通常将 QueueTrckDist1 设为 0。

将标定板（见图 13-11 中的棋盘格）放置在相机下，相机拍照并记录图 13-12 中所示的 9 个（也可更多）特征点像素坐标。将前文设置的 wobj_cnv1 工件坐标系（wobj_cnv1 坐标系的 uframe 由输送链驱动）中的 oframe 的 trans 设置为[0,0,0]、rot 设置为[1,0,0,0]。触发输送链的软同步信号（示教器上的 CNV1 数据为 0.0mm）并转动输送链，使得标定板到达机器人的工作范围内。移动机器人工具末端到标定板的若干标志位置，并将该位置在 wobj_cnv1 坐标系下的 x、y 坐标告知相机，完成相机坐标系与输送链基坐标系的转化（相机给出的结果位置基于 wobj_cnv1.uframe）。

在使用收到的相机输出坐标[x,y,θ]时，可以将其赋值到 wobj_cnv1.oframe。具体的相机坐标使用及第一个产品抓取位置的示教见以下代码：

```
CONST robtarget pPick_ini:=*;
    VAR num cam_x;
    VAR num cam_y;
    VAR num cam_theta;

PROC rModify()
    !先触发拍照，将结果存入 cam_x,cam_y 和 cam_theta
    wobj_cnv1.oframe.trans:=[0,0,0];
    wobj_cnv1.oframe.rot:=[1,0,0,0];
    !将 oframe 数据清零

    PulseDO\PLength:=0.5,c1RemAllPObj;
    DropWObj wobj_cnv1;
    PulseDO\PLength:=0.5,c1SoftSyncSig;
    !触发软同步
    WaitWObj wobj_cnv1;
        wobj_cnv1.oframe.trans:=[cam_x,cam_y,0];
        wobj_cnv1.oframe.rot:=OrientZYX(cam_theta,0,0);
    STOP;
      !此时可以手动打开输送链，让产品移动到机器人可达的位置

        MoveL pPick_ini,v100,fine,tGripper\WObj:=wobj_cnv1;
        !移动机器人到抓取位置并示教
        !示教的位置基于 wobj_cnv1 的 oframe 下
    ENDPROC
```

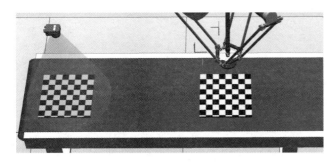 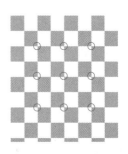

图 13-11　相机与输送链/机器人关系的校准　　　　图 13-12　校准棋盘格与特征点

13.4.2　触发机制

对于带视觉输送链跟踪应用的案例，均采用定长触发的方式，由定长脉冲信号（DSQC377B 为 c1ScaleEncPuls，DSQC2000 为 c1TrigVis）一方面去触发相机拍照，另一方面同时触发同步信号：对于 DSQC377B 而言，需要在机器人控制器的 I/O 配置里添加 Cross Connection，将 c1ScaleEncPuls 与 c1SoftSyncSig 软同步信号关联；对于 DSQC2000，将板卡 X21 端子对应相机的 Trigx 信号硬接线连接至 Syncx 信号。

响应输送链同步事件以后，会新增一个跟踪对象（c1NewObjStrobe 会产生一个脉冲，同时，c1CntFromEnc 信号更新为当前最新的编码器计数）。在 RAPID 程序中，基于此事件触发中断（通过 ISignalDI c1NewObjStrobe 或 ISignalGI c1CntFromEnc 初始化中断设置）记录当前编码器的值，并通过 Socket 接收相机拍照识别后的目标点信息。将相机传来的一系列数据信息（可能会有多个目标结果）依次存入二维数组，或者自定义的队列函数（一维数组）中。对于指令 WaitWObj（等待产品进入开始窗口跟踪）而言，也是依次调用这些数据信息进行抓取。

这里以二维数组的存储形式简要说明：

```
RECORD CpStruct
    num vid,            ! 视觉逐帧发送的目标数据集合序列号，用于判断是否漏帧
    dnum enc;           ! 同步时的编码器值
    pos size;           ! 目标物的尺寸信息（备选）
    pose pt;            ! 目标位置
    num angle;          ! 目标偏转角（冗余信息）
    num type;           ! 目标类型（备选）
    bool flag;          ! 标记，可作为是否需要抓取的标记
ENDRECORD

PERS CpStruct cp_data{100,24};      ! 100 为帧容量，24 为每帧的目标容量
PERS num index_recv:=1;             ! 接收信息的指针
PERS num index_track:=1;            ! 跟踪抓取的指针
```

因为先拍照再流入机器人的抓取区域，所以跟踪抓取的指针总是滞后于接收信息的指针。若因为线路干扰等原因导致某个时刻相机未被正确触发，则该时刻的中断接收会超时，接收信息的指针直接加 1，进入下一轮的定长触发过程。

需要说明的一点是，当同一块 DSQC2000 对应多台机器人时，同一个编码器连接触发同步信号时获得的编码器值（c1CntFromEnc）是相同的。

13.4.3　高级队列功能

这里的队列指的是目标以编码器值标记的队列。每当输送链跟踪板卡被触发同步信号时，都会将当前的编码器值作为目标标记存入队列，先进先出。当这些目标标记的编码器计数根据换算到达输送链跟踪的开始窗口后，依次进行跟踪。将信号 c1PosInJobQ 设置为 1 时，启动高级队列功能。此时需要用户通过程序写入待跟踪目标的编码器值，虽然通常仍然会按先进先出的顺序写入，但将视觉数据与编码器值同时存储，取出时就不会错乱，具体实现代码如下：

```
PROC test1()
    SetDO c1PosInJobQ,1;
    !设定启用输送链跟踪的高级队列功能
    CONNECT NewObj WITH NewObjOnConvey;
    ISignalGI c1CntFromEnc,NewObj;
    !设定基于组信号 c1CntFromEnc 变化触发中断程序 NewObjOnConvey
    WHILE TRUE DO
    !主循环
      TrackNewObj;
    !根据逻辑调用 TrackNewObj
    ENDWHILE
ENDPROC

TRAP NewObjOnConvey
    ObjectPosition:=GInputDnum(c1CntFromEnc);
     ! 当组信号 c1CntFromEnc 变化时，触发该中断程序
     ! 当输送链连接一个新对象时，
     !记录对象的编码器值（输送链跟踪内以该 count 作为对象的标志）
     !SocketReceive 相机数据，解析并存储
    RETURN ;
ENDTRAP

PROC TrackNewObj
    SetGO c1CntToEnc,ObjectPosition;
    !将希望跟踪对象的 count 标志写入 c1CntToEnc 组信号
     WaitTime 0.02;
    PulseDO c1CntToEncStr;
    ! 激活写入的 count 标志
    WaitWObj wobjCNV1;
    ! 等待连接上产品并抓取
    WaitUntil C1Position>xx
    !等待产品超过设定位置后开始跟踪
    !依据当前的跟踪抓取指针，从存储数据的数组中提取位置信息并抓取产品
ENDPROC
```

13.4.4　判重处理

产品数据判重（判定为重复）分为两种情况，具体如下所示。

（1）当前帧内的不同目标，两两比较各自 x、y 方向的值是否在预设阈值之内。若在阈值内，认定两个目标为同一个目标，需要去掉重复的那个目标数据。

（2）当前帧内的目标，逐一与前述帧内所有目标的 x、y 方向的位置进行比较，若在预设阈值之内，认定为重复目标，需要去除（此处 x 为皮带线方向，其阈值判断还要加上帧

与帧之间的距离。例如，两次拍照距离为 45mm，第一次拍照时的目标坐标为[10,90,90]，第二次拍照时的目标坐标为[55,90,90]，则可认定这两次目标为同一个）。

帧与帧之间的比较层级（当前帧的目标数据需要与之前多少帧的目标数据进行比较，如层级为 1 表示只与前一帧比较，层级为 2 表示与前两帧均需要比较）最好不要低于最小体积目标经过相机视野所能拍到的完整图像的次数。我们在设定定长触发时，往往按照最大体积目标经过相机视野所能拍到的完整图像两次来设定定长触发距离，以确保有一个冗余成像供相机识别。此时最小体积目标经过相机视野所能拍到的完整图像次数是可以测试或者计算出来的。

13.4.5　捡漏与均分

在一拖二的情形下，若首台机器人因目标超出可达域范围无法抓取而遗漏的目标，则由第二台机器人进行抓取，这种情况称为捡漏。若首台间隔固定的数量不去抓取，流给第二台机器人进行抓取，这种情况称为均分。

捡漏的前提是尽量将最大跟踪距离、开始窗口数据设大（最大跟踪距离默认为 20m，开始窗口默认为 10m，保持默认数据即可），即输送链上的产品在超出什么位置需要丢弃等问题应该由机器人程序通过判断 c1Position 位置来决定，从而使程序本身得知哪些目标该丢弃，再将该目标位置等信息发送给第二台机器人进行处理。第二台机器人接收到目标信息后，判断目标信息附带的编码器值，若其与本地已存的编码器值满足设定关系则存入相应位置信息，以保持队列不乱。第二台机器人等待逐一取出队列中的编码器值进行跟踪。

理解了捡漏的思路，那么均分就是在分拣时进行计数。超过设定数值时，将目标的位置等信息直接传给第二台机器人；计数超过设定数值的双倍时，计数复位并且继续分拣，周而复始。

13.5　圆形跟踪

ABB 工业机器人的输送链跟踪功能也支持如图 13-13 所示的圆形输送链跟踪。与直线输送链跟踪相比，主要区别为直线跟踪的单位是 m、圆形跟踪的单位是 rad。图 13-13 中圆形输送链相关参数的解释见表 13-4。

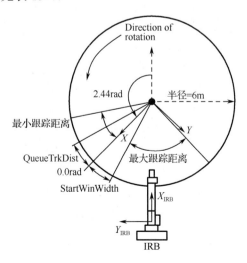

图 13-13　圆形输送链跟踪

表 13-4　图 13-13 中圆形输送链相关参数的解释

参 数 名	举 例
CountsPerMeter	40000count/rad 半径 6m,1count = 0.15mm
minimum distance（最小跟踪距离）	−0.1rad 半径 6m，对应−600mm
Conveyor base frame（输送链基坐标）	Base frame x = 8.0m Base frame y = 0.0m Base frame z = 0.0m
输送链基坐标系的 X 方向为从世界坐标系的 X 方向 旋转了 2.44rad	Base frame q1 = 0.3420 Base frame q2 = 0.0000 Base frame q3 = 0.0000 Base frame q4 = 0.9397
SyncSeparation	0.005rad 半径 6m，对应 30mm
QueueTrkDist	0.017rad 半径 6 m，对应 100mm
maximum distance（最大跟踪距离）	0.42rad 半径 6m，对应 2520mm
StartWinWidth	0.017rad，半径 6m 时对应 100mm

对于圆形输送链跟踪，需要将"配置"—"主题"—"Motion"—"Single Type"下的"Mechanics"改为"EXT_ROT"，将"Motion"—"Transmission"下的"Rotating Move"改为"Yes"。

圆形输送链跟踪的 CountsPerMeter 计算方法大致同直线输送链跟踪的 CountsPerMeter 计算方法。

注：圆形输送链跟踪的 CountsPerMeter 的单位是 Counts/rad。

圆形输送链跟踪的基坐标系校准不能使用示教器中的 CNV1 校准方法，需要参照图 13-13 和表 13-4 进行计算并将其手动输入 MOC 中。

13.6　带导轨的输送链跟踪

现场机器人可以通过增加导轨（机器人安装在导轨上）来加大机器人的工作域。

如图 13-14 所示，带导轨的机器人也可以进行输送链跟踪。当产品进入开始窗口后，导轨与输送链同步跟踪运动。

要实现导轨与输送链的同步跟踪运动，要求导轨的正方向（X 正方向）与输送链的正方向（X 正方向）平行且一致（图 13-15 中的 A 为输送链，B 为导轨）。因此，可能需要调整一下导轨的相关参数。

默认有导轨的机器人在开启跟踪时，导轨与输送链同步。若希望仅机器人的末端 TCP 与输送链同步运动，导轨不参与同步，则可在图 13-16 所示的界面中将"Track Conveyor with Robot"设为"Yes"（默认为 No）。

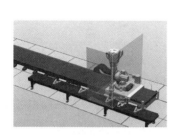

图 13-14 带导轨的输送链跟踪

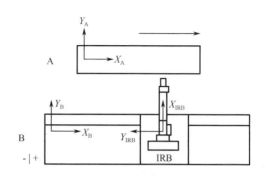

图 13-15 导轨的正方向与输送链的正方向平行且一致

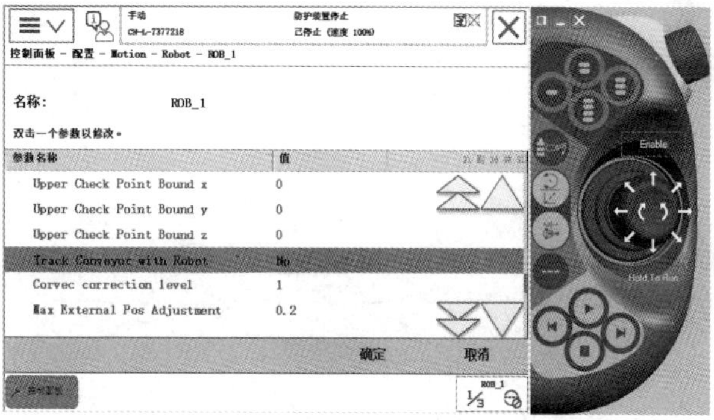

图 13-16 设置 "Track Conveyor With Robot"

第14章 Omnicore 机器人控制系统

Omnicore 机器人控制系统（见图 14-1）是 ABB 工业机器人最新推出的控制系统，它搭配全新控制器/控制柜和基于 Windows 10 系统的支持多点触控的示教器如图 14-2 所示。其中，该机器人控制系统中的软件使用 RobotWare 7 版本。Omnicore 机器人控制系统目前支持 IRB1100、IRB1300、IRB910INV（倒装 Scara）、IRB920T、SAY（Single Arm Yumi）、CRB1100（IRB1100 机器人协作版）及 GOFA（5kg 负载）协作机器人。

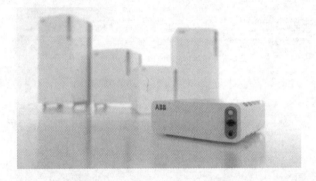

图 14-1 Omnicore 机器人控制系统

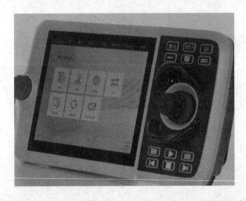

图 14-2 支持多点触控的示教器（Omnicore 机器人控制系统的应用）

14.1 控制柜硬件

14.1.1 C30/C90 控制柜

图 14-3 为 C30 控制柜的正面图，各接口的介绍如表 14-1 所示。C30 支持 IRB1100、IRB1300、IRB910INV（倒装 Scara）、IRB920T、SAY（Single Arm Yumi）、CRB1100（IRB1100 机器人协作版）及 GOFA 机器人。

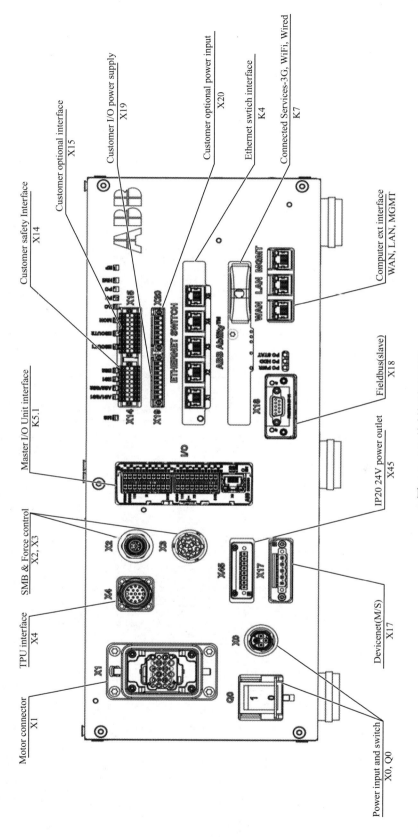

图14-3　C30控制柜的正面图

表 14-1　C30 控制柜正面板的接口介绍

接　　口	功　　能
Q0	总开关
X0	系统电源输入（220V 单相）
X1	连接机器人本体动力电缆
X2	SMB 反馈线
X3	力控反馈线
X4	示教器连接
X14	安全接口（外部急停，自动停止等）
X15	可选项，Motor On 输入信号及 Motor Out 输出信号
X17	可选项，DeviceNet 接口
X18	可选项，现场总线适配器
X19	24V 输出
X20	外部输入 24V
X45	可选项，24V 输出
MGMT	服务端口，IP: 192.168.125.1
K4	交换机
K5.1	DSQC1030 I/O 模块（16In 16Out）（24V 可从 X19 引出）

　　注：SAY（单臂 YUMI 机器人）和 GOFA 机器人的 C30 控制柜为 SAY 定制版和 GOFA 定制版，无法与其他机器人混用。

　　C30 控制柜的外部急停和自动安全停止等安全接口如图 14-4 所示。

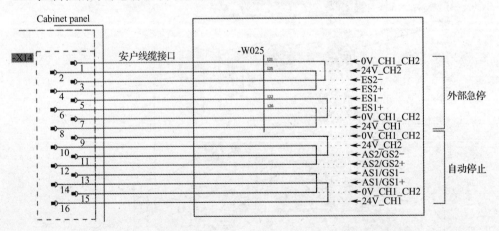

图 14-4　C30 控制柜的外部急停和自动停止等安全接口

　　C90 控制柜（见图 14-5）较 C30 体积增大，它的防护等级达到了 IP54，支持 IRB1100、IRB1300、IRB910INV 等机器人。C90 控制柜各接口及内部元器件的说明如表 14-2。C90 中使用的安全逻辑单元（见图 14-5 中的 S）与 C30 控制柜中使用的安全逻辑单元一致。C90 对外安全接口（外部急停、自动停止等，在图 14-5 中的 S 的 X14）的接线参照图 14-4 中

C30 控制柜的接线。

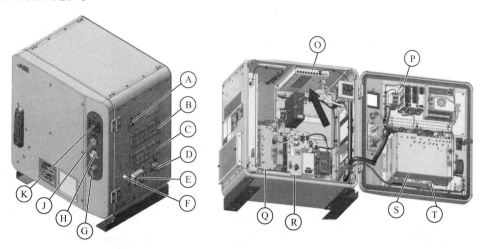

图 14-5　C90 控制柜

表 14-2　C90 控制柜各接口及内部元器件的说明

A	SMB 接口
B	客户线缆接口
C	客户线缆接口
D	控制柜总电源输入
E	机器人本体动力电缆
F	示教器接口盖板
G	示教器接口
H	Mgmt 网口，IP：192.168.125.1
J	上电指示灯
K	总电源开关
O	轴计算机
P	I/O 模块
Q	驱动模块
R	电源模块
S	安全逻辑单元
T	主计算机

14.1.2　E10 控制柜

E10 控制柜（见图 14-6 和图 14-7）是 ABB 工业机器人为适应自动化设备小型化、轻型化、低功耗化而推出的最新机器人控制柜。E10 支持 IRB1100、IRB1300、IRB920T 等机器人，暂时不支持协作机器人。

图 14-6　E10 控制柜

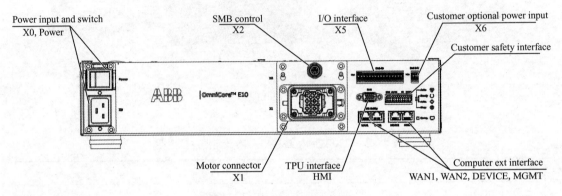

图 14-7　E10 控制柜的前面板

　　E10 控制柜大幅减小体积，宽度仅为 445mm，深度仅为 340mm，高度为 105mm（包含底部支撑脚）或 89mm（不包括底部支撑脚）。

　　E10 控制柜的安全接口（外部急停、自动停止等）如图 14-7 中的 Customer safety interface。端子具体的定义如图 14-8 所示。

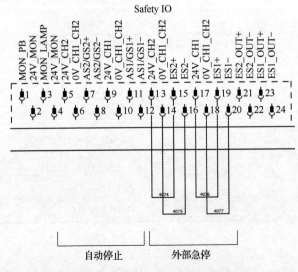

图 14-8　E10 控制柜的安全接口

　　E10 控制柜自带 16 个数字输入接口和 8 个数字输出接口（见图 14-7 中的 X5 接口）。I/O 端子的定义及接线如图 14-9 和表 14-3 所示。

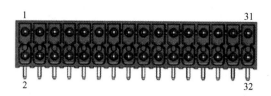

图 14-9　E10 控制柜的 I/O 接口

表 14-3　I/O 端子的接线表

1	24V_IO_EXT	2	PWR_DO
3	0V_IO_EXT	4	GND_DO
5	DO8	6	DO4
7	DO7	8	DO3
9	DO6	10	DO2
11	DO5	12	DO1
13	0V_IO_EXT	14	0V_IO_EXT
15	GND_DI	16	GND_DI
17	DI16	18	DI1
19	DI15	20	DI2
21	DI14	22	DI3
23	DI13	24	DI4
25	DI12	26	DI5
27	DI11	28	DI6
29	DI10	30	DI7
31	DI9	32	DI8

14.2　RobotWare 7 与 RobotWare 6 选项对照

　　RobotWare 7 与 RobotWare 6 机器人的选项功能类似，但选项代号变化较大。表 14-4 为其主要选项的对比。

表 14-4　RobotWare 7 与 RobotWare 6 主要选项的对比

RobotWare 6 选项	功　　能	RobotWare 7 选项	功　　能
608-1 World Zones	区域监控	3106-1 World Zones	区域监控
611-1 Path Recovery	路径恢复	3113-1 Path Recovery	路径恢复
612-1 Path Offset	路径偏移（利用中断实时修正）	3123-1 Path Corrections	路径偏移（利用中断实时修正）
613-1 Collision Detection	碰撞监控（包括 Collision Avoidance）	3107-1 Collision etection	碰撞监控
		3150-1 Collision Avoidance	碰撞预测（发生碰撞前已经停止）

续表

RW6 选项	功　　能	RW7 选项	功　　能
616-1 PC Interface	套接字通信 1. Socket 指令 2. RobotStudio 通过 WAN 口访问机器人 3. PCSDK、WebService 通过 WAN 口访问机器人 4. PCSDK、WebService 通过 Service 网口访问机器人不需要选项		1. RW7 中使用 Socket 指令不需要选项 2. RW7 中 PCSDK、WebService 通过 WAN 口访问机器人不需要选项，需要打开相关配置
		3119-1 RobotStudio Connect	RS 通过 WAN 口连接机器人需要该选项
623-1 Multitasking	多任务处理	3114-1 Multitasking	多任务处理
606-1 Conveyor Tracking	输送链跟踪软件	3103-1 Conveyor Tracking	输送链跟踪软件
709-1 Single ch	Devicet 总线通信	3029-1 DeviceNet single ch.	Devicet 总线通信
888-2 PROFINET Controller/Device	机器人可同时作为主站和从站	3020-1 PROFINET Controller	机器人只能作为主站
888-3 PROFINET Device	机器人只能作为从站	3020-2 PROFINET Device	机器人只能作为从站
841-1 EtherNet/IP Scanner/Adapter	机器人可同时作为主站和从站	3024-1 EtherNet/IP Scanner	机器人只能作为主站
		3024-2 EtherNet/IP Adapter	机器人只能作为从站
610-1 Independent Axis	独立轴	3111-1 Independent Axis	独立轴
603-2 Absolute Accuracy	绝对精度	3101-x Absolute Accuracy	绝对精度
687-1 Advanced Robot Motion	摩擦力辨识、WristMove 等	3100-1 Advanced Motion	摩擦力辨识、WristMove 等
689-1 Externally Guided Motion	外部实时引导	3124-1 Externally Guided Motion	外部实时引导
661-2 Force Control Base	力控	3038-1 Force Control Interface	力控
1341-1/1520-1　Integrated Vision Interface	集成视觉	3127-1 Integrated Vision Interface	集成视觉
885-1 SoftMove	软移动	3108-1 SoftMove	软移动
1582-1 OPC UA Server	OPC UA	3154-1 IOT Data Gateway	OPC UA
Hot Plug Option	示教器热插拔（需要硬件）	3108-1 Hot Swappable Flexpendant	示教器热插拔（不需要硬件）

14.3　示教器与操作

图 14-10 为 Omnicore 控制柜配套示教器中各按键的示意图，对应功能如表 14-5 所示。

整体而言，新示教器与 IRC5 的控制器操作类似，界面功能也类似。在目前的 Omnicore 配套示教器上无法进行 I/O 及总线配置，需要通过 RobotStudio 的 IO Tool 进行配置。

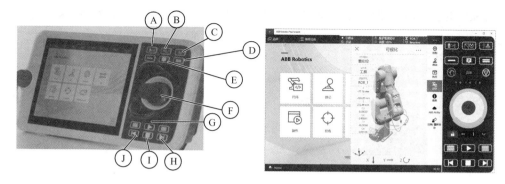

图 14-10 Omnicore 控制柜配套示教器中各按键的示意图

表 14-5 示教器按键功能

A	切换机械装置
B	切换直线/重定位运动
C	切换 1-3/4-6 轴运动
D	自定义功能键
E	弹出控制面板
F	摇杆
G	启动
H	向前运行一行
I	停止
J	向后运行一行

新示教器中,校准 TCP 与工件坐标系时需要进入如图 14-11 所示的"校准"界面。具体校准 TCP 和 WOBJ 的方法与 IRC5 控制器类似,参见图 14-12。

图 14-11 "校准"界面

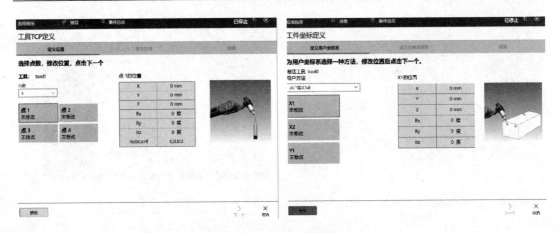

图 14-12　创建与校准 TCP 和 WOBJ

14.4　无示教器操作

14.4.1　PC 虚拟示教器

在 PC 上安装 RobotStudio 和对应的 RobotWare 软件时，软件会自动在 PC 上安装一个示教器 App，该示教器 App 可以在 Windows 的开始窗口中看到，如图 14-13 所示。

若现场的示教器出现故障，则可以将计算机连接到控制柜的 Service 口（IP:192.168.125.1），将 PC 的 IP 设置为 192.168.125.XX（如 199）。

若尚未退出示教器中的应用，需先单击图 14-14 中的"退出应用程序"按钮，再单击 PC 上的示教器应用 App。此时可以通过 PC 上的示教器 App 控制机器人（初次登录，会弹出如图 14-15 所示的提示，按下并释放示教器上的使能装置两次以实现 PC 端 App 的本地登录。也可在系统信号中配置相关信号实现本地登录，如图 14-16 所示）。除 SAY（Single Arm Yumi）外，其余机器人在手动模式下通过示教器的使能装置上电，故使用 PC 上的 App 控制机器人时，要移动机器人也需要按住示教器的使能装置。

图 14-13　示教器 App

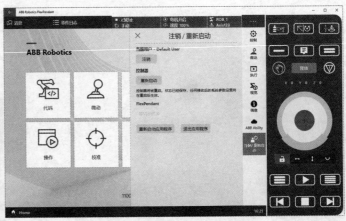

图 14-14　单击"退出应用程序"按钮

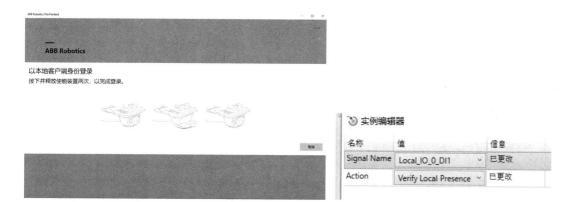

<table>
<tr><td colspan="2"></td></tr>
</table>

名称	值	信息
Signal Name	Local_IO_0_DI1	已更改
Action	Verify Local Presence	已更改

图 14-15　以本地客户端登录　　　　　图 14-16　通过信号确认本地客户端登录

14.4.2　Robot Control Mate

　　RCM（Robot Control Mate）界面（见图 14-17）中提供了可用于 OmniCore 机器人控制系统的基本操作。在无示教器可用的情况下，结合 RCM 和其他 RobotStudio 功能，可以使用户直接在已联机的 PC 上操作机器人系统。

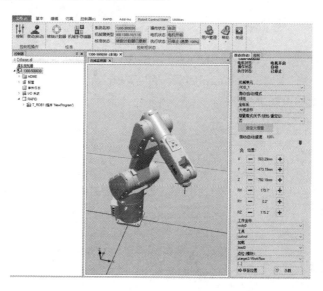

图 14-17　RCM（Robot Control Mate）界面

　　注：最新版的 RCM 已推出 Web 版本，即可以通过网页实现对机器人运动的控制。
RCM 功能主要包括以下几个。

- 微动（自动）：利用运动模式和坐标系的组合选择，用户可以将机器人（自动）微动到特定位置。
- 位置修改：可以在 RAPID 指令中定义所需的目标点并使用目标点来修改机器人的位置。
- 控制：使您能够开启或关闭电机。此外，它还显示了程序控制按钮。
- 校准：允许您更新机器人一个或所有轴的转数计数器，以及在机器人和控制器之间进行内存数据转移。

● 状态显示：可以快速查看控制器的状态，如运行模式、速度、电机状态和程序执行状态。

要使用 RCM 功能，可以在 RobotStudio 的 Add-Ins 中搜索（见图 14-18）并下载安装 RCM 插件，建议在 RobotStudio 2021 或者更高版本中安装使用。

安装 RCM 完毕，可以通过"RobotStudio"—"控制器"下的"添加控制器"连接真实机器人或者单击"启动虚拟控制器..."连接虚拟机器人（见图 14-19）。RCM 不支持直接在普通仿真站中控制虚拟机器人。

图 14-18　下载并安装 RCM 插件

图 14-19　连接真实机器人或者虚拟机器人

使用 RCM，对机器人控制器及用户权限需要做以下设置。

（1）将"配置"—"主题"—"Controller"下的"Operator Safety"的"AllowMoveRobAuto"设置为"True"，如图 14-20 所示。

图 14-20　设置"Operator Safety"的"AllowMoveRobAuto"

（2）给当前用户配置 Remote Start/Stop 权限。默认用户无编辑用户权限，需要单击图 14-21 中的"用户管理"—"以别的用户登陆"，使用账号"admin"、密码"robotics"登录。若账号无该权限，则无法在机器人处于 Auto 模式下通过 RobotStudio 启动和停止机器人。

（3）给对应角色（Role）分配 Remote Start and Stop in Auto 权限，如图 14-22 所示，并将角色分配给对应用户，如 Admin 用户或者 Default User 用户，再以该用户登录。

（4）若现场没有示教器，建议添加一个输入信号（如 di_local，访问等级为 ALL），并将其关联到"Verify Local Presence"系统输入上，如图 14-23 所示。重启机器人系统。

（5）单击"RobotStudio"—"控制器"—"Robot Control Mate"，如图 14-24（a）
所示。此时会弹出如图 14-24（b）所示的提示框。若现场有示教器（已经退出应用），则
可以按下机器人使能装置两次或者改变配置的 Verify Local Presence 信号三次，即可以本地
登录 RCM。此时可以看到如图 14-17 所示的界面并且控制机器人。

图 14-21　以别的用户名登录

图 14-22　分配自动模式远程启动和停止权限

图 14-23　将输入信号（di_local）关联到"Verify Local Presence"系统输入上

（a）

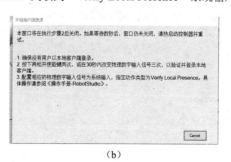

（b）

图 14-24　启动 RCM 功能

14.5　制作机器人系统

对于 Omnicore 机器人控制系统（RobotWare 7），仍可通过图 14-25 中的"安装管理器 7"图标对机器人系统进行修改或重新制作，具体步骤同 RobotWare 6 版本的控制系统。

图 14-25　安装管理器 7

有时机器人系统处于故障状态，无法通过安装管理器 7 连接机器人，则可以通过制作机器人安装包，并通过网页重新做机器人系统。

单击"安装管理器 7"后，进入"安装管理器 7"界面。在该界面中，单击"虚拟控制器"标签，在"虚拟控制器"标签页中单击"新建"按钮，并选择"系统基于备份"（见图 14-26）。在图 14-27 中选择对应产品（注：RobotWare 7 的安装产品通常至少有图 14-27 中的 5 项）并完成安装。

如图 14-28（a）所示，再次回到"虚拟控制器"标签页，选择刚创建好的虚拟系统并单击"创建程序包"按钮。创建程序包成功会有如图 14-28（b）所示的提示。

打开浏览器（建议 Chrome 或者 Edge），输入地址"192.168.125.1:8080"。在浏览器中可以看到如图 14-29 所示的机器人状态。可以单击图 14-29 中的"Install RobotWare System"，将之前创建的程序包上传并安装到机器人控制系统中（通过 PC 上传安装包可能过程较耗时，建议通过使用 U 盘上传）。

注：当示教器出现异常时，也可通过该网页查看机器人状态。

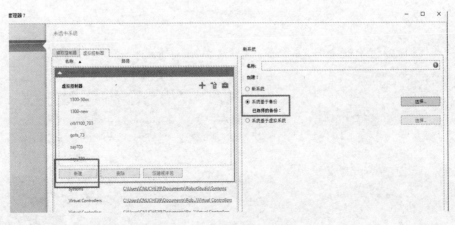

图 14-26　"虚拟控制器"标签页

图 14-27　选择对应产品

(a)　　　　　　　　　　　　　　(b)

图 14-28　创建程序包

图 14-29　机器人状态

14.6　中文图形化编程

14.6.1　Wizard

为简化编程，ABB 在 Omnicore 机器人控制系统中推出了基于 Blockly 的图形化编程 Wizard（支持中文），如图 14-30 所示。用户无须了解机器人的 RAPID 程序架构，只需要在 Wizard 界面中按照提示进行图形化编程（机器人后台会自动将其转化为 RAPID 程序指令），此时即可完成机器人程序的编写。

目前，Wizard 支持包括 IRB1100、CRB1100、IRB1300、IRB14050（Single Arm Yumi）和 GOFA 的机器人。

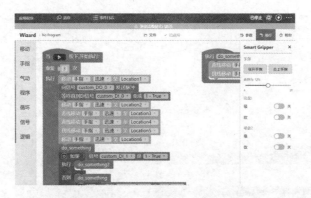

图 14-30　Wizard 中文图形化编程

机器人控制系统默认没有安装 Wizard 插件，需要在 "RobotStudio" 的 "Add-Ins" 中下载该插件（见图 14-31）。

图 14-31　下载 Wizard 插件

通过图 14-25 中的"安装管理器"，将 Wizard 插件安装到机器人控制系统中（见图 14-32）并重启机器人。

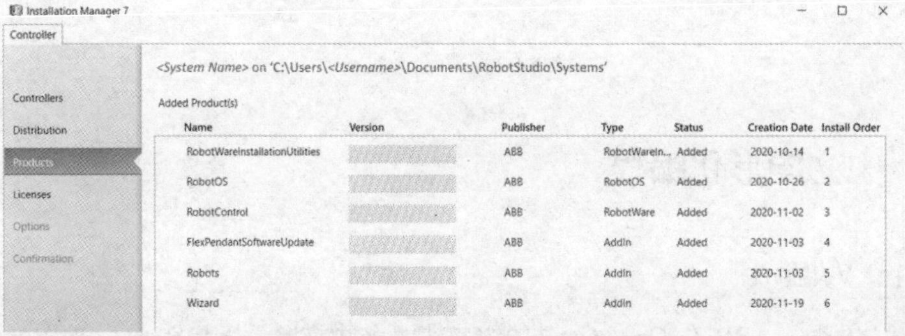

Name	Version	Publisher	Type	Status	Creation Date	Install Order
RobotWareInstallationUtilities		ABB	RobotWareIn...	Added	2020-10-14	1
RobotOS		ABB	RobotOS	Added	2020-10-26	2
RobotControl		ABB	RobotWare	Added	2020-11-02	3
FlexPendantSoftwareUpdate		ABB	AddIn	Added	2020-11-03	4
Robots		ABB	AddIn	Added	2020-11-03	5
Wizard		ABB	AddIn	Added	2020-11-19	6

图 14-32　将 Wizard 插件安装到机器人控制系统中

单击示教器中的 "Wizard" 图标，进入 Wizard 界面（见图 14-33）。

第一次使用时，可以单击右上角的"帮助"按钮（见图 14-34）查看帮助。

图 14-33　进入 Wizard 界面

图 14-34　查看帮助

如图 14-35 所示，在"移动"分组下可以拖入移动指令。"移动"表示快速移动，后台使用 MoveJ 指令；"直线移动"表示以直线的方式移动，后台使用 MoveL 指令。

移动机器人到合适位置，单击"位置"并记录机器人的位置。

可以单击"信号"分组并插入相关信号的控制指令，如图 14-36 所示。

根据机器人实际的运行顺序，可上下拖动调整已经插入的指令（见图 14-37）。完成程序编写后，单击图 14-37 中的"应用"图标，最后单击"播放"按钮即可启动程序。

图 14-35　插入移动指令

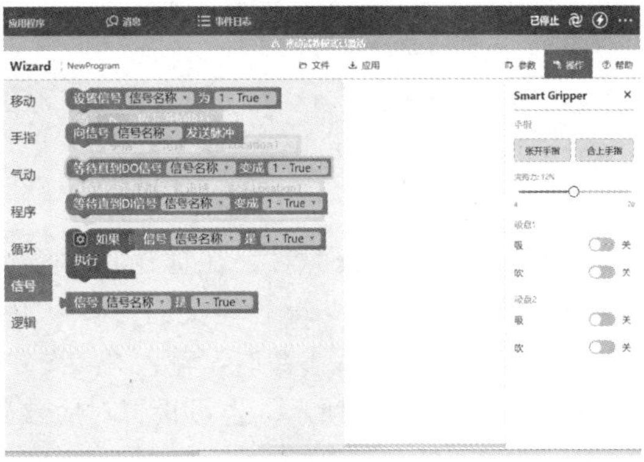

图 14-36　添加"信号"

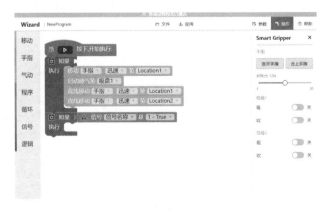

图 14-37　调整程序的运行顺序

14.6.2　自定义图形化指令

Wiard 编程也支持自定义指令（Block）的加入，如图 14-38 中自定义的"move"分组和"圆弧运动"指令。

图 14-38　自定义图形化指令

要创建自定义的 Wizard Block，需要通过 Skill Creator 软件（见图 14-39）来实现，可在 https://developercenter.robotstudio.com/中下载并安装 Skill Creator 软件。

图 14-39　Skill Creator 软件

打开 Skill Creator 软件，在打开的界面中可以创建分组（见图 14-40），也可先填写对应的 RAPID 指令（可以是自定义的带参数的例行程序），再在方块内容处插入自定义指令（支持中文）。需要插入参数时，输入"@"并选择输入参数的类型（包括"位置""下拉菜单"等）。如图 14-41 所示，也可设置对应参数的默认值和可选值。

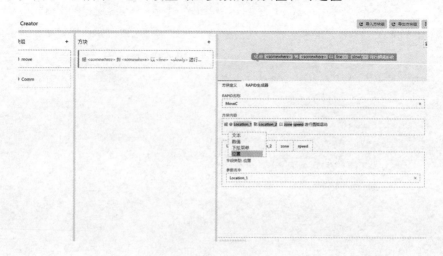

图 14-40　创建分组

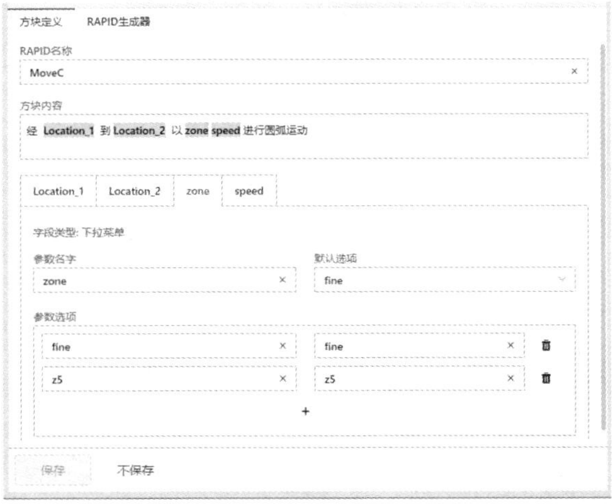

图 14-41　设置对应参数的默认值和可选值

单击"RAPID 生成器"标签（见图 14-42），按照 RAPID 指令格式中的参数顺序，将自定义的参数拖曳到对应位置，也可以添加固定参数。完成全部编辑后，单击图 14-42 中的"导出方块组"按钮，Skill Creator 自动将生成的自定义 Block 存入机器人控制系统中。再次打开示教器中的 Wizard 软件，此时即可看到自定义的 Block 分组及指令，如图 14-38 所示。

图 14-42　单击"RAPID 生成器"

14.7　Robot Web Service 2.0

RWS（Robot Web Services）是一个平台，它使开发人员能够通过创建自己的自定义应用程序来与 ABB 工业机器人控制系统交互。RWS 利用 HTTPS 协议的 RESTful API RWS，有助于实现与机器人控制系统进行与平台和语言无关的通信。从机器人控制系统发送的应用程序的数据可以是 XML 或 JSON 格式的。RWS 不提供有关数据应如何在 Web 浏览器中显示的格式信息。

针对 RobotWare 6，机器人控制系统使用 RWS 1.0；针对 RobotWare 7，机器人控制系统使用 RWS 2.0。关于 RWS 2.0 的数据读写及应用范围如图 14-43 所示。

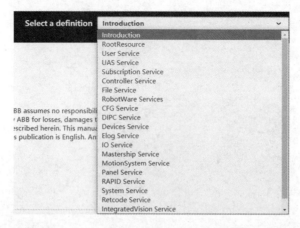

图 14-43　RWS 2.0 的数据读写及应用范围

　　RWS 2.0 与 RWS 1.0 最大的区别是 RWS 2.0 使用 HTTPS 协议。在向特定 URL 提交数据时，RWS 2.0 需要加入特定"Accept"的头部文件（Header）（见图 14-44）。若像 RWS 1.0 一样，直接在浏览器中输入特定 URL，则会返回如图 14-45 所示的报错信息。

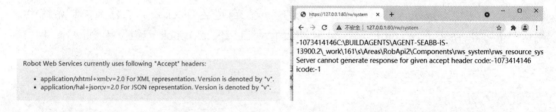

图 14-44　RWS 2.0 需要的 Header　　　　　　　　图 14-45　报错信息

　　Postman 是一款非常流行的 API 调试工具。例如，要访问机器人控制系统信息，对应的 URL 为/rw/system。可以在 Postman 中输入 URL 为"https://127.0.0.1:80/rw/system"（此处举例本机仿真，如图 14-46 所示）。添加"Header"为"Accept"、"Value"为"application/hal+json;v=2.0"（若希望返回的数据是 XML 格式的、Value 为"application/xhtml+xml;v=2.0"）。输入用户名"Default User"、密码"robotics"。单击"Send"按钮后，即可看到返回的机器人控制系统信息，如图 14-47 所示。按照图 14-48 中，输入 URL，此时可以返回 JSON 格式的机器人当前位置信息。

图 14-46　使用 Postman，添加"Header"

图 14-47　返回 JSON 格式的机器人控制系统信息

图 14-48　返回 JSON 格式的机器人当前位置信息

14.8　自定义示教器 App

RobotWare 6 版本中，在示教器中制作自定义界面时，机器人需要添加 617-1 FlexPendant Interface 选项。RobotWare 6 中的自定义界面可以通过"RobotStudio"的"ScreenMaker"

或者"VisuoStudio 2008 Profession EN"中的 C#进行开发与制作。

Omnicore 机器人控制系统（RobotWare 7）取消了 617-1 FlexPendant Interface 选项。在 RobotWare 7 中不需要选项，即可制作如图 14-49 和图 14-50 所示的"升降机控制"App。

图 14-49　升降机控制 App（1）

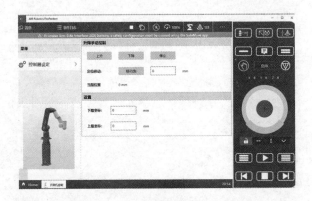

图 14-50　升降机控制 App（2）

在 RobotWare 7 中以 Web 的方式开发自定义的 App，即使用 HTML 语言，配合 JavaScript 和 CSS 等网页脚本编程，实现自定义 App 的开发。

图 14-51　Omnicore App SDK

ABB 工业机器人开发者中心提供了 Omnicore App 的相关 SDK（见图 14-51，实质就是对 RWS 2.0 的相关内容进行了封装，并提供了一些常规控件的 JS），具体可以从 https://developercenter.robotstudio.com/中进行下载。

一个常见的 Omnicore App 文件夹及其路径如图 14-52 所示，即在 HOME 文件夹中创建 WebApps 文件夹，再创建自定义 App 的文件夹（如 MyApp），相关内容均存储在文件夹内。

图 14-52 中的 fp-components 文件夹及 rws-api 文件夹为 SDK 提供的 JS 库文件，可以从 SDK 文件夹中复制上述两个文件夹到本地。

图 14-52 中的 myapp1.html 文件为用户自行编写的 App 入口文件。该入口文件及对应 App 图标均在 appinfo.xml 文件中定义。

创建 appinfo.xml 文件并将其打开，在其中编写如下代码。其中，name 为示教器中显示的 App 名字；icon 为同目录文件夹下的图片（作为示教器显示 App 的图标）；path 为 App

主入口，如 myapp1.html。

```xml
<?xml version="1.0"encoding="UTF-8"?>
<WebApp>
<name>MyWebApp</name>
<icon>myicon.png</icon>
<path>myapp1.html</path>
</WebApp>
```

图 14-52　Omnicore App 文件夹及其路径

　　例如，创建 myapp1.html 文件，编写内容如下，则打开示教器会看到如图 14-53 所示的 MyWebApp 图标和图 14-54 所示的 App 界面。

图 14-53　MyWebApp 图标

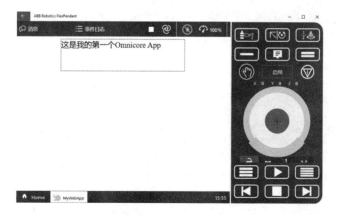

图 14-54　App 界面

```
<!doctype html>
<html lang="en">
<head>
    <meta charset="UTF-8">
    <title>Document</title>
</head>
<style type="text/css">
    .name {
        font-size: 25px;
        margin: 0 auto;
        width: 400px;
        height: 100px;
        border: 1px solid #F00
    }
</style>
<body>
    <div class=name>这是我的第一个 Omnicore App</div>
</body>
</html>
```

　　也可在浏览器中输入 "https://127.0.0.1:80/fileservice/$home/WebApps/Myapp/myapp1.
html"（若为真实机器人，则 IP 修改为真实机器人的 IP 即可），此时即可看到如图 14-55
所示的网页效果。可以使用浏览器的调试工具（F12），提高调试效率。对于其他用户，也
可在与机器人相同网段的任意设备上（PC、IPAD、Surface、手机）访问该网页，实时查看
机器人的状态。

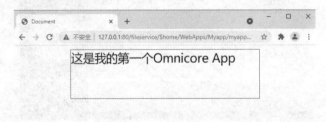

图 14-55　通过网页查看和调试 App

　　例如，要实现如图 14-56 所示的通过 App 读写 Module10 模块中的 reg10 数据。在编写
HTML 和 JS 时，可以使用 Omnicore App SDK 提供的 Button 和 Input 控件的 "js" 内容。

　　在使用相关控件前，需要先引入相关控件的 "js"。

　　编写如下代码，可以实现读取和写入 Module10 模块下的 reg10 数据。在调试过程中，
可以先借助浏览器的调试台进行测试。

```
<!DOCTYPE html>
<html>
<head>
    <!-- Always use UTF-8 as character set! -->
    <meta charset="UTF-8">
    <script src="rws-api/omnicore-rws.js"></script>
    <script src="rws-api/rapiddata-rws.js"></script>
    <script src="fp-components/fp-components-common.js"></script>
    <script src="fp-components/fp-components-button-a.js"></script>
```

```
<script src="fp-components/fp-components-input-a.js"></script>
<!-- 导入相关 JS 文件 -->
<script>
    var myButtonRead;
    var myButtonWrite;
    var myInput;
    var testValue;
    window.addEventListener("load", function () {
        //创建一个新的输入框
        myInput = new FPComponents.Input_A();
        myInput.text = "在这里输入数字";
        myInput.variant = FP_COMPONENTS_KEYBOARD_NUM;
        myInput.onchange = function (text) {
            // 当输入框中的内容发生变化时，记录新的数据
            testValue = text;
        }
        myInput.attachToId("myDiv");
    });

    window.addEventListener("load", function () {
        // 创建一个新的 Button 控件
        myButtonRead = new FPComponents.Button_A();
        myButtonRead.text = "读取 reg10";
        myButtonRead.onclick = () => {
            Read();
        };
        myButtonRead.attachToId("myDiv");
        //将 myButtonRead 放置到 myDiv
    });


    window.addEventListener("load", function () {
        myButtonWrite = new FPComponents.Button_A();
        myButtonWrite.text = "写入 reg10";
        myButtonWrite.onclick = () => {
            input1();
        };
        myButtonWrite.attachToId("myDiv");
    });

    async function Read() {
        //采用异步
        var data = await RWS.Rapid.getData('T_ROB1', 'Module1', 'reg10');
        testValue = await data.getValue();
        //获取 reg10 的值
        console.log("读取到 reg10 " + testValue.toString());
        //将读取到的数据在浏览器调试台显示，便于调试
        myInput.text = testValue;
        //将 reg10 的值在 myInput 框中显示
    }

    async function input1() {
```

```
            var data = await RWS.Rapid.getData('T_ROB1', 'Module1', 'reg10');
            await data.setValue(Number(myInput.text));
            //写入数据
            //await 必须用于 async 函数中

        }

    </script>
</head>

<body>
    <style type="text/css">
        .c1 {
            width: 200px;
            height: 200px;
            position: absolute;
            left: 0;
            top: 0;
            right: 0;
            bottom: 0;
            margin: auto;
        }
    </style>
    <div id="myDiv" class="c1"></div>
</body>

</html>
```

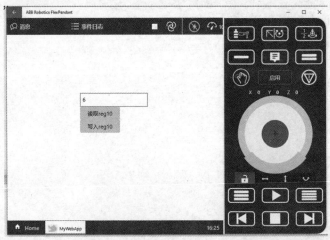

图 14-56　通过 App 读写 Module 10 模块中的 reg10 数据

14.9　在示教器配置 SafeMove2

SafeMove2 是 ABB 工业机器人的第二代安全控制器产品，其旨在确保人员和设备安全，促进人/机器人协作，为用户提供精益、灵活和更经济的机器人解决方案。SafeMove2 强大的配置工具大幅减少了调试时间，它可以提供灵活的安全额定速度和位置监控等安全功能，实现危险应用，如 X 射线检查、激光切割。

在 RobotWare 6 中，配置 SafeMove2 必须通过 RobotStudio 实现。在 Omnicore（RobotWare 7）中，可以通过示教器进行 SafeMove2 的配置。

配置 SafeMove2 功能，需要使用高级账号。单击图 14-57 中的"注销/重新启动"按钮，使用高级账户登录（用户名：admin，密码：robotics）并单击图 14-58 中的"SafeMove"图标。

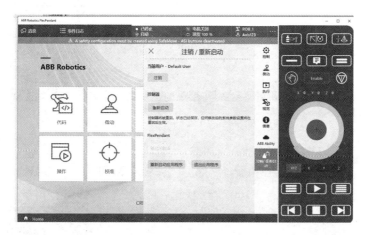

图 14-57　单击"注销/重新启动"按钮

图 14-58　单击"SafeMove"图标

单击图 14-59 中的"Enable Edite Mode"按钮激活编辑模式。第一次配置时，可以使用图 14-60 中所示的配置模板。

模板文件会自动配置"机器人封装""工具封装""安全区域"（包括允许机器人运行的区域和禁止机器人运行的区域）。如图 14-61 所示配置 SafeMove2 功能，其设置了机器人底座以上部分为允许空间、底座以下部分为机器人禁止运动空间。其中，可以单击左侧的"眼睛"图标，显示或隐藏相关区域。

完成全部配置后，单击图 14-62"写入配置"图标并重启机器人系统。

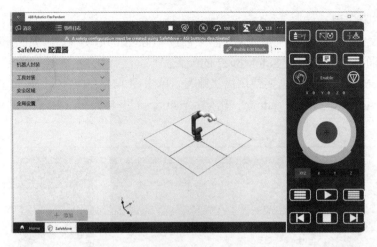

图 14-59　单击"Enable Edite Mode"按钮

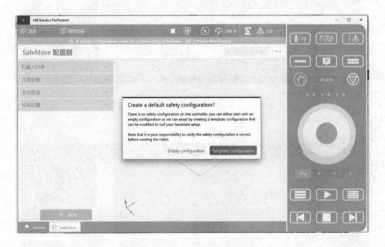

图 14-60　使用的配置模板

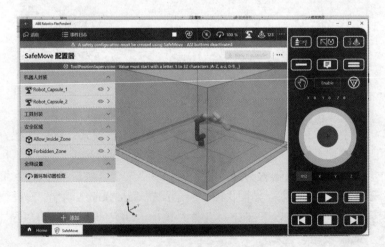

图 14-61　配置 SafeMove2 功能

图 14-62 单击"写入配置"图标

重新启动机器人系统后,即完成了 SafeMove2 功能的配置。第一次使用该功能时,需要使用 admin 账户登录,并在示教器的"设置"—"安全控制器"中进行"同步"确认操作(见图 14-63)。

图 14-63 进行"同步"确认操作

此时,当机器人超出设置空间时,根据相关设置(让机器人停止运动或者输出信号,此处配置机器人停止运动),机器人将执行动作(机器人停止)并提示停止原因(见图 14-64和图 14-65)。

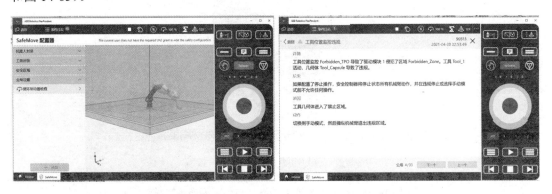

图 14-64 机器人违规图形化报警   图 14-65 机器人违规报警

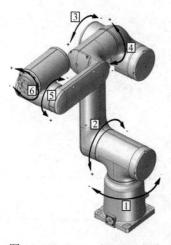

图 14-66　GOFA（CRB15000）

14.10　GOFA 机器人

GOFA（CRB15000）机器人为 ABB 工业机器人最新推出的 6 关节协作机器人（见图 14-66），负载重 5kg。GOFA 机器人的每个关节带有扭矩传感器。

GOFA 机器人同其他协作机器人一样，机器人本体的各关节采用了驱动、电机一体的模组设计（见图 14-67），即控制柜内不再有驱动。

图 14-68 为 GOFA 机器人的底部与控制柜连接线缆，该线缆为本体提供 DC 电源、EtherCat 通信及客户信号线缆。图 14-69 为 GOFA 机器人底部 R1.MP 至机器人本体一个关节模组之间的电路图。

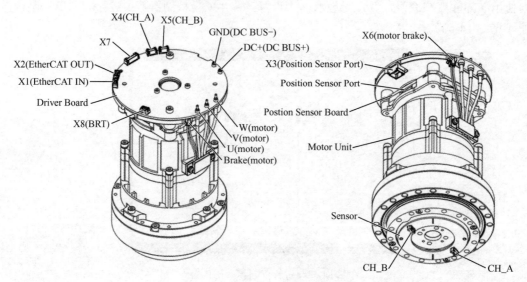

图 14-67　GOFA 机器人各关节的模组设计

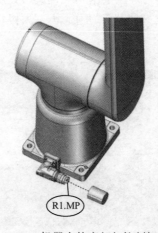

图 14-68　GOFA 机器人的底部与控制柜连接线缆

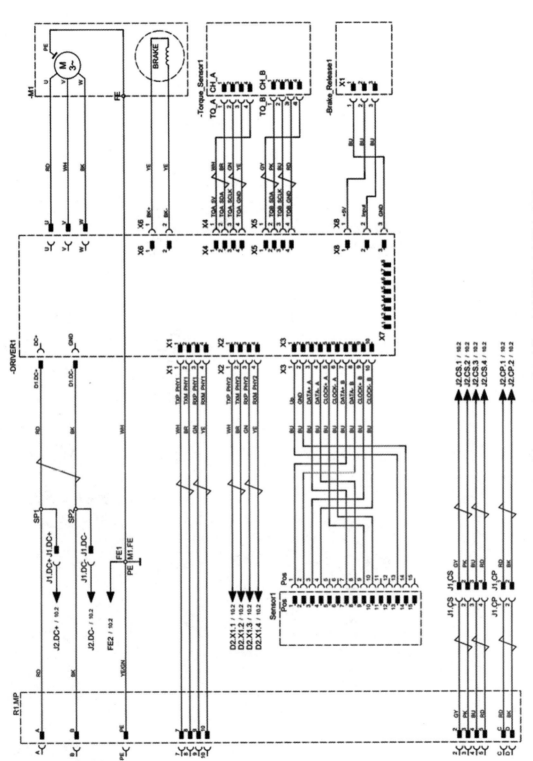

图14-69 GOFA机器人底部R1.MP至机器人本体一个关节模组之间的电路图

　　GOFA 机器人各轴的电机都带有抱闸，在紧急情况下可以人工释放。释放 GOFA 机器人抱闸需要用到图 14-70 所示的特殊工具（内部为强磁）。把工具放置到需要松抱闸的轴的对应位置（见图 14-71），该轴的抱闸即被松开（机器人的该轴可能会快速下坠，注意保护）。

图 14-70　GOFA 松抱闸工具及操作

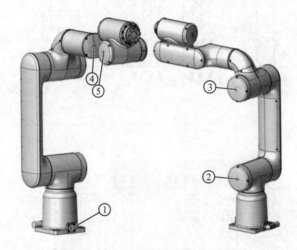

图 14-71　GOFA 各轴松抱闸的位置

　　GOFA 机器人在手动和自动模式下均支持拖动移动（LeadTrough）。

　　GOFA 机器人开启 LeadThrough 有以下方法。

　　（1）当机器人处于手动模式时，用户通过示教器上电，同时按一下示教器反面的"上"按钮，如图 14-72 所示。

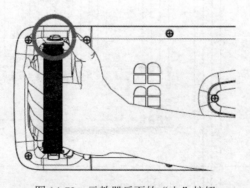

图 14-72　示教器反面的"上"按钮

　　（2）当机器人处于手动模式时，用户通过示教器上电，单击示教器界面中的"Lead-through"，如图 14-73 所示。

图 14-73　单击示教器中的"Lead-through"

（3）当机器人处于手动模式时，用户通过示教器上电。按一下 GOFA 机器人手臂上按钮的"凸"按钮（见图 14-74 中的 A）。默认情况该"凸"按钮配置为开启 Lead-through 功能，也可通过示教器配置 ASI（Arm-Side-Interface，见图 14-75）的其他功能。

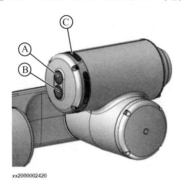

xx2000002420

A	向上按钮（凸形按钮）
B	向下按钮（凹形按钮）
C	光环

图 14-74　GOFA 机器人手臂外形示意图

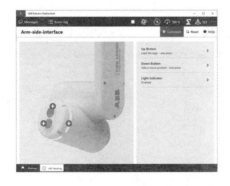

图 14-75　配置 ASI 的其他功能

（4）当机器人处于自动模式时，通过单击屏幕中的"Lead-through"或者图 14-74 中的"凸"按钮均可开启拖动。此时若机器人没有上电，系统会自动上电。

（5）机器人也可通过 RAPID 指令 SetLeadThrough 开启拖动。